零起步巧学电工技术丛书

零起步巧学

电动机使用、维护与检修

杨清德　杨卓荣　主编

内 容 提 要

本丛书重点突出零起步的特点，在编写的过程中多用图、表加以辅助说明，突出体现了如何巧学、巧用，并在每部分之后总结实用口诀。本丛书共7本，分别为《零起步巧学巧用万用表（第二版）》、《零起步巧学巧用电工工具（第二版）》、《零起步巧学电工识图（第二版）》、《零起步巧学低压电控系统（第二版）》、《零起步巧学电动机使用、维护与检修（第二版）》、《零起步巧学巧用变频器》和《零起步巧学巧用 PLC》。

本书为丛书中的一本，共9章，主要内容包括零起步学习电动机、选用电动机我做主、备足材料修电动机、顺顺利利安装与拆装电动机、“把脉”诊断电动机故障、心灵手巧修理电动机机械故障、得心应手修理电动机绕组故障、值得借鉴的电动机维修实例、电动工具与单相串励电动机。

本书可作为培训教材。适合电工初学者阅读，也可供有一定经验的电工技术人员学习，还可供职业院校相关专业师生参考。

图书在版编目（CIP）数据

零起步巧学电动机使用、维护与检修/杨清德，杨卓荣主编. —2版. —北京：中国电力出版社，2013.2（2018.5重印）
（零起步巧学电工技术丛书）
ISBN 978-7-5123-4023-7

Ⅰ.①零… Ⅱ.①杨… ②杨… Ⅲ.①电动机-使用②电动机-维护 Ⅳ.①TM32

中国版本图书馆 CIP 数据核字（2013）第023212号

中国电力出版社出版、发行
（北京市东城区北京站西街19号 100005 http://www.cepp.sgcc.com.cn）
三河市航远印刷有限公司印刷
各地新华书店经售
*
2009年4月第一版
2013年5月第二版 2018年5月北京第四次印刷
710毫米×980毫米 16开本 18.125印张 334千字
印数10001—11000册 定价**36.00**元

前言

Preface

基于当前大量农民工就业培训、职工转岗培训、毕业生上岗培训和有志青年自学成才都急需入门电工技术读物的需求，由中国电力出版社策划并组织一批专家、学者编写了“零起步巧学电工技术丛书”，包括《零起步巧学电工识图（第二版）》、《零起步巧学低压电控系统（第二版）》、《零起步巧学电动机使用、维护与检修（第二版）》、《零起步巧学巧用万用表（第二版）》、《零起步巧学巧用电工工具（第二版）》、《零起步巧学巧用 PLC》和《零起步巧学巧用变频器》，共 7 本。

电工技术是一门知识性、实践性和专业性都比较强的实用技术，其应用领域较广，各个行业及各个岗位涉及的技术各有侧重。为此，本丛书在编写时充分考虑了多数电工初学者的个体情况，以一个无专业基础的人从零起步初学电工技术的角度，将初学电工的必备知识和技能进行归类、整理和提炼，并选择了近年来中小型企业电工紧缺岗位从业人员必备的几个技能侧重点，用通俗的语言，用大量的图、表、口诀的形式来讲解，重点讲如何巧学、巧用，回避了一些实用性不强的理论阐述，以便让文化程度不高的读者通过直观、快捷的方式学好电工技术，为今后工作和进一步学习打下基础。本丛书穿插了“知识链接”、“指点迷津”、“技能提高”等版块，以增加趣味性，提高可读性。每章后设均有思考题，留给读者较大的思维空间和探索空间。

本丛书的第一批书（《零起步巧学电工识图》、《零起步巧学低压电控系统》、《零起步巧学电动机使用、维护与检修》、《零起步巧学巧用万用表》和《零起步巧学巧用电工工具》）于 2009 年 4 月出版，由于特色鲜明、内容实用，而深受读者欢迎。2011 年，我们对上述 5 本书进行了大量修改（即现在与读者见面的第二版），书中增加了一些新技术方面的内容，删除了一些实用性不强的内容；同时对主要知识点、技能操作要点进行归纳提炼，增加了上百条口诀，以帮助读者理解记忆。根据部分读者的要求，本次又新编写了《零起步巧学巧用变频器》和《零起步巧学巧用 PLC》，以帮助读者更全面地掌握电工技术。

本丛书由杨清德担任主编，他是国家级重点职业学校的高级讲师、省（市）级骨干教师、维修电工高级技师、国家职业技能鉴定高级考评员、高级双师型教师，从事职业技术教育二十余年，担任多家企业的技术顾问，具有丰富的教学经验和实践经验，发表文章四百余篇，出版专著四十余种。在杨清德的组织下，由杨清德、胡萍、杨卓荣、余明飞、康娅、黎平、成世兵、谭光明、胡大华等同志组成丛书编委会（谭光明主要负责资料收集和部分插图的计算机绘制），分工合作，编写了这套适合于电工初学者阅读的丛书。

本书是丛书中的一本，由杨清德、杨卓荣主编。主要内容包括电动机基础知识、如何选用电动机、备足材料修电动机、安装与拆装电动机、电动机故障诊断、电动机机械故障修理、电动机绕组故障修理、电动机维修实例、电动工具用电动机检修等内容。重点介绍故障诊断方法和检修的详细过程，是本书区别于其他同类图书的一大特色。

本书可作为电工培训教材，适合电工初学者阅读，也可供有一定经验的电工技术人员学习，还可供职业学校电类专业师生参考。

由于编者水平有限，加之时间仓促，书中难免存在缺点和错漏，敬请各位读者多提意见和建议，发至电子信箱 yqd611@163.com，以便我们再版时修改。

编　者

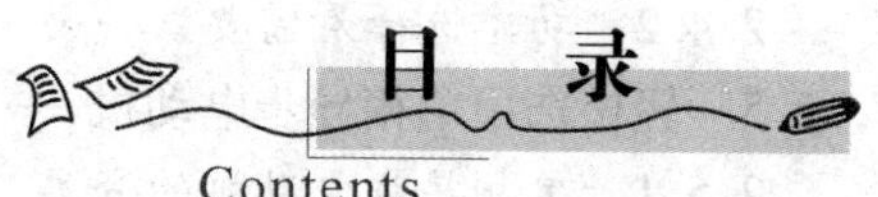

Contents

第1章

零起步学习电动机

电动机（俗称马达）是一种把电能转换成机械能的设备。在电路中用字母 M 表示。它的主要作用是产生驱动力矩，作为用电器或工农业生产机械的动力源。

电动机能提供的功率范围很大，从毫瓦级到万千瓦级。电动机的使用和控制非常方便，具有自启动、加速、制动、反转等能力，能满足各种运行要求；电动机的工作效率较高，没有烟尘、气味，不污染环境，噪声也较小。由于它的一系列优点，电动机在工农业生产、交通运输、国防、商业及家用电器、医疗电气设备等各方面得到了广泛应用。

图 1－1 所示为工农业生产及家用电器中常用的电动机外形。

图 1－1　工农业生产及家用电器中常用的电动机外形
（a）三相异步电动机；（b）直流电动机；（c）单相异步电动机

1.1 电动机的功能

1. 能量转换功能

实现机械能与电能之间的能量转换是电动机的基本功能。发电机把从原动机输入的机械能转换成绕组端口的电能，而电动机则反之，它把绕组端口从电网输入的电能转换成轴上输出的机械能。当然，在进行能量转换的过程中，电动机内部难免会产生一些损耗，这些损耗将转变成内能散发到电动机周围的冷却介质中，同时也使电动机的温度升高。由于这些损耗的存在，使电动机的效率总是小于100%。

2. 受控功能

电动机正常运行时，如果其中某些电气的或机械的输入量发生变化时，电动机的运行状态和输出也会按照一定的规律随之发生变化。例如，当交流电动机的频率、电压、磁场或负荷等发生变化时，其感应电动势、电流、电磁转矩、功率和转速等也会随之变化。如果对交流电动机的频率、电压、磁场等进行控制，就可以使该电动机的运行状态和输出量按照控制要求变化。因此，电动机还具有根据输入量的改变而使输出量（例如转速、转矩、功率等）做出相应变化的功能，对于速度控制和伺服控制等自动控制系统，电动机的这种受控功能十分重要。

控制电动机是一类专门用来实现各种信号变换的电动机，在自动控制系统和计算装置中，主要用作检测、放大、执行、解算等功能。例如，测速电动机是一种速度检测元件，可以把轴上的转速信号转换成电压信号输出，可用于直流电动机或交流电动机的速度控制；伺服电动机是一种执行元件，可以把位置传感器检测到的位置信息转换成伺服电动机轴上输出的角位移或角速度，从而实现伺服系统的位置控制。

1.2 电动机的分类

电动机的种类较多，一般按照以下方法分类。

1. 直流电动机和交流电动机

电动机根据使用电源的不同，主要分为直流电动机和交流电动机两大类，而两大类中又分了许多种，见表1-1。另外，还有一种单相串励电动机，它既可以使用直流电，也可以使用交流电。

表 1－1　　电动机按使用电源分类

<table>
<tr><td rowspan="6">直流
电动机</td><td colspan="3">无刷直流电动机</td></tr>
<tr><td rowspan="5">有刷直流
电动机</td><td colspan="2">永磁式直流电动机</td></tr>
<tr><td rowspan="4">电磁式直流
电动机</td><td>他励直流电动机</td></tr>
<tr><td>并励直流电动机</td></tr>
<tr><td>串励直流电动机</td></tr>
<tr><td>复励直流电动机</td></tr>
<tr><td rowspan="8">交流
电动机</td><td rowspan="7">异步
电动机</td><td rowspan="2">三相异步
电动机</td><td>笼型转子</td></tr>
<tr><td>绕线转子</td></tr>
<tr><td rowspan="5">单相异步
电动机</td><td>分相式电动机</td></tr>
<tr><td>电容启动电动机</td></tr>
<tr><td>电容运转电动机</td></tr>
<tr><td>电容启动运转电动机</td></tr>
<tr><td>罩极式电动机</td></tr>
<tr><td colspan="3">同步电动机（三相、单相）</td></tr>
</table>

2. 同步电动机和异步电动机

电动机按结构及工作原理可分为同步电动机和异步电动机。

运行时，电动机转速比输入电压形成的旋转磁场慢一些（即异步）的电动机称为异步电动机，异步电动机可分为三相异步电动机、单相异步电动机。

运行时，电动机转速与输入电压形成的旋转磁场一致（即同步）的电动机称为同步电动机。同步电动机还可分为永磁同步电动机、磁阻同步电动机和磁滞同步电动机。

随着工业的迅速发展，一些生产机械要求的功率越来越大，如空气压缩机、送风机、球磨机、电动发电机组等，功率可达数百乃至数千千瓦，采用同步电动机拖动更为合适。这是因为大功率同步电动机与同容量的异步电动机比较，有明显的优点。首先，同步电动机的功率因数较高，在运行时，不仅不使电网的功率因数降低，相反还能够改善电网的功率因数，这点是异步电动机做不到的。其次，对大功率低转速的电动机，同步电动机的体积比异步电动机的要小些。无刷同步电动机结构如图 1－2 所示。

3. 开启式和封闭式电动机

电动机按防护方式可分为开启式和封闭式两大类。

（1）开启式电动机。开启式电动机的定子两侧和端盖上都有很大的通风口，如图 1 - 3 所示。它散热好，价格便宜，但容易进灰尘、水滴和铁屑等杂物，只能在清洁、干燥的环境中使用。开启式电动机又可分以下几类。

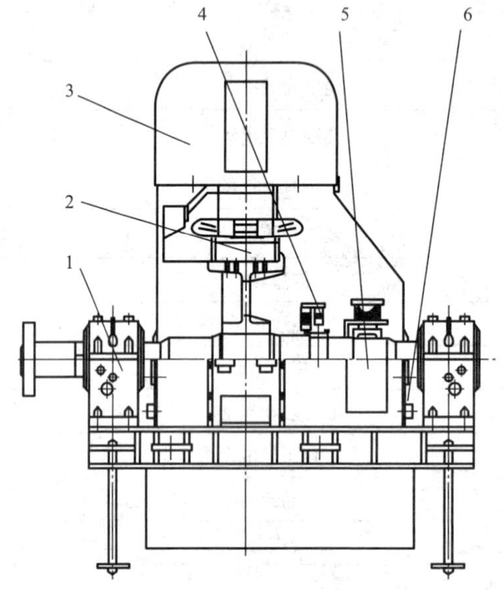

图 1 - 2　无刷同步电动机结构

1—滑动轴承；2—无刷同步电动机绕组；3—冷却器；4—旋转整流器；5—励磁发电机；6—联轴器

图 1 - 3　开启式电动机

防护式——机壳通风孔部分用金属网等防护，可防止外界杂物进入电动机内。

防滴式——可防止水流入电动机内。

防滴防护式——具有防滴式和防护式的特点。

防腐式——可在有腐蚀性气体的环境中使用。

（2）封闭式电动机。封闭式电动机有封闭的机壳，电动机内部空气与外界不流通，与开启式电动机相比，其冷却效果较差，外形较大且价格高。封闭式电动机又分以下几类。

全封闭防腐式——可在有腐蚀性气体的环境中使用。

全封闭冷却式——电动机的转轴上安装有冷却风扇。

耐压防爆式——可防止电动机内部气体爆炸而引爆外界爆炸性气体。

充气防爆式——电动机内充有空气或阻燃性气体，内部压力较高，可防止外界爆炸性气体进入电动机。

生产生活中使用的电动机多数是封闭式电动机。

4. 驱动用电动机和控制用电动机

电动机按用途可分为驱动用电动机和控制用电动机。

驱动用电动机又分为电动工具（包括钻孔、抛光、磨光、开槽、切割、扩孔等工具）用电动机、家电（包括洗衣机、电风扇、电冰箱、空调器、录音机、录像机、影碟机、吸尘器、照相机、电吹风、电动剃须刀等）用电动机及其他通用机械设备（包括各种机床、机械、医疗器械、电子仪器等）用电动机。

控制用电动机又分为步进电动机和伺服电动机等。

5. 卧式和立式电动机

电动机按安装方式，可分为卧式和立式。卧式电动机的转轴安装后为水平位置，立式的转轴则为垂直地面的位置，如图 1－4 所示。两种类型电动机使用的轴承不同，立式的价格稍高。日常使用的电动机一般为卧式。

图 1－4　立式电动机应用示例

【知识链接】

电动机的几种分类方法

电动机的分类还可以有其他方法。例如，按机座号的大小或功率的大小，电动机可分为大型、中型、小型和小功率电动机。一般来说，电枢铁心外径大于 990mm 的电动机为大型电机，中心高 H 在 400～630mm 范围内的电动机为中型电动机。小功率电动机是将转速折算至 500r/min 时，其连续定额时的额定功率不超过 1.1kW 的电动机。

电动机还可按外壳防护形式、冷却方法、安装形式、使用环境条件、绝缘结构、励磁方式和工作制等特征进行分类。电动机按结构形式分类见表 1－2。

表1-2　　电动机按结构形式分类

分类标准	类　型
按外壳防护形式	开启式、防护式、封闭式、防尘式、防爆式等
按通风冷却方式	自冷式、自扇冷式、他扇冷式、管道通风式等
按安装形式	卧式、立式、凸缘（带底脚或不带底脚）
按绝缘等级	A级、E级、B级、F级、H级
按工作制	连续、短时、周期、非周期
按电动机尺寸中心高和定子铁心外径	大型、中型、小型、小功率

1.3　电动机的产品型号

按照《电机产品型号编制方法》的规定，电动机的产品型号由产品代号、规格代号、特殊环境代号以及补充代号四部分组成，并按图1-5所示的顺序排列。

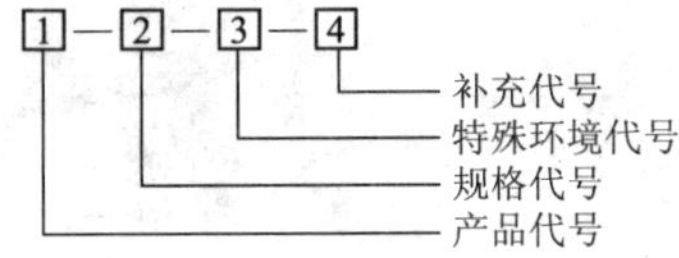

图1-5　电动机的产品型号

在产品铭牌较小，而型号又较长的情况下，如产品代号、规格代号、特殊环境代号和补充代号的数字和字母之间不会引起混淆时，可省去它们之间的短线。

1. 产品代号

电机产品代号又由电机类型代号、电机特点代号、设计序号和励磁方式代号等4个小节按顺序组成。

（1）类型代号。我国的电机类型代号采用汉语拼音来表示各种不同类型的电机，见表1-3。

表1-3　　电机产品代号

序号	电机类型	代　号
1	异步电动机（笼型及绕线转子型）	Y
2	同步电动机	T
3	同步发电机（除汽轮发电机、水轮发电机外）	TF
4	直流电动机	Z
5	直流发电机	ZF

续表

序号	电 机 类 型	代 号
6	汽轮发电机	QF
7	水轮发电机	SF
8	测功机	C
9	交流换向器电动机	H
10	潜水电泵	Q
11	纺织用电动机	F

（2）特点代号。表示电动机的性能、结构或用途等，采用汉语拼音字母标注。对于防爆电动机，代表防爆类型的字母 A（增安型）、B（隔爆型）和 ZY（正压型）应标于电动机的特点代号首位，即紧接在电动机类型代号后面标注。

（3）设计序号。指电动机产品设计的顺序，用阿拉伯数字表示。对于第一次设计的产品不标注设计序号，派生系列设计序号按基本系列标注，专用系列按本身设计的顺序标注。

当不必标注设计序号时，则标于特点代号之后，并用短线分开。

（4）励磁方式代号。用汉语拼音字母标注，其中 S 表示三次谐波励磁、J 表示晶闸管励磁、X 表示相复励励磁，并应标注于设计序号之后。

2. 规格代号

电机规格代号用轴中心高、铁心外径、机座号、机壳外径、轴伸直径、凸缘代号、机座长度、铁心长度、功率、电流等级、转速或极数等来表示。

机座长度采用国际通用字母号表示，S 表示短机座、M 表示中机座、L 表示长机座。铁心长度按由短至长，依次用数字 1，2，…表示。极数也用阿拉伯数字表示。

常用主要系列电动机产品的规格代号构成如表 1－4 所示。

表 1－4　　常用主要系列电动机产品的规格代号构成

电动机类型	规格代号构成	举　例
小型异步电动机	中心高（mm）机座长度（字母代号）铁心长度（数字代号）—极数	YR132M1－4
	中心高（mm）机座长度（字母代号）—极数	Y2－112M－4

续表

电动机类型	规格代号构成	举　例
中大型异步电动机	中心高（mm）机座长度（字母代号）铁心长度（数字代号）—极数	Y400－2－6
小型同步电动机	中心高（mm）机座长度（字母代号）	T2－160S2
小型直流电动机	中心高（mm）铁心长度（数字代号）—端盖代号（数字代号）	Z4－180－21

【知识链接】

大中型电动机的划分

（1）大、中、小型交流电动机（同步电动机和异步电动机）的划分。小型交流电动机，即中心高为315mm及以下或定子铁心外径为560mm及以下的电动机；中型交流电动机，即中心高大于315～630mm或定子铁心外径大于560～990mm的电动机；大型交流电动机，即中心高大于630mm或定子铁心外径大于990mm以上的电动机。

（2）大、中、小型直流电动机的划分。小型直流电动机，即中心高为400mm及以下或电枢铁心外径为368mm及以下的电动机；中型直流电动机，即中心高大于400～1000mm或电枢铁心外径大于368～990mm的电动机；大型直流电动机，即中心高大于1000mm或电枢铁心外径为990mm以上的电动机。

3. 特殊环境代号

电动机的特殊环境代号如表1－5所列。若同时适用于一个以上的特殊环境时，则按该表中所示代号的顺序排列。

表1－5　电动机的特殊环境代号

特殊环境	高原用	航（海）用	户外用	化工防腐用	热带用	湿热带用	干热带用
代号	G	H	W	F	T	TH	TA

4. 补充代号

补充代号仅适用于有此要求的电动机，用汉语拼音字母（不应与特殊环境代号重复）或阿拉伯数字表示。补充代号所代表的意义应在产品标准中作具体说明。

【技能提高】

主要电动机产品型号识读

（1）异步电动机型号：

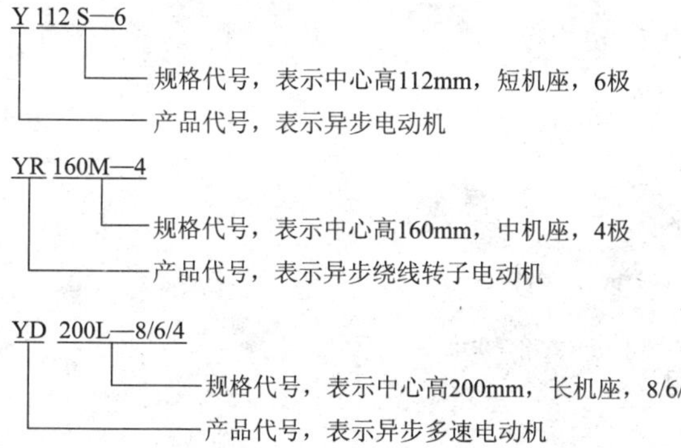

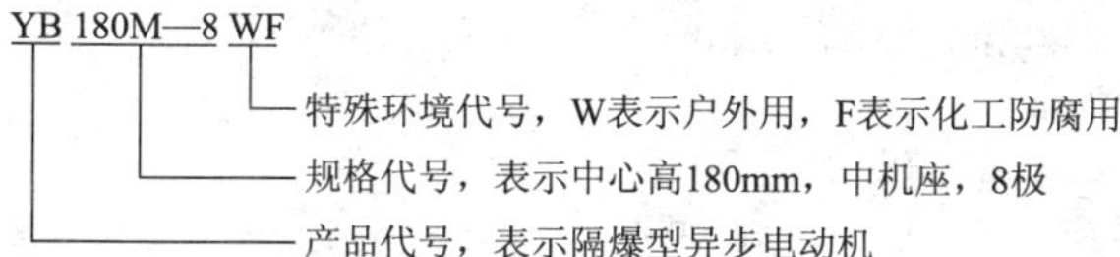

（2）同步电机型号：

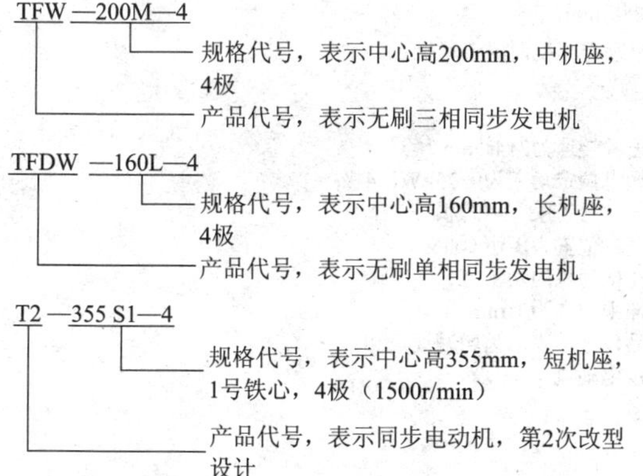

(3) 直流电动机型号：

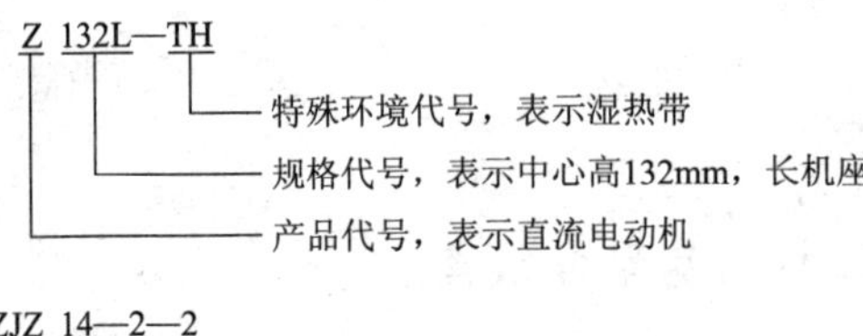

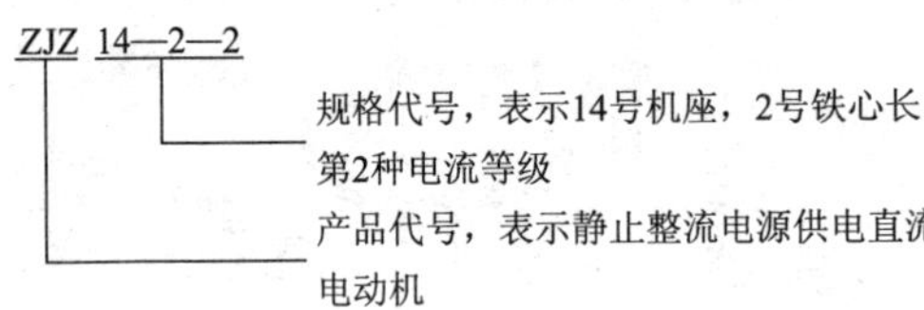

(4) 小功率电动机型号：

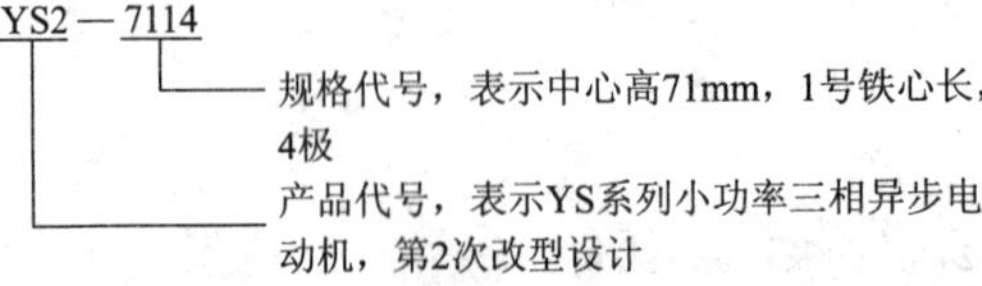

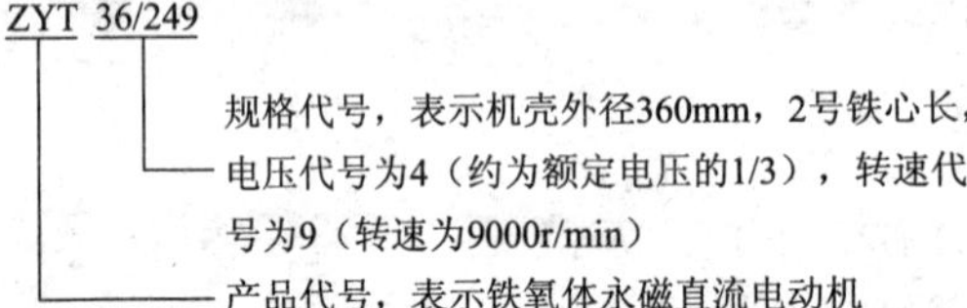

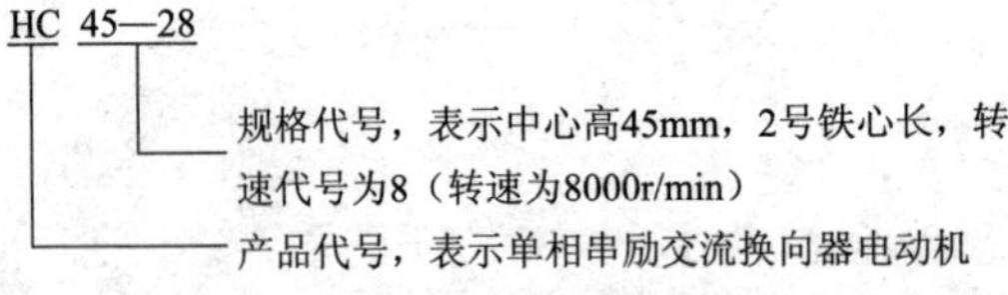

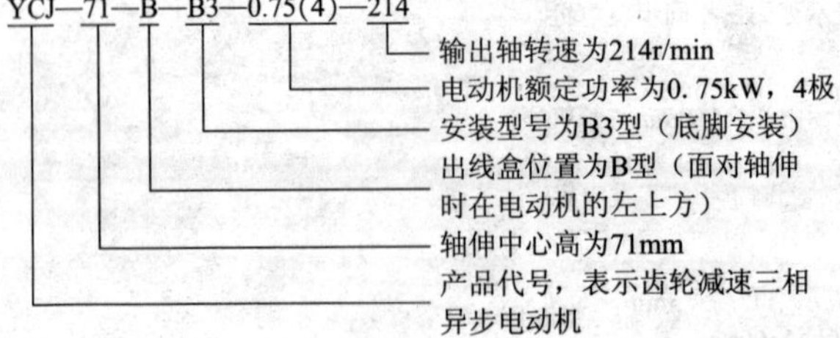

1.4 电动机的结构形式

电动机的结构形式是指电动机的固定用构件、轴承装置以及轴伸等部件的构成情况，主要包括电动机的外壳防护形式、冷却方法以及安装方法等。不同结构形式的电动机，可以适应不同的使用环境和不同的使用要求。同一种类型的电动机，也可以有多种不同的结构形式，现分别说明如下。

1.4.1 电动机外壳防护形式

根据有关国家标准规定，电动机的外壳防护应包括：防止人体触及、接近机壳内带电部分和触及机壳内转动部分，以及防止固体异物进入电动机内部的防护（第一类防护）和防止水进入电动机内部而引起有害影响的防护（第二类防护）。

在设计和使用电动机时，必须充分考虑电动机的使用环境和使用要求，以便设计和选用具有适当外壳防护等级的电动机。

我国的电动机外壳防护等级代号采用“国际防护”的英文缩写 IP 以及附加在后面的两个数字表示防止人体触及和防止固体异物进入电动机的防护，第二个表征数字表示防止水进入电动机的防护，前者（第一位数字）分为 6 个等级（0～5），后者（第二位数字）则分为 9 个等级（0～8），如表 1－6 所示。

表 1－6　电动机的外壳防护分级

第 1 位数字	对人体和固体异物的防护分级	第 2 位数字	对防止水进入的防护分级
0	无防护型	0	无防护型
1	半防护型（防止直径大于 50mm 的固体异物进入）	1	防滴水型（防止垂直滴水）
2	防护型（防止直径大于 12mm 的固体异物进入）	2	防滴水型（防止与垂直呈 $\theta \leqslant 15°$ 的滴水）
3	封闭型（防止直径大于 2.5mm 的固体异物进入）	3	防淋水型（防护与垂直线呈 $\theta \leqslant 60°$ 的淋水）
4	全封闭型（防止直径大于 1mm 的固体异物进入）	4	防溅水型（防护任何方向的溅水）
5	防尘型	5	防喷水型（防护任何方向的喷水）
		6	防海浪型或强加喷水
		7	防浸水型
		8	潜水型

电动机常用的防护等级有 IP11、IP21、IP22、IP23、IP44、IP54 和 IP55 等。

例如，外壳防护等级为 IP44，其中第 1 位数字“4”表示对人体触及和固体异物的防护等级（即电动机外壳能够防护直径大于 1mm 的固体异物触及或接近机壳内的带电部分或转动部分）；而第 2 位数字“4”则表示对防止水进入电动机内部的防护等级（即电动机外壳能够承受任何方向的溅水而无有害影响）。外壳防护等级为 IP54，其对人体触及和固体异物的防护等级提高为防尘型，而对水进入电动机内部的防护等级与 IP44 相同。

1.4.2 电动机的冷却方法

电动机进行机电能量转换时，电动机内部会产生铜耗、铁耗、机械损耗和杂散损耗等各种损耗。这些损耗将转换成内能，首先由热传导作用传递到部件表面，然后通过对流和辐射作用散发到周围冷却介质中。与此同时，也使电动机内各部件的温度升高。当绕组和铁心温度超过一定限值时，绝缘材料将因过热而受损，严重时甚至被烧毁。

电动机的容量越大，其发热和冷却问题也就越突出。要想降低电动机内各部件（主要是绕组和铁心）的温度，一方面应增强电动机内部的热传导能力，另一方面应增强部件表面的散热能力。前者主要依靠具有优良性能的绝缘材料和良好的浸漆、烘干技术，后者与部件表面（例如机壳表面）的散热面积、冷却介质与冷却表面的相对速度（例如风速）以及冷却介质温度等因素有关。

电动机冷却方法代号采用“国际冷却”的英文缩写 IC 以及附加在后面的冷却回路布置的特征数字、冷却介质性质的特征字母以及冷却介质推动方法的特征数字等组成。表示冷却介质性质的特征字母如表 1－7 所示。若冷却介质为空气，则其特征字母“A”可以省略。

表 1－7　冷却介质性质的特征字母

特征字母	冷却介质
A	空气
F	氟利昂
H	氢气
N	氮气
C	二氧化碳
W	水
U	油
S	其他冷却介质
Y	待确定的冷却介质

冷却回路布置方式与冷却介质推动方法的特征数字及其简要说明如表 1－8 所示。

表 1－8　电动机冷却方法

特征数字	冷却回路布置方式		冷却介质推动方法	
	简要说明	定　义	简要说明	定　义
0	自由循环	冷却介质从周围介质直接地自由吸入，然后直接返回到周围介质（开路）	自由对流	依靠温度差促使冷却介质运动，转子的风扇作用可忽略不计
1	进口管或进口通道循环	冷却介质通过进口管或进口通道从电动机的远方介质中吸入，经过电动机后，直接返回到周围介质（开路）	自循环	冷却介质运动与电动机转速有关，或因转子本身的作用，或为此目的专门设计并安装在转子上的部件使介质运动，也可以是由转子拖动的整体风扇或泵的作用促使介质运动
2	出口管或出口通道循环	冷却介质直接从周围介质吸入，经过电动机后，通过出口管或通道回到远离电动机的远方介质（开路）	—	备用
3	进出管或进出通道循环	冷却介质通过进口管或通道从远方介质吸入，流经电动机后，通过出口管或通道回到远方介质（开路）	—	备用
4	机壳表面冷却	冷却介质在电动机内的闭合回路内循环。并通过机壳表面把热量（包括经定子铁心和其他热传导部件传递到机壳表面的热量），传递到最终冷却介质，即周围环境介质。机壳外部表面可以是光滑的或带肋的，也可以带外罩以改善热传递效果	—	备用
5	内装式冷却器（用周围环境介质）	冷却介质在闭合回路内循环，并通过与电动机成为一体的内装式冷却器把热量传给最终冷却介质，后者为周围环境介质	内装式独立部件	由整体部件驱动介质运动，该部件所需动力与主机转速无关，例如自带驱动电动机的风扇或泵

续表

特征数字	冷却回路布置方式		冷却介质推动方法	
	简要说明	定　义	简要说明	定　义
6	外装式冷却器（用周围环境介质）	冷却介质在闭合回路内循环，并通过直接安装在电动机上的外装式冷却器把热量传递给最终冷却介质，后者为周围环境介质	外装式独立部件	由安装在电动机上的独立部件驱动介质运动，该部件所需动力与主机转速无关，如自带驱动电动机的风扇或泵
7	内装式冷却器（用远方介质）	一次侧冷却介质在闭合回路内循环，并通过与电动机成为一体的内装式冷却器把热量传递给二次侧冷却介质，后者为远方介质	分装式独立部件或冷却介质系统压力	与电动机分开安装的独立的电气或机械部件驱动冷却介质运动，或是依靠冷却介质循环系统中的压力驱动冷却介质运动。例如，有压力的给水系统或供气系统
8	外装式冷却器（用远方介质）	一次侧冷却介质在闭合回路内循环，并通过安装在电动机上面的外装式冷却器把热量传递给二次侧冷却介质，后者为远方介质	相对运动	冷却介质运动起因于它与电动机之间有相对运动，或者是电动机在介质中运动，或者是周围介质流过电动机（液体或气体）
9	分装式冷却器（用周围环境介质或远方介质）	一次侧冷却介质在闭合回路内循环，并通过与电动机分开独立安装的冷却器把热量传递给二次侧冷却介质，后者为周围环境介质或远方介质	其他部件	冷却介质由上述方法以外的其他方法驱动，应予以详细说明

1.4.3 电动机安装形式及代号

国家标准对电动机的安装形式及其代号作了规定，下面介绍其中常用部分。

1. 电动机安装形式代号的组成

电动机结构及安装形式代号分为两种，即代号1和代号2。

(1) 代号1（字母数字代号）由三部分组成。

1）第一部分为代号IM，是国际通用安装形式的代号，又称为IM代码。

2）第二部分是一个字母B或V。B表示电动机在使用时为卧式安装，即其轴线为水平方向；V表示电动机在使用时为立式安装，即其轴线与水平方向垂直。

3）第三部分紧跟在第二部分之后，用1~2个阿拉伯数字组成，是常用的形式。现将其常用的几种列于表 1－9 和表 1－10 中。

表 1－9　　常用卧式安装电动机的结构特点和安装形式

代号	轴承	机座	轴伸	结构特点	安装形式
IM B3	两个端盖式	有底脚	有轴伸	—	借底脚安装，底脚在下
IM B35	两个端盖式	有底脚	有轴伸	端盖上带凸缘，凸缘有通孔，凸缘在 D 端（轴伸端，下同）	借底脚安装，底脚在下，并附用凸缘安装
IM B34	两个端盖式	有底脚	有轴伸	端盖上带凸缘，凸缘有螺孔并有止口，凸缘在 D 端	借底脚安装，底脚在下，并附用凸缘平面安装
IM B5	两个端盖式	无底脚	有轴伸	端盖上带凸缘，凸缘有通孔，凸缘在 D 端	借凸缘安装
IM B6	两个端盖式	有底脚	有轴伸	与 B3 同。但端盖需转 90°（如系套筒轴承）	安装在墙上。从 D 端看底脚在左边
IM B7	两个端盖式	有底脚	有轴伸	与 B3 同。但端盖需转 90°（如系套筒轴承）	安装在墙上。从 D 端看底脚在右边
IM B8	两个端盖式	有底脚	有轴伸	与 B3 同。但端盖需转 180°（如系套筒轴承）	借底脚安装，底脚在上
IM B9	一个端盖式	无底脚	有轴伸	D 端无端盖和轴承	借 D 端的机座端面安装
IM B15	一个端盖式	有底脚	有轴伸	D 端无端盖和轴承，机座的 D 端用作附加安装	借底脚安装，底脚在下，用机座端面作附加安装
IM B20	两个端盖式	有抬高的底脚	有轴伸	—	借底脚安装，底脚在下

表 1－10　　常用立式安装电动机的结构特点和安装形式

代号	轴承	机座	轴伸	结构特点	安装形式
IM V1	两个端盖式	无底脚	轴伸向下	端盖上带凸缘，凸缘有通孔，凸缘在 D 端	借凸缘面安装

续表

代号	轴承	机座	轴伸	结构特点	安装形式
IM V15	两个端盖式	有底脚	轴伸向下	端盖上带凸缘，凸缘有通孔或螺孔并有（或无）止口，凸缘在D端	借底脚安装，有D端的凸缘面作附加安装
IM V2	两个端盖式	无底脚	轴伸向上	端盖上带凸缘，凸缘有通孔，凸缘在N端	借凸缘面安装
IM V3	两个端盖式	无底脚	轴伸向上	端盖上带凸缘，凸缘有通孔，凸缘在D端	借凸缘面安装
IM V36	两个端盖式	有底脚	轴伸向上	端盖上带凸缘，凸缘有通孔，凸缘在D端	借底脚安装，用D端凸缘面作附加安装
IM V5	两个端盖式	有底脚	轴伸向下	—	借底脚安装
IM V6	两个端盖式	有底脚	轴伸向上	—	借底脚安装
IM V8	一个端盖式	无底脚	轴伸向下	在D端无凸缘和轴承，机座上有螺孔	借D端的机座端面在底部安装
IM V9	一个端盖式	无底脚	轴伸向上	在D端无凸缘和轴承，机座上有螺孔	借D端的机座端面在顶部安装
IM V10	两个端盖式	无底脚	轴伸向下	机座上带凸缘，凸缘有通孔，凸缘在D端	借向着D端的凸缘平面在底部安装
IM V16	两个端盖式	无底脚	轴伸向上	机座上带凸缘，凸缘有通孔，凸缘在D端	借背着D端的凸缘平面在顶部安装

D端指电动机的传动端和发电机的被传动端轴伸。电动机具有不同直径的双轴伸时，直径大的一端为D端。电动机具有一个圆柱形轴伸和一个相同直径的圆锥形轴伸时，圆柱形轴伸一端为D端；当两个轴伸直径相同时，对一端装有换向器、集电环或外装励磁机的，指未装这些装置的一端，对无这些装置的，则指从该端看电动机的出线盒在右侧的一端。

对于双轴伸电动机，另一端用N表示。

(2) 代号2（全数字代号）由两部分组成。

1）第一部分为代号 IM。

2）第二部分由四个阿拉伯数字组成。用于表示电动机与配套设备的连接方式或所用部位。四个阿拉伯数字中，第 1 位表示结构形式，见表 1－11；第 2 位和第 3 位合起来表示安装形式，品种较多［本书不详细介绍，读者可参看 GB/T 997—2003《旋转电机结构及安装形式（IM 代号）》］；第 4 位表示轴伸形式的分类，见表 1－12。

表 1－11　第 1 位数字的意义

第 1 位数字	意义	第 1 位数字	意义
0	无安排	5	无轴承电动机
1	底脚安装电动机，仅有端盖式轴承	6	具有端盖式轴承和座式轴承的电动机
2	底脚和凸缘安装电机，仅有端盖式轴承	7	只有座式轴承的电动机
3	凸缘安装电动机，仅有端盖式轴承，一个端盖带凸缘	8	第 1 位数字为 1～4 以外结构形式的立式电动机
4	凸缘安装电动机，仅有端盖式轴承，有一个凸缘，凸缘不在端盖上，而在机座或其他部件上	9	特殊安装形式的电动机

表 1－12　第 4 位数字的意义

第 4 位数字	意义	第 4 位数字	意义
0	无轴伸	5	一个带凸缘的轴伸
1	一个圆柱形轴伸	6	两个带凸缘的轴伸
2	两个圆柱形轴伸	7	D 端为带凸缘的轴伸，N 端为圆柱形轴伸
3	一个圆锥形轴伸	8	无安排
4	两个圆锥形轴伸	9	其他类型的轴伸

2. 代号 1 和代号 2 这两种表示方法之间的关系

电动机结构及安装形式代号 1 和代号 2 对照见表 1－13。

表 1－13　　电动机结构及安装形式代号 1 和代号 2 对照

代号 1	代号 2	代号 1	代号 2
IM B3	IM 1001	IM V3	IM 3031
IM B5	IM 3001	IM V4	IM 3211
IM B6	IM 1051	I1M V5	IM 1011
IM B7	IM 1061	IM V6	IM 1031
IM B8	IM 1071	IM V8	IM 9111
IM B9	IM 9101	IM V9	IM 9131
IM B10	IM 4001	IM V10	IM 4011
IM B14	IM 3601	IM V14	IM 4031
IM B15	IM 1201	IM V15	IM 2011 或 2111
IM D20	IM 1101	IM V16	IM 4131
IM B25	IM 2401	IM V18	IM 3611
IM B30	IM 9201	IM V19	IM 3631
IM B34	IM 2101	IM V30	IM 9211
IM B35	IM 2001	IM V31	IM 9231
IM V1	IM 3011	IM V36	IM 2031 或 2131
IM V2	IM 3231		

1.5 系列电动机

电动机产品大多为系列产品。所谓系列电动机是指技术要求、设计方法、结构形式、冷却方法、生产工艺及应用范围基本相同，功率及安装尺寸按一定规律递增，零部件通用性很高的一系列电动机。只有当用户提出与系列电动机差别较大的特殊技术要求时，才考虑进行特殊规格电动机的设计和生产。即使这样，也应尽量利用现有的工装、模具，以降低生产成本，缩短生产周期。

电动机系列产品可分为基本系列、派生系列和专用系列。

(1) 基本系列是为适应一般传动要求而生产的应用范围较广的一般用途电动机产品，例如，Y 系列和 Y2 系列三相感应电动机、Z4 系列小型直流电动机等。

(2) 派生系列是按照不同的使用要求，在基本系列的基础上作部分改动，其零部件与基本系列有较高通用性的系列电动机产品，例如，YD 系列变极多速三相感应电动机是 Y 系列电动机的派生系列产品。

派生系列产品可分为电气派生、结构派生和特殊环境派生等。

(3) 专用系列是具有特殊使用要求或特殊防护要求的系列电动机产品，例如 YZ 系列冶金及起重三相感应电动机等。

由于三相感应电动机的应用极为广泛，为适应不同的使用要求，在基本系列的基础上衍生出很多派生系列和专用系列产品。部分小型三相感应电动机系列产品的性能或结构特点及其应用如表 1－14 所示。

表 1－14　三相感应电动机系列产品的性能及其应用

系列		特点	应用
基本系列（Y、Y2 系列）		适合一般传动要求，应用量大面广的系列电动机产品	机床、风机、水泵、压缩机、运输机械、农业机械等
电气派生系列	高效电动机（YX 系列）（Y2－E 系列）	通过一系列设计与工艺措施，减小电机损耗（铜耗、铁耗、机械耗、杂散耗等）来提高效率	年运行时间 3000h 以上的长期连续高负荷运行的电能消耗较大的机械设备
	变极多速电动机（YD 系列）	通过改变定子绕组接法来改变极对数，从而改变电机转速	适合于对调速性能要求不高的需要有级变速的机械设备
	高转差率电动机（YH 系列）	通过提高转子绕组材料的电阻率来提高转差率，以获得较软的机械特性	适合于转动惯量较大且具有冲击性的机械负荷，如冲床、剪床、锻压机床等
	变频调速电动机	能适应变频器供电的要求，可通过改变频率来调节转速	适合于对调速性能要求较高的需要无级变速的机械设备
	绕线转子电动机（YR 系列）	转子为分布短距的绕线型绕组，通过集电环电刷与外部电阻或电源相连接，提高启动与调速性能	需要较大启动转矩和较小启动电流的机械以及在一定范围内需要有级或无级调速的机械
结构派生系列	电磁调速电动机（TCT 系列）	由基本系列感应电动机与电磁转差离合器组合成一体，通过调节离合器的直流励磁电流实现调速	适合于驱动恒转矩负载或风机泵类负载等要求无级调速的机械设备
	齿轮减速电动机（YCJ 系列）	由基本系列感应电动机与齿轮减速器组成，获得低转速、大转矩	适合于驱动要求低转速、大转矩的机械设备
	制动电动机	由基本系列感应电动机与制动器组成。电动机断电后，能迅速实现制动停机，如旁磁制动式、电磁制动式、杠杆制动式等	要求快速准确停机、往复运转、频繁启动、制动的机械，如升降机、运输机、印刷机、建筑机械等
	低振动、低噪声电动机（YZC 系列）	通过提高加工精度和转子动平衡精度以及轴承选择、风扇结构等措施，降低电动机的振动和噪声	适用于精密机床及需要低振动低噪声的机械设备

续表

系　列		特　点	应　用
特殊环境派生系列	增安型电动机（YA 系列）	正常运行时不产生火花、电弧及危险温度，采取电磁上和结构上的加强措施提高其防爆安全性	用于仅在不正常情况下才能形成爆炸性混合物的场所
	隔爆型电动机（YB 系列）	加强外壳机械强度，并严格保证各接合面具有一定的防爆间隙参数	用于煤矿、石油、化工等有爆炸性危险的场所
	户外防腐型电动机（Y－WF 系列）	在结构、材料、工艺等方面采取防腐、密封等措施，防护等级为 IP55	适用于有腐蚀性气体和腐蚀性粉尘的户内、户外场所
	船用电动机（Y－H 系列）	加强外壳机械强度，绕组、金属零部件和电动机表面等经特殊处理，能防凝露、盐雾及霉菌等侵蚀	适合于驱动一般船舶机械，如机舵辅助机械，液压泵等泵用电机，通风机，分离器等
专用系列	冶金及起重用电动机（YZ 系列）	断续定额，频繁启动、制动及正、反转，启动转矩大，过负荷能力强	适用于冶金辅助设备及一般起重机械
	电梯电动机（YTD 系列）	电梯用单绕组双速电机，堵转时转矩大、电流小、运行平稳、噪声低，短时工作制	适用于交流客、货电梯及其他升降机械的驱动
	力矩电动机（Y1J 系列）	机械特性软，可在从堵转到接近同步转数的范围内稳定运行	用来驱动恒张力、恒线速度及恒转矩性质的机械负荷
	电动阀门用电动机（YDF 系列）	与阀门组成一体，具有低转动惯量、高启动转矩，短时工作制	用于输油、输气管线上阀门的自动开、闭

1.6 电动机的工作制与定额

1.6.1 电动机工作制

根据 GB 755—2000《旋转电机　定额和性能》的规定，电动机工作制分为 10 类。

（1）S1 工作制——连续工作制。在无规定期限的长时间内是恒电负荷的工作制。在恒定负荷下连续运行达到热稳定状态。

（2）S2 工作制——短时工作制。在恒定负荷下按指定的时间运行，在未达到热稳定时即停机和断能，其时间足以使电动机或冷却器冷却到与最终冷却介质温度之差在 2K 以内。

（3）S3 工作制——断续周期工作制。按一系列相同的工作周期运行，每一周期由一段恒定负荷运行时间和一段停机并断能时间所组成。但在每一周期内运行时间较短，不足以使电动机达到热稳定，且每一周期的启动电流对温升无明显的影响。

（4）S4 工作制——包括启动的断续周期工作制。按一系列相同的工作周期运行，每一周期由一段启动时间、一段恒定负荷运行时间和一段停机并断能时间所组成。但在每一周期内启动和运行时间较短，均不足以使电动机达到热稳定。

（5）S5 工作制——包括电制动的断续周期工作制。按一系列相同的工作周期运行，每一周期由一段启动时间、一段恒定负荷运行时间、一段快速电制动时间和一段停机并断能时间所组成。但在每一周期内启动、运行和制动时间较短，均不足以使电动机达到热稳定。

（6）S6 工作制——连续周期工作制。按一系列相同的工作周期运行，每一周期由一段恒定负荷时间和一段空负荷运行时间组成，但在每一周期内负荷运行时间较短，不足以使电动机达到热稳定。

（7）S7 工作制——包括电制动的连续周期工作制。按一系列相同的工作周期运行，每一周期由一段启动时间、一段恒定负荷运行时间和一段电制动时间所组成。

（8）S8 工作制——包括负荷—转速相应变化的连续周期工作制。按一系列相同的工作周期运行，每一周期由一段按预定转速的恒定负荷运行时间，接着按一个或几个不同转速的其他恒定负荷运行时间所组成（例如多速异步电动机使用场合）。

S8 工作制的特点是每个周期里有三个恒定的负荷，计算负荷持续率时要对三个负荷分别计算，每个负荷持续率的周期是一样的，包括加速时间、三个恒定负荷时间和两个电制动时间，而负荷时间计算则是：第一个负荷持续率的负荷时间包括加速时间和第一个恒定负荷时间；第二个负荷持续率的负荷时间包括第一个制动时间加上第二个负荷时间；第三个负荷持续率的负荷时间包括第二个制动时间加上第三个负荷时间。

（9）S9 工作制——负荷和转速作非周期变化的工作制。负荷和转速在允许的范围内作非周期变化的工作制，这种工作制包括经常性过负荷，其值可远远超过满负荷。

（10）S10 工作制——离散恒定负荷工作制。包括不多于四种离散负荷值（或等效负荷）的工作制，每种负荷的运行时间应足以使电动机达到热稳定。在一个工作周期中的最小负荷值可为零（空负荷或停机和断能）。

【知识链接】

工作制类型的标志

各种工作制除用工作制分类规定的相应代号作为标志（例如 S1 和 S9 工作制可用 S1 和 S9 标志）外，并应符合下列规定。

对 S2 工作制，应在代号 S2 后加工作时限，对 S3 和 S6 工作制，应在代号后加负荷持续率。

例如：S2 60min；S3 25%；S6 40%。对 S4 和 S5 工作制，应在代号后加负荷持续率，电动机的转动惯量和负荷的转动惯量，后者为折算至电动机轴上的数值。

对 S7 工作制，应在代号后加电动机的转动惯量和负荷的转动惯量，后者为折算至电动机轴上的数值。

对 S8 工作制，应在代号后加电动机的转动惯量和负荷的转动惯量以及在每一转速下的负荷与负荷持续率，转动惯量为折算至电动机轴上的数值。

1.6.2 电动机定额

电动机定额可分为以下几类。

（1）最大连续定额。制造厂对电动机负荷和各种条件所作的规定，按照这些规定，电动机应能满足技术条件的各项要求作长期运行。

（2）短时定额。制造厂对电动机负荷、运行时间和各种条件的规定，按照这些规定，电动机应能满足技术条件的各项要求，电动机在实际冷态下启动，并在规定的时限内运行。

该时限应为下列数值之一：10、30、60、90min。

（3）等效连续定额。制造厂为简化试验而对电动机的负荷和各种条件的规定。按照这些规定，电动机应能满足技术条件的各种要求持续运行至热稳定。并且这些规定应与工作制分类中 S3～S9 所列工作制之一等效。

（4）周期工作定额。制造厂对电动机负荷和各种条件的规定，按照这些规定，电动机应能满足技术条件的各项要求。按指定的工作周期进行。这类定额电动机的工作制应符合工作制分类中 S3～S8 所规定的一种。

根据 GB 755—2000《旋转电机定额和性能》的规定，每一工作周期的时间为 10min，对 S4、S5 及 S7 工作制，每小时启动次数超过 300 次后工作周期特别短，该时间及其表达方法，可在产品标准中规定。

负荷持续率应为下列数值之一：15%、25%、40%、60%。

（5）非周期工作定额。制造厂对电动机在相应的变化范围内的变动负荷（包括过负荷）和各项条件的规定。按照这些规定，电动机应能满足技术条件的各项要求作非周期运行。这类定额电动机的工作制应符合工作制分类中 S9。

【知识链接】

定额类型的标志

最大连续定额——“cont”或“S1”

短时定额——持续运行时间，例如“S2——60min”

等效连续定额——“equ”

周期和非周期工作定额——同工作制的标志，例如“S3 25%”

思 考 题

1. 什么是电动机？电动机有哪些功能？
2. 电动机的分类方法有哪些？
3. 什么是同步电动机？什么是异步电动机？在工农业生产中为什么大都用异步电动机？
4. 电动机的产品型号由哪些部分组成？
5. 电动机的结构形式主要包括哪些内容？
6. 电动机系列产品主要有哪些？
7. 电动机有哪些工作制？
8. 电动机的定额有哪些？

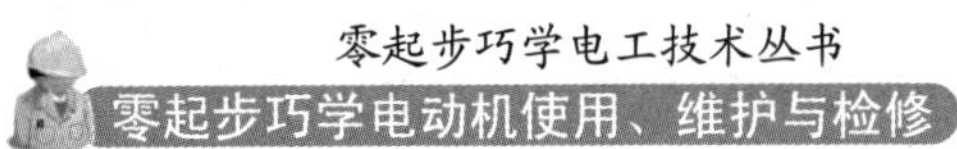

选用电动机我做主

电动机是生产机械和家用电器的主要动力来源，对使用者来说，电动机的选择十分重要。简单地说，电动机的选择就是根据不同性质负荷和不同使用条件的要求，合理选择不同类型和不同规格的电动机。实际上，要想做到正确、合理地选择电动机并不是一件很简单的事情，需要有一定的专业知识和一定的实践经验。

电动机的选择要包括电动机类型及其结构形式的选择、电动机额定电压、额定转速和额定功率的选择，以及电动机的性能及其经济性的选择等。电动机的正确、合理选用可以保证电动机具有良好的运行性能以及良好的经济性和可靠性。否则，轻者将造成资源的不必要浪费，重者可能酿成事故。

2.1 选用电动机的基本要求

选用电动机的基本要求可归纳出以下几点。

（1）电动机的结构形式应满足使用环境和安装方法的要求，绝缘等级应与负荷性质和环境温度等要求相适应。

（2）电动机全面满足被驱动机械负荷的各种要求，如负荷性质、工作制、转速、加速度、启动、制动、过负荷能力以及调速特性等，电动机的负荷率可按负荷性质在0.75~0.9选择。

（3）按技术与经济的合理性原则选择电动机的类型（直流电动机、异步电动机、同步电动机等，如图2-1所示）、电压等级（低压、高压等）、结构形式（外壳防护、安装方法、防爆等）和冷却方法（空冷、水冷等），以保证电动机和生产机械的可靠性和经济性。

（4）所选电动机除应满足被驱动机械负荷以及使用环境的要求外，还应满足供电电网的要求。对于容量较小的电网，特别应考虑电动机启动电流引起的电网电压降低的影响以及保持电网功率因数的合理范围。

（5）在满足性能的前提下应优先采用交流电动机。

根据上述选用电动机的基本要求可知，电动机选择的主要内容有使用环境、

图 2-1　电动机类型选择

（a）直流电动机；（b）同步电动机；（c）异步电动机

结构形式、电动机类型、电压等级、额定转速、额定功率等，以下各节分别予以介绍。

2.2　根据工作条件选用电动机

根据工作环境条件和电气运行条件合理选择电动机，对电动机运行的可靠性、安全、节能及降低设备造价都有重要意义。

2.2.1　根据使用环境选用电动机

选择电动机之前，应详细了解电动机的使用环境，以便选择满足环境条件要求的电动机。所谓使用环境，主要是指电动机运行地点的海拔、环境空气温度、环境空气相对湿度以及是否有爆炸性危险环境等。一般情况下，电动机在这些环境条件下应满负荷正常运行。

1. 电动机的基本使用环境条件

（1）海拔条件。海拔也叫绝对高度，它是指以平均海平面作为基准起算的陆地高度。一般来说，使用电动机海拔不超过1000m。

（2）温度条件。电动机运行地点的环境空气温度随季节而变化，但不超过40℃，其最低环境温度为-15℃，此时电动机已安装就位，处于运行或停机并断能状态。但对于额定功率大于3300kW（或kVA）/1000r/min；额定功率小于600W（或VA）的电动机；带换向器或滑动轴承的电动机，以及以水作为一次侧或二次侧冷却介质的电动机，其最低环境空气温度为0℃。如用户要求电动机在运输和储存或安装以后适用于更低的温度时，则需与制造厂另行协议确定，或是在产品的技术条件中特别规定。

（3）相对湿度条件。电动机运行地点的最湿月月平均最高相对湿度为90%，同时该月月平均最低温度不高于25℃。在该环境空气相对湿度下，电动机经长时间停机后还可以安全投入运行。

(4) 危险环境条件。在运行地点的环境中，不存在腐蚀性化学物质气雾或易爆气体、盐雾、淋水等特殊情形。

(5) 运行地点条件。正常情况下，电动机安装在刚性安装面上，且安装区域或辅助外壳对电动机通风没有严重妨碍。

上述使用条件在一般情况下都可以满足，但仍有不少的环境条件不能完全符合上述情况，在选择、使用电动机时，应对某些参数作适当修正，或特殊处理，或者增加一些特殊防护措施。

【知识链接】

环境条件与规定不同时温升限值的修正

当电动机运行地点的海拔和环境温度与基本使用环境条件不符时，首先要修正的是电动机温升限值。因为运行地点的海拔和环境空气温度对运行中的电动机绕组温度有一定的影响，而且这种影响因电动机的绝缘等级、冷却方法和防护形式的不同而有所不同。当环境温度升高后，空气密度会减小，单位体积空气在单位时间内所带走的热量随之减小，则电动机的散热条件变坏；若此时空气湿度增高，空气的比热量会提高，散热效果会有所改善。但是，环境温度升高了，即便绕组温升值相同，由于绕组温度增高，电损耗会略有增大。此外，随着海拔的增加，空气密度会减小，电动机对流散热效果明显地变差，绕组温升也会升高。所以，当运行条件与规定的基本使用环境条件不同时，电动机绕组温升限值应作如下修正。

(1) 如指定的最高环境温度或实际最高冷却介质温度在40～60℃之间时，规定的温升限值减去指定的最高环境温度应高于40℃的差值。

(2) 如指定的最高环境温度或实际最高冷却介质温度在0～40℃之间时，温升限值一般不增加，除非在制造厂与用户之间达成协议后方允许增加，但应不超过指定的最高环境温度低于40℃的差值，且最大为30K。

(3) 如电动机的使用地点海拔超过1000m，但不超过4000m，而最高环境温度又未作规定时，则认为由海拔引起的冷却效果的降低，可由最高环境温度因海拔增加而相应地降低得到补偿，温升限值不作修正。

海拔在1000m以上，每100m所需的环境温度降低补偿值规定，按温升值的1%折算。

(4) 如指定的最高环境温度或实际最高冷却介质温度超过60℃或低于0℃时，或者运行地点的海拔超过4000m时，温升限值应由制造厂和用户协议商定。

【技能提高】

海拔或环境温度与温升限值的修正

（1）若使用地点的海拔高于试验地点，但不高于4000m，试验时的允许温升按表2－1的数值减去一修正值，使用地点和试验地点海拔差，每100m温升限值按表2－1中的规定值的1%计算。

表2－1　用空气间接冷却的电动机的温升限值　K

项目	电动机的部件	绝缘等级														
		A级			E级			B级			F级			H级		
		T	R	E	T	R	E	T	R	E	T	R	E	T	R	E
	（1）功率为5000kW（或kVA）及以上电动机的交流绕组	—	60	65	—	—	—	—	80	85		100	105	—	125	130
	（2）功率大于200kW（或kVA）但小于5000kW（或kVA）电动机的交流绕组	—	60	65	—	75	—	—	80	90	—	105	110	—	125	130
1	（3）功率为200kW（或kVA）及以下电动机的交流绕组，但本项的（4）和（5）除外	—	60	—	—	75	—	—	80	—	—	105	—	—	125	—
	（4）功率小于600W（或kVA）电动机的交流绕组	—	65	—	—	75	—	—	85	—	—	110	—	—	130	—
	（5）不带风扇自冷式（IC40）电动机的交流绕组或囊封式绕组	—	65	—	—	75	—	—	85	—	—	110	—	—	130	—
2	带换向器的电枢绕组	50	60	—	65	75	—	70	80	—	85	105	—	105	125	—
3	用直流励磁的交流和直流电动机的磁场绕组，但第4项除外	50	60	—	65	75	—	70	80	—	85	105	—	105	125	—
	（1）用直流励磁绕组嵌入槽中的圆柱形转子同步电动机的磁场绕组，但同步感应电动机除外	—	—	—	—	—	—	—	90	—	—	110	—	—	135	
	（2）多层的直流电动机静止磁场绕组	50	60	—	65	75	—	70	80	90	85	105	110	105	125	135
4	（3）交流和直流电动机的低电阻磁场绕组以及多层的直流电动机的补偿绕组	60	60	—	75	75	—	80	80	—	100	100	—	125	125	—
	（4）表面裸露或仅涂清漆的交流和直流电动机的单层绕组以及直流电动机的单层补偿绕组	65	65	—	80	80	—	90	90	—	110	110	—	135	135	—

续表

项目	电动机的部件	绝缘等级														
		A级			E级			B级			F级			H级		
		T	R	E	T	R	E	T	R	E	T	R	E	T	R	E
5	永久短路的绝缘绕组	60		—	75	—	—	80	—	—	100	—	—	125	—	—
6	永久短路的无绝缘绕组	这些部件的温升，在任何情况下不应使其本身或邻近的绝缘或其他材料有损坏危险的数值出现														
7	不与绕组接触的铁心及其他部件															
8	与绕组接触的铁心及其他部件	60	—	—	75	—	—	80	—	—	100	—	—	125	—	—
9	开启或封闭的换向器和集电环	60	—	—	70	—	—	80	—	—	90	—	—	100	—	—

注 1. 表中的温升限值是在环境温度不超过40℃的条件下，电动机以额定功率运行时，从运行地点的环境空气温度起算的温升限值。

2. 表中测量温度的方法，T表示温度计法，R表示电阻法，E表示埋置检温计法。

（2）若试验地点的海拔高于使用地点，每100m温升限值应增加1%。

（3）如试验地点的环境温度与使用地点指定的最高环境温度的差值不大于30K，温升限值不作修正。如试验地点的环境温度低于或高于使用地点所指定的最高环境温度在30K以上时，则这时的温升限值应为经上述各项修正后的原温升值减去或加上一个修正值，此修正值为上述环境温度差值的1/500乘上上述修正后原温升限值。

我国幅员广大，东西南北地方的海拔和环境温度差异较大，在选用电动机时，如制造厂和使用地点不是同一地区，应注意上述温升限值的修正。

2. 使用环境的最低温度

电动机使用的基本环境条件规定了使用地点的最低环境温度。要注意低温对电动机运行性能所产生的影响。有些验证报告指出，在最低环境温度－15℃下，聚酯及聚酯青壳纸、醇酸云母板、丁基橡胶、焊锡、弹簧、磁钢、钢材、小型塑料换向器等的性能没有明显的变化，因此某些产品技术条件指明该产品可适应于较低的环境温度下使用。但是要注意，在较低环境温度下，特别是对一些功率较小的电动机（如100W以下的电动机），也有因低温时润滑脂黏度增大或凝固冻结而引起静态阻转矩增加，致使启动困难或因此而出现堵转进而烧毁电动机。再者，往往在低温下绝缘材料明显地变硬变脆，经机械损伤之后，在低温下耐电压性能显著下降；此外，如将存放在低温处的电动机移到较暖和的场所，往往绕组表面结霜凝露而引起绝缘故障，通电后极易造成线圈短路。因此，在环境温度较低时使用电动机要引起特别的注意及时防范。

3. 特殊环境条件

凡有下列情况之一者，都应作为特殊环境条件，应选用对该种环境有相应防护措施的电动机，或是对电动机另外设置特殊的防护装置。

（1）空气中混有腐蚀性化学物质气雾或易燃、易爆气体。

（2）空气中混有易燃、易爆或导电粉尘。

（3）混有蒸汽、盐雾或油雾的环境。

（4）混有纤维或多尘的环境，往往粉尘的积累会影响到电动机的通风。

（5）潮湿或很干燥的场所，存在虫害或有助于细菌生长的条件。

（6）存在辐射热或放射性辐射的环境。

（7）存在外加异常的冲击、振动或轴上异常的轴向力。

（8）水下、泥浆或淋水的环境。

2.2.2 根据电气运行条件选用电动机

1. 电压和频率的选择

（1）电压的选择。选择电压，取决于电力系统对企业供电的电压。中小型三相异步电动机的额定线电压有6000、3000、380V等几种；派生的60Hz电动机的额定线电压有380V和440V两种；YA增安型三相异步电动机、YB隔爆型三相异步电动机的额定电压为380V和660V两种；单相电动机为220V。

直流电动机的额定电压有160、220V和440V三种，220V适用于机组供电；160V和440V适用于静止整流电源供电场合，其中160V为单相桥式整流电路，440V为三相桥式整流电路。

对于一般的通用机械，选用的异步电动机的额定功率大于或等于220kW时，选用6000V电压；额定功率小于220kW时，选用380V电压。额定功率大于或等于100kW时，多选用3000V电压；额定功率小于100kW时，选用380V电压。

（2）频率的选择。我国的工频供电频率为50Hz（美洲国家电源频率为60Hz，欧洲多数国家为50Hz），为了出口的需要，交流电动机一般也可制成60Hz。

2. 运行期间电压和频率的允差

有关标准规定，电动机在运行期间电源电压和频率在下列范围内变化时，电动机的输出功率仍能维持额定值。

（1）当电源频率为额定值时，电压在额定值的95%～105%之间变化，但此时电动机性能允许与标准的规定不同，且当电压变化达上述极限而电动机连续运行时，其温升超过的最大允许值为：对于额定功率为1000kW（或kVA）及以下的电动机为10K；对于额定功率为1000kW（或kVA）以上的电动机为5K。

（2）当电源电压为额定值，电源频率对额定值的变化不超过±1%。

(3) 当电源电压和频率同时发生变化（两者变化分别不超过额定值的 ±5% 和 ±1%），若两者变化都是正值，两者之和不超过额定值的 6%；或两者变化都是负值或分别为正值与负值，两者绝对值之和不超过额定值的 5%。

3. 电压及电流的波形与对称性

(1) 一般交流电源。电压为实际正弦波，三相电源电压还应为实际平衡系统。所谓电压的实际正弦波，就是电压波形的正弦性畸变率（指电压波形中不包括基波在内的所有各次谐波有效值平方和的平方根值对该波形基波有效值之比）不超过 5%。所谓实际平衡的电压系统指在多相电压系统中，电压的负序分量不超过正序分量的 1%（长期运行）或 1.5%（不超过几分钟的短时运行），且电压的零序分量不超过正序分量的 1%。当电源电压的波形和平衡性能同时为所规定偏差的极限，电动机应不产生有害的高温，其温升或温度允许超过规定的限值，但不超过 10K。

有关标准规定，在进行电动机温升试验时，电源电压的波形正弦形畸变率应不超过 2.5%，电压的负序分量在消除零序分量的影响后，应不大于正序分量的 0.5%。

(2) 直流电源。根据电动机的使用条件和电压高低，可选用干电池、蓄电池、直流发电机组和静止整流电源。前三者属低纹波电源，可对直流电动机供电，一般无异常情况，但应注意干电池和蓄电池随放电过程其内阻加大且端电压降低。由整流电源供电的电动机，必须使得电动机在额定负荷时，其电枢电流的波形因数（电流方均根值对电流平均值之比）小于或等于电动机的额定波形因数，否则，电动机可能会过热或产生较大的火花，甚至不能工作。上述条件如不能满足时，除了设法降低整流电源的纹波以外，也可以在电枢回路中串联电感，抑制电流谐波，降低其波形因数，减少电损耗和改善换向。

【技能提高】

发电厂和煤矿用电动机的选用

对于电厂用的电动机，一般选用交流电动机，只有要求在失去交流电源情况下，仍要继续工作的场合，才选用直流电动机，如汽轮机的备用油泵需要由直流电动机拖动。电厂用交流电动机，一般选用笼型异步电动机，电压为 6000、3000V 和 380V，如 Y（6000V）、JS（6000V）、JK（6000V）、Y（380V）等系列电动机。当电动机额定功率为 75 ~ 90kW，且低压母线上无更小的电动机可供选用时，为避免低压母线单独故障的影响，选用 3000V 电压；对于短时运行，而功率为 110 ~ 220kW 的电动机，接在低压母线上并不加大变压器容量（利用变压器的短时过负荷能力）时，可选用380V电压。

煤矿采煤机多用380V/660V（△/Y）、660V（△）、660V/1140V（△/Y）几种电压等级，因为这类电动机的供电线路较长，若电压低，线路损耗和压降大，故比一般用途的异步电动机的额定电压稍高。其他煤矿机械，常采用380V/660V电动机。

2.3 电动机类型的选择

不同种类的电动机具有不同的特点和用途，表2-2列出了不同种类电动机主要性能特点及应用，可供选择电动机时参考。

表2-2　　不同种类电动机主要性能特点及应用举例

电动机种类	主要性能特点		应用举例
直流电动机	他励、并励	机械特性硬，启动转矩大，调速性能好	调速性能要求高的生产机械，如大型机床（车、铣、刨、磨、镗）、高精度车床、可逆轧钢机、造纸机等
	串励	机械特性软，启动转矩大，调速方便	要求启动转矩大、机械特性软的机械，如电车、电气机车、起重机、吊车、卷扬机、电梯等
	复励	机械特性软硬适中，启动转矩大，调速方便	
三相异步电动机	普通笼型转子	机械特性硬，启动转矩不太大，可以调速	调速性能要求不高的各种机床、水泵、通风机等
	高启动转矩	启动转矩大	带冲击性负载的机械，如剪床、冲床、锻压机；静止负荷或惯性负荷较大的机械，如压缩机、粉碎机、小型起重机等
	多速	有几挡转速（2~4速）	要求有级调速的机床、电梯、冷却塔等
	绕线式转子	机械特性硬，启动转矩大，调速方法多	要求有一定调速范围、调速性能较好的生产机械，如桥式起重机；启动、制动频繁且对启动、制动转矩要求高的生产机械，如起重机、矿井提升机、压缩机、不可逆轧钢机等
三相同步电动机	转速不随负荷变化，功率因数可调		转速恒定的大功率生产机械，如大中型鼓风及排风机、泵、压缩机、连续式轧钢机、球磨机

续表

电动机种类	主要性能特点	应用举例
单相异步电动机	功率小，机械特性硬	家用电器和农用电器中的电动机，如洗衣机等，基本上都是单相异步电动机
单相同步电动机	功率小，转速恒定	用于单相电源的低速或恒转速驱动，如复印机、转页式电风扇等

如图 2－2 所示，在选择电动机的种类时，主要从以下几个方面考虑。

图 2－2　根据需要选择电动机

2.3.1　电动机机械特性的选择

电动机的机械特性是指在一定条件下，电动机的转速 n 与转矩 T 之间的关系。如果负荷变化时，转速变化很小，称硬特性，转速变化大的称软特性。不同的生产机械具有不同的转矩－转速关系，要求电动机的机械特性与之相适应。

例如，负荷变化时要求转速恒定不变的，就应选择同步电动机；要求启动转矩大及特性软的，如电车、电气机车等，就应选用串励或复励直流电动机。

2.3.2　电动机转速的选择

电动机的转速应能够满足工作机械的要求，且最高转速、转速变化率、稳速、调速和变速等性能均能适应工作机械运行要求。

电动机的调速性能包括调速范围、调速的平滑性、调速系统的经济性（设备成本、运行效率等）等方面，都应该满足生产机械的要求。

例如，调速性能要求不高的各种机床、水泵、通风机多选用普通三相笼型转子异步电动机；功率不大、有级调速的电梯及某些机床可选用多速电动机；而调速范围较大、调速要求平滑或要求准确位置控制的生产机械，如龙门刨床、高精度车床、可逆轧钢机、印刷机、造纸机等，可选用他励直流电动机和绕线式转子异步电动机。

2.3.3 电动机启动性能的选择

一些对启动转矩要求不高的场合，如机床，可以选用普通笼型转子三相异步电动机；而启动、制动频繁，且启动、制动转矩要求比较大的生产机械就可选用绕线式转子三相异步电动机，如矿井提升机、起重机、不可逆轧钢机、压缩机等。

2.3.4 运行经济性的选择

从降低整个电动机驱动系统的能耗及电动机的综合成本来考虑选择电动机类型，针对使用情况选择不同效率水平的电动机类型。

对一些使用时间很短、年使用时数也不高的机械，电动机效率低些也不会使总能耗产生较大的变化，所以并不注重电动机的效率；但另一类年使用时数较高的机械，如空调设备、循环泵、冰箱压缩机等，就需要选用效率高的电动机以降低总能耗。

近年来，交流电动机调速技术已经日趋成熟，交流调速系统的性能已经可以与直流调速系统相媲美，在许多过去使用直流电动机的场合，目前已改用变频器供电的交流电动机。当然，目前变频器的价格仍然较高，使用者本身也需要有一个提高和再学习的过程，但用交流调速系统取代直流调速系统的日子已为期不远了。

总之，在满足工作机械运行要求的前提下，尽可能选用结构简单、运行可靠、造价低廉的电动机。

2.3.5 危险场所电动机的选用

有爆炸性危险的场所称为危险场所，危险场所分为若干等级，不同等级的危险场所应选用不同类型的防爆电动机，如图 2－3 所示。

图 2－3 防爆电动机

由于电气设备和线路所产生的电火花或电气设备表面的温度过高，能引起爆炸性混合物爆炸。为保证安全，需根据电气设备和线路产生电火花及电气设备表面的发热温度，采取各种防爆措施，使这些电气设备和线路能在有爆炸危险场所使用。为此，在有爆炸、火灾危险场所及井下，应按照有关规定选用具有防爆结构的电动机。一般可按照以下顺序进行选择防爆电动机：优先选用防爆安全型电动机（YA）、隔爆型电动机（YB）、防爆通风型充气型电动机。

2.3.6 交流电动机的选择

交流电动机结构简单、价格低廉、维护工作量小，在交流电动机能满足生产需要的场合应采用交流电动机，仅在启动、制动和调速等方面不能满足需要时才考虑直流电动机。近年来，随着电力电子及控制技术的发展，交流调速装置的性能与成本已能和直流调速装置竞争，越来越多的直流调速应用领域被交流调速所占领。

1. 普通励磁同步电动机及选用

（1）优点。

1）同步电动机的功率因数可以超前，通过调节励磁电流，在超前的功率因数下运行，有利于改善电网的功率因数。在功率因数超前运行下的同步电动机，其过负荷能力比相应的异步电动机要强。

2）同步电动机的运行稳定性高，当电网电压突然下降到额定值的80%或85%时，同步电动机的励磁系统一般都能自动调节实行强行励磁，保证电动机的运行稳定性。

3）同步电动机的转速不随负荷的大小而改变。其运行效率高，尤其是低速同步电动机这一优点更加突出。

4）同步电动机的气隙比异步电动机大，大容量电动机制造容易。

（2）缺点。

1）同步电动机需附加励磁装置。有刷励磁的同步电动机，转子直流励磁电流可由励磁装置通过集电环和电刷送到绕组中，由于电刷和集电环的存在，增加了维护检修工作量，并限制了电动机在恶劣环境下的使用。

2）变频调速控制系统比异步电动机的复杂。

（3）应用场合。

1）同步电动机主要用于传动恒速运行的大型机械，如鼓风机、水泵、球磨机、压缩机及轧钢机等，其功率在250kW以上，转速为100~1500r/min，额定电压为6kV或10kV，额定功率因数0.8~0.9（超前）。

2）600r/min以下的大功率交—交变频同步机传动装置用于轧钢机主传动、水泥球磨机、矿井提升机、船舶驱动等。

3）无刷励磁同步电动机，由于没有集电环和电刷，故维护简单，可用于防爆等特殊场合。

2. 永磁同步电动机及选用

永磁同步电动机与电励磁同步电动机相比，省去了励磁功率，提高了效率，例如，110kW，8极电动机的效率可高达95%。特别是这种电动机简化了结构，实现了无刷化，100～1000kW电动机可省去励磁柜。

永磁同步电动机在25%～120%额定负荷范围内均可保持较高的效率和功率因数，使轻负荷运行时节能效果更为显著。

永磁同步电动机主要应用于纺织化纤工业、陶瓷玻璃工业和年运行时间长的风机、水泵等。

变频器供电的永磁同步电动机加上转子位置闭环控制系统，构成自同步永磁电动机，既具有电励磁直流电动机的优异调速性能，又实现了无刷化，这在要求高控制精度和高可靠性的场合，如航空、航天、数控机床、加工中心、机器人、电动汽车、计算机外围设备和家用电器等方面都获得了广泛应用。

3. 开关磁阻电动机及选用

这是一种与小功率笼型异步电动机竞争的新型调速电动机，它是由反应式步进电动机发展起来的，突破了传统电动机的结构模式和原理。定转子采用双凸结构，转子上没有绕组，定子为集中绕组，虽然转子上多了一个位置检测器，但总体上比笼型异步电动机简单、坚固和便宜，更重要的是它的绕组电流不是交流，而是直流脉冲，因此变流器不但造价低，而且可靠性也高得多，其外形如图2-4所示。其不足之处是低速时转矩脉动较大。目前国内外已有开关磁阻电动机调速系统的系列产品，单机容量可达200kW（3000r/min）。

图2-4 开关磁阻电动机外形

4. 异步电动机及选用

异步电动机广泛应用于工农业和国民经济各部门，作为机床、风机、水泵、压缩机、起重运输机械、建筑机械、食品机械、农业机械、冶金机械、化工机械等的动力。在各类电动机中，异步电动机应用最广。

异步电动机可分为笼型异步电动机和绕线式转子异步电动机。按用途可分为一般用途异步电动机和专用异步电动机，其中基本系列为一般用途的电动机；派生系列电动机系基本系列电动机的派生产品，为适应拖动系统和环境条件的某些要求，在基本系列上作部分改动而导出的系列。专用电动机与一般用途的基本型电动机不同，具有特殊使用和防护条件的要求，不能用派生的办法解决，需按使用和技术要求进行专门设计。

异步电动机具有以下特点。

（1）笼型电动机结构简单、容易制造、价格低廉。

（2）绕线转子电动机可以通过在转子回路中串电阻、频敏变阻器或通过双馈改变电动机特性，改善启动性能或实现调速。

（3）功率因数及效率比同步电动机低。

（4）调速控制系统比同步电动机简单。

2.3.7 直流电动机的选择

直流电动机的基本结构如图 2－5 所示，其最大优点是运行转速可在宽广的范围内任意控制，无级变速，由直流电动机组成的调速系统与交流调速系统相比，直流调速系统控制方便，调速性能好，变流装置结构简单，长期以来在调速传动中占统治地位。目前虽然交流调速技术迅速发展，但直流调速在近一个时期不可能被淘汰，尤其在我国，高性能的交流调速定型产品尚少，直流调速理论根深蒂固，并在发展中不断充实，交流调速技术替代直流调速需要经历一个较长的历程。因此在比较复杂的拖动系统中，仍有很多场合要用直流电动机。目前，直流电动机仍然广泛应用于冶金、矿山、交通、运输、纺织印染、造纸印刷、制糖、化工和机床等工业中需要调速的设备上。直流电动机的分类和用途见表 2－3。

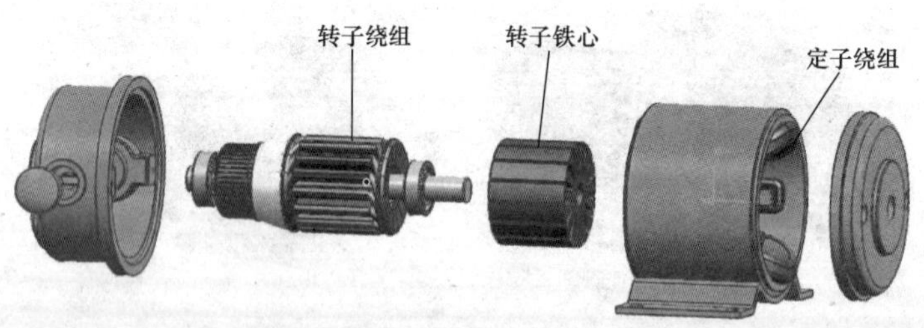

图 2－5　直流电动机的基本结构

表 2－3　　直流电动机的分类和用途

序号	产品名称	主 要 用 途	型号
1	直流电动机	基本系列，一般工业应用	Z

续表

序号	产品名称	主 要 用 途	型号
2	广调速直流电动机	供转速调节范围为3:1及4:1的电力拖动使用	ZT
3	冶金及起重用直流电动机	冶金设备动力装置和各种起重设备传动装置用	ZZJ
4	直流牵引电动机	电力传动机车，工矿电机车和蓄电池车	ZQ
5	船用直流电动机	船舶上各种辅助机械用	ZH
6	精密机床用直流电动机	磨床、坐标镗床等精密机床用	ZJ
7	汽车启动机	汽车、拖拉机、内燃机等用	ST
8	挖掘机用直流电动机	冶金矿山挖掘机用	ZKJ
9	龙门刨用直流电动机	龙门刨床用	ZU，ZFU
10	无槽直流电动机	在自动控制系统中作执行元件	ZW
11	防爆增安型直流电动机	矿井和有易燃气体场所用	ZA
12	力矩直流电动机	作为速度和位置伺服系统的执行元件	ZLJ
13	直流测功机	测定原动机效率和输出功率用	CZ

直流电动机根据励磁方式的不同，可分为他励电动机、并励电动机、串励电动机和复励电动机。在一般情况下，多数采用他励直流电动机，注意要按生产机械的调速范围，合理地选择电动机的基速及弱磁倍数。需要较大启动转矩的机械，如电车、牵引机车等，采用直流串励电动机。

2.3.8 小功率电动机及选用

1. 小功率电动机的分类

（1）按产品工作原理及结构分类。根据电动机的工作原理和结构来区分，小功率电动机的主要类型如下。

1）小功率异步电动机。包括三相异步电动机、单相电阻启动异步电动机、单相电容启动异步电动机、单相电容运转异步电动机、单相双值电容异步电动机、罩极异步电动机等，其外形如图2－6所示。

2）小功率同步电动机。包括永磁同步电动机、磁阻同步电动机、磁滞同步电动机等，如图2－7所示。

3）小功率直流电动机。包括励磁式直流电动机、永磁直流电动机等，如图2－8所示。

4）小功率交流换向器电动机。包括单相串励电动机、交直流两用电动机、推斥电动机等，如图2－9所示。

图2－6 小功率异步电动机外形

图2-7　小功率同步电动机

图2-8　小功率直流电动机外形

图2-9　小功率交流换向器电动机外形

（2）按产品用途分类。按电动机用途来区分，分为一般用途电动机、规定用途电动机和特殊用途电动机等。

1）一般用途电动机。指按标准额定值进行设计和制造的电动机，其运行特性和机械结构适用于一般的工作条件，而不限于某一特定用途或某一类型的用途。例如，一般用途小功率三相异步电动机、单相电容启动异步电动机、三相磁阻同步电动机等。

2）规定用途电动机。指按标准额定值设计和制造，但其运行特性和机械结构适宜于某一特定类型用途的电动机。由于这类电动机专为某一规定用途而设计制造，产品的功能和经济性都具有较优的指标。

常见的规定用途小功率电动机有电风扇电动机、洗衣机电动机、音响设备用电动机、真空吸尘器用电动机、密封式制冷压缩机用电动机、电动工具用单相串励电动机、家用缝纫机电动机、电动玩具用电动机、电吹风机用电动机、电动剃须刀用电动机、纺织用电动机、医用牙钻电动机、液压推动器用异步电动机、断路器用交直流两用电动机等。

3）特殊用途电动机。指某一特殊用途而设计的具有特殊运行特性或特殊结构，或两者兼备的电动机。这种特殊性应包括转矩、外壳、轴承、低噪声、带有制动或离合器等。

常用的特殊用途小功率电动机有无刷直流电动机（见图2－10）、齿轮减速电动机、离合器电动机、电动式测功机、机床冷却用电泵、单相潜水电泵、微型电泵、调压调速单相异步电动机、三相盘式异步电动机，井下仪用小功率电动机等。

图2－10　无刷直流电动机

2. 小功率电动机的性能特点及典型应用

小功率电动机性能特点及典型应用见表2－4。

表2－4　小功率电动机性能特点及典型应用

分类	产品名称	性能特点			功率范围（W）	转速（r/min）	典型应用
		力能指标	转速特点	其他			
异步电动机	小功率三相异步电动机	高	变化不大	可逆转	10～3700	3000 1500 1000	有三相电源的场合，如小型机床、泵、电钻、风机等
	单相电阻启动异步电动机	不高	变化不大	可逆转，启动电流大	60～370	3000 1500	低惯量、不常启动、转速基本不变的场合，如小车床、鼓风机、医疗器械等

续表

分类	产品名称	性能特点			功率范围（W）	转速（r/min）	典型应用
		力能指标	转速特点	其他			
异步电动机	单相电容启动异步电动机	不高	变化不大	可逆转，启动电流中等	120～3700	3000 1500	驱动空压机、泵、制冷压缩机等要求重载启动的机械
	单相电容运转异步电动机	高	变化不大	噪声低不宜轻负荷运行	6～2200	3000 1500	对启动转矩要求不高、工作时间较长，并要求低噪声的场合，如电风扇、电影放映机、清水泵、医疗器械等
	单相双值电容异步电动机	高	变化不大	噪声低	180～300	3000 1500	带负荷启动及要求噪声低的场合，如泵、机床、食品机械、木工机械、农业机械、医疗器械等
	罩极异步电动机	低	变化不大	不能逆转	0.4～60	3000 1500	对启动转矩要求不高、工作时间较短的场合，如仪用电风扇、电动模型、家用电动器具、搅拌器等
同步电动机	三相磁阻同步电动机	不高	恒定	可逆转	90～550	1500	用于功率较大的恒转速驱动，如摄影机、大型复印机、通信设备、纺织机械、医疗器械等
	单相磁阻同步电动机	不高	恒定	可逆转	60～250	1500	用于单相电源的恒速驱动，如复印机、传真机等
	三相磁滞同步电动机	较低	恒定	牵入同步性能好	6～80	3000 1500	自动记录装置、音响设备，陀螺仪表等驱动
	单相磁滞同步电动机	较低	恒定	牵入同步性能好	0.6～60	3000 1500	录音机、自动记录装置、音响设备、陀螺仪表等驱动
	三相异步启动永磁同步电动机	高	恒定	稳定性好	250～4000	3000 1500	恒速连续工作机械的驱动，如化纤、纺织机械

续表

分类	产品名称	性能特点			功率范围（W）	转速（r/min）	典型应用
		力能指标	转速特点	其他			
同步电动机	单相异步启动永磁同步电动机	较高	恒定	稳定性好	0.15～6	250 375	恒速连续工作机械的驱动，如化纤、纺织机械
	单相爪极式永磁同步电动机	低	恒定	低速	<3	50 375 500	低速及恒速的驱动，如转页式风扇、自动记录仪表定时器等
交流换向器电动机	单相串励电动机	高	转速高，调速易	机械特性软，应避免空负荷运行	8～1100	4000～12 000	转速随负荷大小变化或高速驱动，如电动工具、吸尘器、搅拌器
	交直流两用电动机	高	转速高，可调速	在交直流两种电源下运行的性能基本接近，对电压波动适应范围大	80～700	190～13 200	小功率电力传动及要求调速的设备使用，也可在要求不高的自动控制装置中作伺服电动机用
直流电动机	永磁直流电动机	高	可调速	机械特性硬	0.15～226	1500～3000 3000～12 000 4000～40 000	铝镍钴永磁直流电动机主要作工业仪器仪表、医疗设备、军用器械等精密小功率直流驱动。铁氧体永磁直流电动机广泛用于家用电器、汽车电器、医疗器械、工农业生产的小型器械驱动
	无刷直流电动机	高	调速范围宽	无火花，噪声小，抗干扰性强	0.5～60	3000～6000	要求低噪声、无火花的场合，如宇航设备、低噪声摄影机、精密仪器仪表等

续表

分类	产品名称	性能特点			功率范围（W）	转速（r/min）	典型应用
		力能指标	转速特点	其他			
直流电动机	并（他）励直流电动机	高	易调速，转速变化率为5%～15%	机械特性硬	25～400	2000～4000	用于驱动在不同负荷下要求转速变化不大和调速的机械，如泵、风机、小型机床、印刷机械等
	复励直流电动机	高	易调速，转速变化率与中励程度有关，可达25%～30%	短时过负荷转矩大，约为额定转矩的3.5倍	100	3000	用于驱动要求启动转矩较大而转速变化不大或冲击性的机械，如压缩机、冶金辅助传动机械
	串励直流电动机	高	转速变化率很大，空负荷转速高，调速范围宽	不许空负荷运行	850	1620～2800	用于驱动要求启动转矩很大，经常启动，转速允许有很大变化的机械，如蓄电池供电车、电车、起货机

2.4 电动机转速和额定功率的选择

2.4.1 电动机转速可选择

电动机的额定转速是根据生产机械的转速要求选定的。在电源频率确定的情况下（我国电网频率为50Hz），交流电动机的同步转速与极数成反比，常用交流电动机的极数与同步转速的对应关系见表2－5。

表2－5 常用交流电动机的极数与同步转速的对应关系 50Hz

极数	2	4	6	8	10
同步转速（r/min）	3000	1500	1000	750	600

感应电动机的额定转速略低于相应的同步转速。

直流电动机的极数与转速之间没有交流电动机这种严格的关系，一般用途的基本系列直流电动机的额定转速亦为表2-5中的5种转速值。

一般说来，相同功率等级电动机的转速越高，体积和质量就越小，价格越低，其飞轮矩一般也越小。电动机的飞轮矩对电动机的动态性能（如启动、调速性能）影响很大，选择电动机时应予注意。

选择电动机的额定转速时，还应考虑到传动机构及其速比的选择，若速比选择过大，虽然电动机的体积和价格降低了，但传动机构的体积增大，结构将变得复杂，价格也相应较贵。这时应综合考虑电动机与传动机构的技术性和经济性。

下面具体介绍依据转速选用电动机的方法。

1. 从技术和经济指标综合考虑来选择电动机的转速

（1）对于连续工作很少启动、制动的电力拖动系统，主要从设备投资、占地面积、维护检修等几个方面进行技术经济比较，最后确定合适的转速比和电动机的额定转速。

（2）对于经常启动、制动和反转的电力拖动系统、过渡过程将影响加工机械的生产率，如龙门刨床、轧钢机等。应根据最小过渡过程时间，最少能量损耗等条件来选择转速比及电动机的额定转速。如果过渡过程的持续时间对生产率影响不大（如高炉的装料机械），此时主要根据过渡过程能量损耗为最小的条件来选择转速比及电动机的额定转速。

（3）一般的高、中转速机械，如泵、压缩机、鼓风机等，宜选用相应转速的电动机，直接与机械连接。

一般说来，泵类主要选用4极异步电动机；压缩机在带连接时，宜选用4极或6极的电动机，直接连接一般选用6极或8极电动机；风扇、鼓风机一般选用2极或4极电动机；轧钢机、粉碎机多数选用6极、8极及10极电动机；在农村如没有严格的要求，一般可选用4极电动机，因为这种转速（1500r/min）的电动机适应性较强，且功率因数和效率也较高；对不需要调速的大型风机、水泵、空气压缩机等应选用大功率的异步电动机，如Y（6000V）型或大型同步电动机，如T、TK型等。

（4）不调速的低转速机械，如球磨机（见图2-11）、水泥旋窑、轧机（见图2-12）等，宜选用适当转速的电动机通过减速机传动。但对大型机械，电动机的转速不能太高，要考虑大型减速机（尤其是大减速比）加工困难及维修不便等因素。

（5）某些低速断续周期工作制机械，宜采用无减速机直接传动。这对提高生产率和传动系统的动态性能、减少投资和维修等均较有利。

图 2-11　球磨机

图 2-12　轧机

(6) 自扇冷式电动机，散热效能随电动机转速而变，不宜长期在低速下运行。如果由于调速的需要，长期低速运行而又超过电动机允许的条件时，应增设外通风措施，以免损坏电动机。

2. 有调速要求时电动机的选择

对于需要调速的机械，如大型风机、水泵，一般可采用串级调速方法，这种方法可将转差功率返回电网并加以利用，因而效率较高，可平滑无级调速；而对于调速范围较大，调速精度较高的机械，选用的电动机的最高转速应与生产机械相适应，一般可选用可调速的直流电动机，也可选用电磁调速异步电动机和异步电动机变频调速。选择电动机的调速方法和基速的确定都应从充分合理利用功率来考虑。

2.4.2 功率选择看需要

额定功率的选择是电动机选择的核心内容，关系到电动机机械负荷的合理匹配以及电动机运行的可靠性和使用寿命。

选择电动机额定功率时，需要考虑的主要问题有电动机的发热、过负荷能力和启动性能等，其中最主要的是电动机的发热问题。

从电动机发热的角度来看，电动机的温升应与一定的功率相对应，额定功率时，电动机温升不应超过绝缘等级的温升限值。因此，选择电动机额定功率时，需要根据机械负荷的轴功率对所选电动机的发热情况进行校验。所谓发热校验，就是通过计算验证电动机的整个运行过程中的最高稳定温升是否不超过电动机绝缘等级的温升限值。

电动机带负荷的能力总是有限的，电动机允许的最大转矩与额定转矩之比值称为转矩允许过载倍数，转矩允许过负荷倍数反映了电动机的过负荷能力。交流电动机的过负荷能力受其最大转矩的限制，直流电动机的过负荷能力则主要受其换向火花的限制。另外，转轴、机座等的机械强度以及过负荷时的允许温升等也使电动机的过负荷能力受到了限制。选择电动机额定功率时，常常需要根据电动机类型和负荷性质对过负荷能力进行校验。

对于直流绕线转子异步电动机，启动转矩可以人为调节，甚至可以在最大转矩的情况下启动，因此，选择电动机功率时，其启动能力可以不必校验。但对于笼型异步电动机和异步启动的同步电动机，由于启动转矩不是很大，启动过程的最小转矩又常常小于堵转转矩，特别是为了限制启动电流而采用降压启动时，启动转矩明显减小，故需要对启动能力进行校验。

电动机额定功率选择时一般可分为以下三个步骤：

（1）计算负荷机械所需的轴功率 P；

（2）预选电动机，使电动机的额定功率 $P_N \geqslant P$；

（3）校验所选电动机的发热、过负荷能力和启动能力。

【知识链接】

各种机械的转矩

在对电动机过负荷能力校验时，对于短时工作制、重复短时工作制和长期工作制，须校验电动机最大过负荷转矩是否大于负荷最大转矩。

各种机械的堵转转矩、最大转矩倍数见表2-6。

表 2－6　各种机械的堵转转矩、最大转矩倍数

类型	负荷机械	堵转转矩/额定转矩	最大转矩/额定转矩
轧机	初轧机	0.40	2.5
	三辊式方坯、板坯轧机	0.35	3.0
	小型轧机	0.60	2.5
	成组传动的连续式轧机	0.50	2.5
	钢轨初轧机	0.35	3.0
	厚板轧机	0.35	3.0
	薄板和铁皮热轧机	1.25	4.0
	轧管机	0.40	3.0
	线材轧机	1.0	2.2
	薄板和铁皮冷轧机	2.0	2.5
	黄铜及铜加工轧机	1.50	2.2
鼓风机	各种鼓风机	0.30～0.40	1.5
空气压缩机	各种空气压缩机	0.30～0.60	1.0、1.5
泵类	离心泵	0.40～0.50	1.5
	螺旋泵	0.40	1.5
	真空泵	0.60	2.0
	无分流的三筒式往复泵	1.50	1.5
纸浆造纸机械	搅拌器、粉碎机、连续型液压浆料机	1.25	1.4
	粉碎机（空负荷启动）、碾磨机（单独驱动）	1.75	1.5
	碾磨机和排气风扇（共用电动机）	1.05	1.6
	碎纸机（空负荷启动）	0.60	2.2
	其他造纸机械	0.40～0.50	1.4
水泥机械	破碎机	1.0	2.5
	锤式粉碎机	1.20	1.5
	滚筒式粉碎机	1.0	2.5
	滚筒式碾磨机	2.0	2.5
各种粉碎机（碎铁机除外）	谷物碾磨机	1.0	1.6
	球磨机（煤、岩石、矿石）	1.40～1.50	1.6
	带式碾磨机	0.40	2.2
	球磨机（碎煤、空负荷启动）	0.90	1.4

续表

类型	负荷机械	堵转转矩/额定转矩	最大转矩/额定转矩
各种粉碎机（碎铁机除外）	碾磨机和排气风扇（共用电动机）	0.90	1.4
	碾磨机（单独驱动）	0.40	2.2
	碎矿机（空负荷启动）	1.0	2.2
	圆锥式破碎机（空负荷启动）	1.0	2.2
	回转破碎机（空负荷启动）	1.0	2.2
	爪式破碎机（空负荷启动）	1.5	2.2
	滚筒式破碎机（空负荷启动）	1.5	2.2
	锤碎机（空负荷启动）	1.0	2.2
	地面破碎机	1.75	1.3
	棒磨机（矿石）	1.6	1.6
木工机械	各类木工机械	0.40～0.60	2.2
煤矿机械	采煤机	1.80～2.50	2.0～2.7
	装载机	2.0～2.80	2.8
	运输机	1.60～2.0	1.8～2.2
其他机械	密封式混炼机	1.25	2.2～2.5
	橡胶磨机	1.25	2.2～2.5
	整形机	1.25	2.2～2.5
发电机组	150kW以上的直流发电机组	0.20	2.0

【技能提高】

类比法选择电动机的功率

所谓类比法，就是与类似生产机械所用电动机的功率进行对比。具体做法是：了解本单位或附近其他单位的类似生产机械使用多大功率的电动机，然后选用相近功率的电动机进行试车。试车的目的是验证所选电动机与生产机械是否匹配。验证的方法是：使电动机带动生产机械运转，用钳形电流表测量电动机的工作电流，将测得的电流与该电动机铭牌上标出的额定电流进行对比。如果电动机的实际工作电流与铭牌上标出的额定电流上下相差不大，则表明所选电动机的功率合适。如果电动机的实际工作电流比铭牌上标出的额定电流低70%左右，则表明电动机的功率选得过大（即“大马拉小车”），应调换功率较小的电动机。如果测得的电动机工作电流比铭牌上标出的额定电流大40%以上，则表明电动机的功率选得过小（即“小马拉大车”），应调换功率较大的电动机。

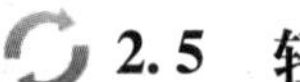

2.5 轻松选用单相异步电动机

单相异步电动机是由单相电源供电的一种电动机，它具有结构简单、成本低廉、噪声小、运行可靠及维护方便等优点，广泛应用在家庭、办公室、医院、商店等只有单相电源的场所。

各种形式的单相异步电动机有各自的特点，对同一设备的传动，常有几种不同型式的电动机可供选择，这就要从各方面综合考虑，必要时要收集和参考类似器具传动的实践经验。例如家用电冰箱压缩机电动机，有的采用电阻启动电动机，因为这种电动机价格低廉、运行可靠，也能基本上满足运行要求；另外一些冰箱厂则采用电容启动电动机，因它的启动电流小、启动转矩大，但价格较高，而且增加电容也就多了一种易出故障的环节。此外，也有采用电容启动和运转电动机，这种电动机不仅有很大的启动转矩和较小的启动电流，而且运行效率和功率因数都提高了，可节省电能，当然价格最贵，出故障的环节更多了，但如精心制作和挑选元器件，提高整机装配质量，这种电冰箱的运行还是可靠的。

单相异步电动机在结构上与三相笼型异步电动机相似，转子也是一笼型转子，只是定子上只有一个单相工作绕组。与同功率的三相异步电动机相比，单相异步电动机体积较小，运行性能较差，只做成小功率的，一般为10～3700W。

2.5.1 单相异步电动机的分类

根据应用情况，单相异步电动机可分为一般用途电动机、规定用途电动机和特殊用途电动机三种。

1. 一般用途电动机

一般用途电动机具有标准定额、标准运行特性、标准传统结构的不带特殊应用条件的通用电动机。一般用途单相异步电动机的系列产品规格见表2－7。

表 2－7　　一般用途单相异步电动机的系列产品规格

产品名称			单相电阻启动异步电动机		单相电容启动异步电动机			单相电容运转异步电动机		单相双值电容异步电动机	
系列代号			YU		YC			YY		YL	
同步转速（r/min）			3000	1500	3000	1500	1000	3000	1500	3000	1500
机座号	铁心号	冲片直径（mm）	功率（W）								
45	1	71						16	10		
	2							25	16		
50	1	80						40	25		
	2							60	40		
56	1	90						90	60		
	2							120	90		
63	1	96	90	60				180	120		
	2		120	90				250	180		
71	1	110	180	120	180	120		370	250	370	250
	2		250	180	250	180		550	370	550	370
80	1	128	370	250	370	250		750	550	750	550
	2		550	370	550	370		1100	750	1100	750
90S/L		145	750	550	750	550	2500	1500	1100	1500	1100
			1100	750	1100	750	370	2200	1500	2200	1500
100L	1	155			1500	1100	550			3000	2200
	2				2200	1500	750				3000
112M		175			3000	2200	1100				
132S		210			3700	3000	1500				
					—	3700	2200				

2. 规定用途电动机

规定用途电动机是由基本系列派生的电动机，产品种类很多，包括结构、电压、转速、工作制、特定安装方式等方面的派生产品，如单相电泵、空调器风扇用双轴伸电动机、波轮式洗衣机用电动机、洗衣机脱水电动机、复印机用电动机、台扇和吊扇用电动机等。

3. 特殊用途电动机

特殊用途电动机是专门设计的电动机，对它有一系列特殊要求，一般用途及规定用途电动机是无法满足的。包括转矩、外形及保护形式、轴承、特殊的环境条件、低噪声和低振动，内装制动器或带离合器或带其他机械或电气的装置，如单相离合器异步电动机、单相潜水电泵、单相力矩异步电动机等。此外，还有石油、地质、冶金、医疗等部门配套需要的在高温、高压、腐蚀介质条件下的各种特殊用途单相电动机。

【知识链接】

常用单相异步电动机是如何工作的

(1) 电容启动异步电动机。在图2-13中，转子为笼型转子，定子上放置有工作绕组A和启动绕组B，这两个绕组在空间位置上相差90°。启动绕组串接电容器C后与工作绕组并联接入电源。在同一单相电源作用下，选择适当的电容器容量，使工作绕组和启动绕组的电流在相位上近于相差90°，这就是分相。在启动时，能产生接近于圆形旋转磁场的气隙旋转磁场，所以启动转矩较大，启动电流较小。在接近额定转速时，切断启动绕组，其实现方法是在启动绕组电路中串入一个启动开关S。

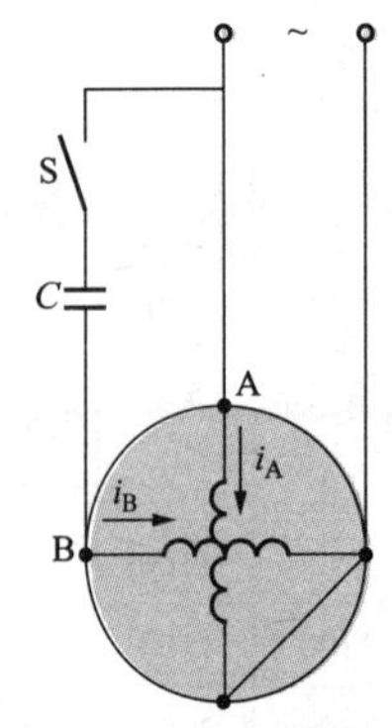

图2-13 单相电容分相式电动机原理

电容启动异步电动机启动后，启动绕组可留在电路，也可切除。利用转换开关，这种电动机可反向运行，例如洗衣机的洗涤电动机。

1) 电容启动异步电动机具有较大的启动转矩，且启动电流较小，因而这种电动机的启动性能较好。

2) 电容启动异步电动机的启动绕组也是按短时工作设计，因此串有一个启动开关S，当转速上升到一定程度时，开关自动断开启动绕组，由工作绕组维持运行。

(2) 电容运转异步电动机。与电容启动异步电动机相比较，其启动绕组中不串启动开关S，因此启动绕组和启动电容器在电动机启动后也参与运行，因此称为电容运转异步电动机，如图2-14所示。

1) 电容运转异步电动机运行时输出功率大、功率因数高、过负荷能力强、噪声低、振动小。其缺点是启动性能不如电容启动异步电动机好。

2) 电容运转异步电动机广泛应用于各种小功率的电动类日用电器中。

(3) 电容启动运转异步电动机。这种电动机的副绕组中串联有两个并联的电容。如图2－15所示，较大的一个是启动电容C_1，与启动开关串联，当转速达到额定转速的70%～85%时断开此电容；另一个电容量值较小，是工作电容C_2，它始终和副绕组串联。

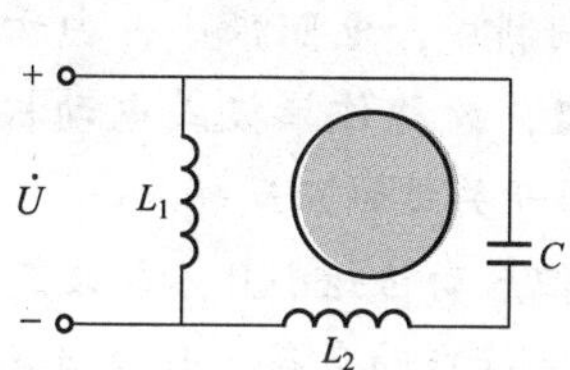

图2－14 电容运转异步电动机

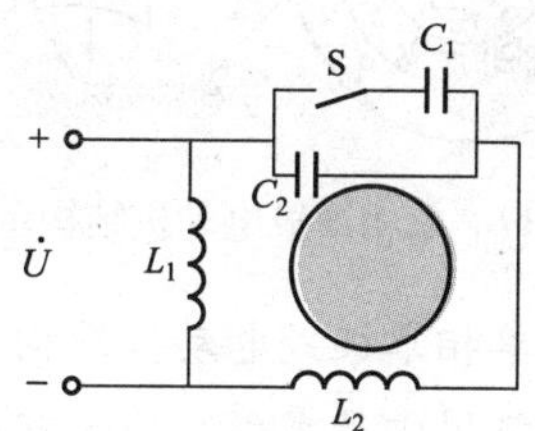

图2－15 单相双值电容异步电动机原理

1）电容启动运转式电动机既有较高的启动转矩、较小的启动电流，又有较高的运行效率和功率因数，常采用与三相异步电动机相同的机座号和外形尺寸系列，以便用户选用。

2）这种电动机价格较高，适用于家用电器、泵、农业机械、木工机械、小型车床等。

(4) 单相电阻分相式异步电动机。单相电阻分相式异步电动机的启动方法是让两个绕组的电阻和电抗值不等。一般启动绕组用较细的导线绕制，使其电阻大，但其匝数少，电抗小，所以当两个绕组接到同一单相电源上时，启动绕组的电流超前主绕组电流，形成一个实际上的两相电动机，这样使气隙磁场为旋转磁场，产生启动转矩使单相异步电动机转起来。

如图2－16所示，由于两个绕组都是感性阻抗，绕组中流过的电流相位差很小，离90°相差很多，使启动时气隙旋转磁场的椭圆度很大，启动转矩比电容分相式电动机要小。转向由两绕组中电流的相序确定，转子由电流领先相转向滞后相。如要改变转向，可把两绕组中任意一个的两端反接即可。

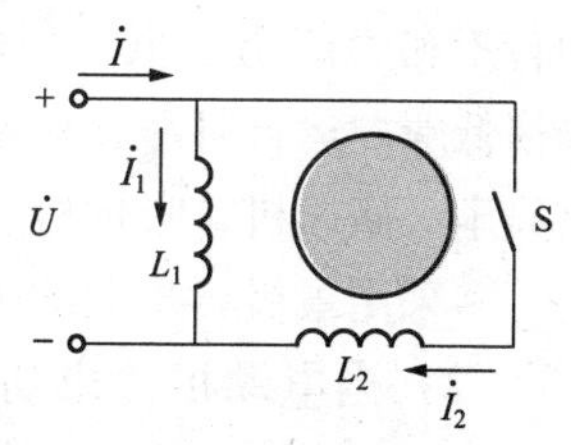

图2－16 单相电阻分相式电动机原理

1）单相电阻分相式电动机的启动绕组一般是按短时工作设计的，因此串有一个启动开关S，当转速上升到一定程度时，开关自动断开启动绕组，由工作绕组维持运行。

2）启动转矩较小。

3）适用于空负荷或轻负荷启动的场合，如小型车床、小型电冰箱等。

(5) 单相罩极式电动机。单相罩极式电动机，其转子仍为笼型，定子有凸极式和隐极式两种，原理完全相同。一般采用凸极式，因为其结构简单。

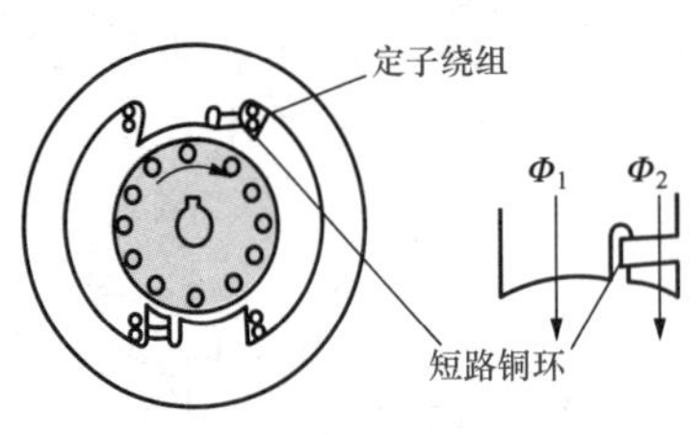

图 2-17　单相罩极电动机结构示意

如图 2-17 所示，凸极式罩极电动机的定子铁心由硅钢片叠成，做成凸出的磁极，每个极上装有集中绕组，即主绕组。极面一边的 1/3 处开有小槽，用以嵌放短路环。这种短路环由铜制成，电阻很小，由于短路环罩住部分磁极，故称作罩极式电动机。这种电动机不能用开关控制正反转。

1）单相罩极式电动机结构简单，价格低廉，但启动转矩小且不能改变转向。

2）适用于只需确定的单方向转动的小功率轻负荷启动负荷，如电风扇及小型鼓风机等。

2.5.2　单相异步电动机的选用

对于一般器具的传动，如果没有性能和结构上的特殊要求，建议采用基本系列电动机 YU 系列（单相电阻启动异步电动机）、YC 系列（单相电容启动异步电动机）、YY 系列（单相电容运转异步电动机）、YL 系列（单相双值电容异步电动机）。如基本系列电动机不能满足要求，可选用规定用途或特殊用途电动机。

电动机的种类繁多，初学者在选用单相电动机时常常犯难，下面介绍按功率大小选用单相电动机的方法。

（1）当电动机输出功率在 10W 以下时，可选用罩极异步电动机。虽然它的启动转矩和力能指标低，但由于功率很小，耗能不多，而且结构简单、制造容易、价格低廉、运行可靠，对于空负荷或轻负荷启动的器具，常可优先选用。如小型电风扇、微风机、吸烟机、家用鼓风机、家用排气扇、电吹风、电动模型、复印机等多采用罩极异步电动机。

（2）当电动机输出功率在 10～60W 时，基本上采用电容运转电动机，因为在这个功率范围内，其启动性能和运行性能均甚优良，噪声低，不需要离心开关或其他启动开关，可靠性高，调速也比较方便。各种电风扇电动机、洗衣机电动机，都是以选用电容运转电动机为主要传动电动机的。只有极少数情况采用罩极电动机，例如全自动洗衣机的排水泵，由于启动转矩要求不高，又由于使用时间很短，效率可以不考虑，为了简化结构，采用凸极式罩极异步电动机；又如炉灶用鼓风机，由于环境条件较恶劣，有油烟和水蒸气，环境温度高，如采用电容运转电动机，电容容易损坏，故常采用隐极式罩极异步电动机（容量小的用凸极式）。

（3）当电动机输出功率在 60～250W 时，优先选用电容运转电动机，如果启动转矩不足，则最好用电容启动和运转（双值电容）电动机，它的启动和运行性能均好，但成本较高。YL 系列双值电容异步电动机功率为 370～3000W。也可用电阻启动或电容启动异步电动机，它们的力能指标完全相同，从价格论，电阻启动异步电动机便宜；从性能论，电容启动异步电动机的启动电流小而启动转矩大。表 2－8 为 180W、4 极三种不同型号的单相异步电动机性能对照。

表 2－8　　三种不同型号的 180W、4 极单相异步电动机性能对照

电动机型号	效率（%）	功率因素	启动转矩倍数	启动电流（A）
YU7124	53	0.62	1.4	17
YC7124	53	0.62	2.8	12
YY6324	50	0.90	0.40	5

（4）当电动机输出功率大于 250W 时，可从价格和启动性能权衡利弊来选用。对于大于 550W 的电动机，尽量不选用电阻启动异步电动机，因为启动电流太大。

【知识链接】

单相电动机绕组抽头法调速

单相电动机绕组抽头法调速，实际上是把电抗器调速法的电抗嵌入定子槽中，通过改变中间绕组与主、副绕组的连接方式，来调整磁场的大小和椭圆度，从而调节电动机的转速。采用这种方法调速，节省了电抗器，成本低、功耗小、性能好，但工艺较复杂。实际应用中有 L 型和 T 型绕组抽头调速两种方法。

L 型绕组的抽头调速有三种方式，如图 2－18 所示。

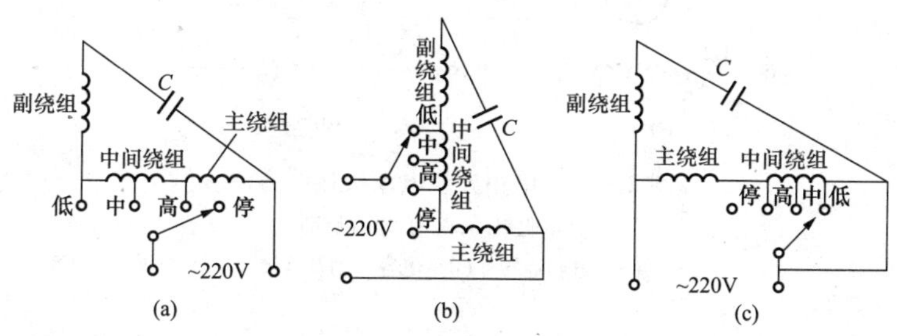

图 2－18　L 型绕组的抽头调速

（a）L－1 型；（b）L－2 型；（c）L－3 型

T型绕组的抽头调速如图2－19所示。

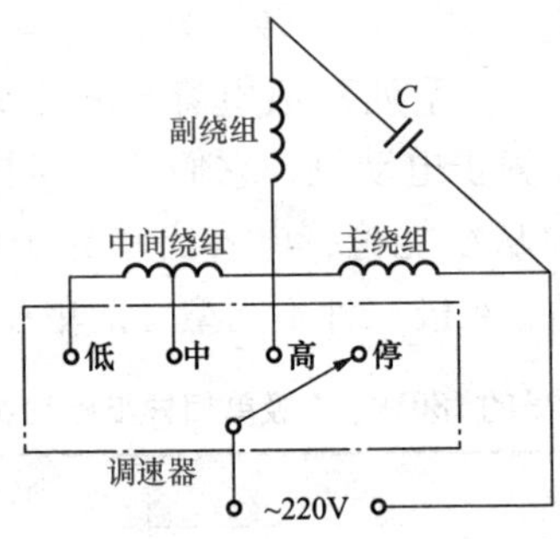

图2－19　T型绕组的抽头调速

【技能提高】

单相异步电动机的接线

常见单相异步电动机的接线方法如图2－20所示。

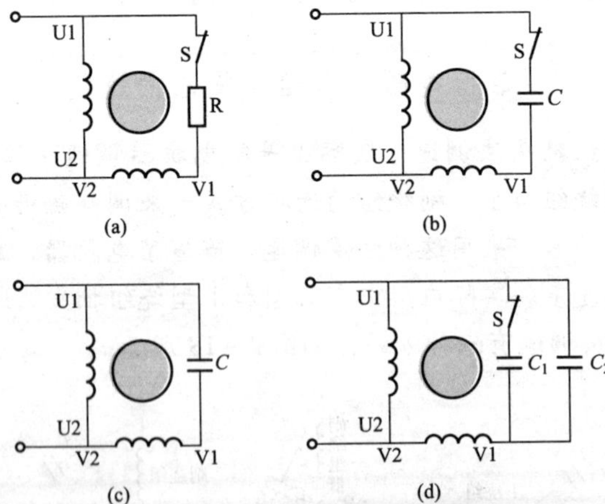

图2－20　单相异步电动机接线方法

(a) 电阻启动；(b) 电容启动；

(c) 电容运转；(d) 电容启动及运转

2.6 电动机维护要点

2.6.1 单相异步电动机的使用维护要点

（1）除单相罩极式异步电动机只能按规定方向运行外，其余各种单向异步电动机均可通过任一绕组的两个出线端对调改变运行方向，其中单相分相启动异步电动机应在电动机静止或转速降低到启动开关的触头闭合后，方可改变接线方向。

（2）单相异步电动机接线时须正确区分主、辅绕组，并注意它们的首、末端，一般应在接线板上做绕组出线端标志。若出线端标志脱落时，电阻大者为辅绕组。

（3）更换电容器时，应注意电容器的电容量和工作电压，使之与原规格相符，如图2－21所示。

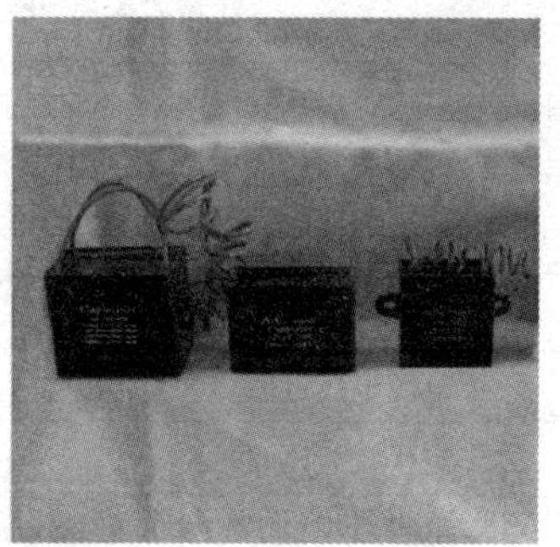

图2－21 单相电动机用电容器

（4）额定频率为60Hz的电动机，不能用在50Hz的电源上，否则会引起电流增加，电动机过热甚至烧毁绕组。

【技能提高】

单相异步电动机常见故障分析和处理

单相异步电动机的故障检修与三相异步电动机基本相似，除主绕组和启动绕组外，需要维修或更换的还有电容器、离心开关及短路环等。通常是先根据电动机运行时的故障现象，分析故障产生的原因，通过检查和测试，确定故障的确切部位，再进行相应的处理。单相电动机的常见故障分析和处理方法见表2－9。

表 2－9　　单相电动机常见故障分析和处理方法

故障现象	故障原因	处理方法
电动机通电后不转且无响声	电源未接通	检查电源线路，排除电路故障
	熔断器烧断	查明原因后更换熔断器
	主绕组断路或接线断路	修复或更换绕组，焊好接线
	保护继电器损坏	修复或更换保护电器
	控制电路故障	检查控制线路，排除电路故障
电动机通电后不转有嗡嗡响声	主绕组烧坏后短路	修复或更换绕组
	定子绕组接线错误	检查绕组接线，改正接线错误
	电容器击穿短路或严重漏电	用同规格电容器更换
	转轴弯曲变形，使转子咬死	校直转轴
	轴承内孔磨损，使转子扫堂	更换轴承
	电动机负荷过重或机械卡住	减小负荷至额定值，排除机械故障
电动机通电后不转但可按手捻方向转动	副绕组断路或接线断路	修复或更换副绕组，焊好接线
	定子绕组接线错误	改正接线错误
	电容器断路或失效	用同规格电容器更换
	电容器接线断路	查出断点，焊好接线
	启动继电器损坏	修复或更换启动继电器
电动机通电后启动慢、转速低	电源电压过低	查明原因，调整电源电压
	定子绕组匝间短路	修复或更换绕组
	电容器规格不符或容量变小	更换符合规格的电容器
	转子笼条或端环断裂	焊接修复或更换转子
	电动机负荷过重	减小负荷至额定值
电动机外壳带电	定子绕组绝缘损伤或烧坏后碰壳	进行绝缘处理或更换绕组
	引出线或连接线绝缘破损后碰壳	恢复绝缘或更换导线
	定子绕组严重受潮，绝缘性能降低	烘干后浸漆处理
	定子绕组绝缘严重老化	加强绝缘或更换绕组
	外壳没有可靠接地	装好保护接地线
电动机运行时温升过高	定子绕组匝间短路	修复或更换绕组
	定子绕组个别线圈接反	检查绕组接线，改正接线错误
	风道有杂物堵塞或扇叶损坏	清除杂物，修复或更换扇叶
	轴承内润滑油干结	清洗轴承，加足润滑油
	轴承与轴配合过紧	用绞刀绞松轴承内孔
	转轴弯曲变形	校直转轴

续表

故障现象	故障原因	处理方法
电动机运转中振动或有异常响声	定子与转子不同心、相互摩擦	调整端盖使其同心
	定子与转子之间有杂物碰触	清除杂物
	轴承磨损，间隙过大引起径向跳动	更换轴承
	转子轴向间隙过大运转中轴向窜动	增加轴上垫圈
	扇叶变形或不平衡	校正扇叶和动平衡
	固定螺钉松动	拧紧螺钉
电动机运转时闪火花或冒烟	定子绕组烧坏引起匝间短路	修复或更换绕组
	定子绕组受潮，绝缘性能降低	烘干后浸漆处理
	定子绕组绝缘损坏后与外壳相碰	加强绝缘或更换绕组
	引出线或连接线绝缘破损后相碰	更换引出线或连接线
	主副绕组之间绝缘破损后相碰	修复或更换绕组

2.6.2 三相异步电动机维护要点

1. 运行前的检查工作

新安装或长期停用的电动机在投入运行前，应进行必要的检查工作。

（1）检查并清除电动机上的灰尘、杂物，如图 2－22 所示。

(a)

(b)

图 2－22 清除电动机上的灰尘

（a）清扫扇叶处的灰尘；（b）清扫散热筋处的灰尘

（2）查对电动机铭牌上的电压、频率和电源电压、频率等是否与实际相符，接法是否正确，如图 2－23 所示。

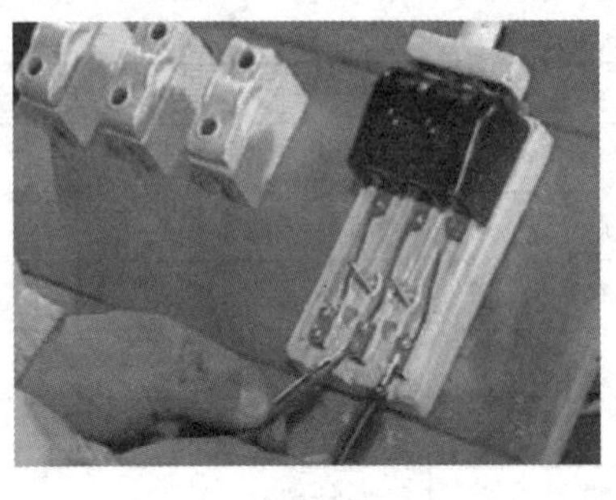
(a)

(b)

图 2－23　对铭牌检查电压和接线情况
（a）检查电压是否与铭牌相符；（b）检查接线是否正确

（3）用绝缘电阻表测量电动机绕组相与相之间和相对地（外壳）的绝缘电阻。对于绕线转子异步电动机，除检查定子绝缘外，还应检查转子绕组及集电环之间的绝缘电阻，如图 2－24 所示。不符合要求者，应进行干燥处理。

（4）转动转轴，看是否有锈蚀或卡阻现象，要求转轴转动灵活，如图 2－25 所示。

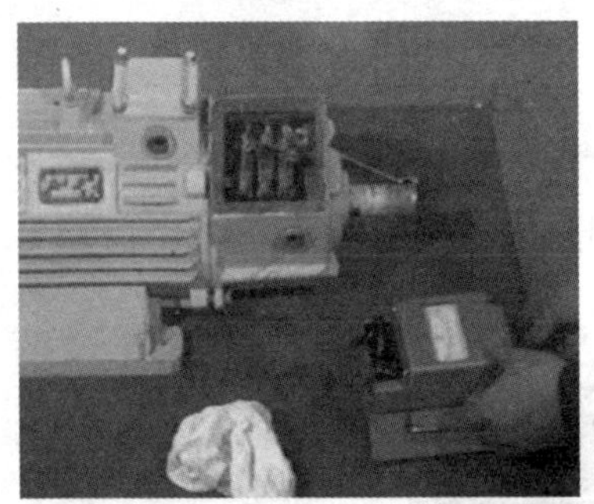
图 2－24　测量绕组及集电环的绝缘电阻

图 2－25　检查转轴

（5）检查绕线转子异步电动机或直流电动机的集电环和换向器的接触面是否光洁，电刷接触是否良好，电刷压力是否适当（一般为 15～25kPa）。

（6）检查并拧紧各紧固螺母、地脚螺栓，如图 2－26 所示。

（7）检查轴承中的润滑脂是否良好，量是否适合。检查传动装置（齿轮、传动带）是否处于良好状态，如图 2－27 所示。

（8）检查电动机电源引线、保护装置（自动开关、隔离开关、熔断器、热继电器等）的选用和整定是否正确。检查电动机保护接地（接零）装置是否可靠，以及电动机机座与电源进线钢管的接地（接零）情况，如图 2－28 所示。

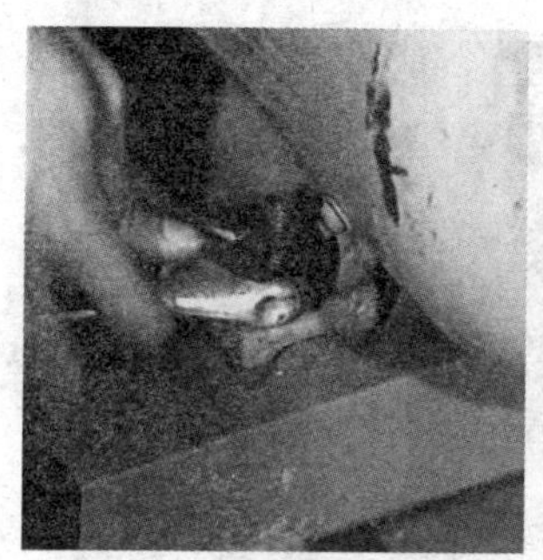
图2－26　检查并拧紧紧固螺母

图2－27　检查传动装置

（9）检查电流表、互感器、电压表以及指示灯等的情况。

（10）准备启动电动机时，事先应通知所有在场人员。启动后，应使其空转一段时间，并注意检查和观察其转向、转速、温升、振动、噪声、火花以及指示仪表等情况。如有不正常现象，应停机，消除故障后再运行。

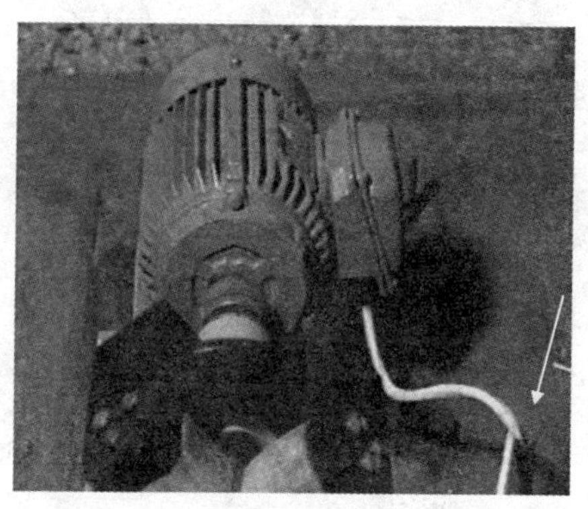
图2－28　检查电源进线钢管的接地情况

2. 日常检查与维护

日常检查主要是监视电动机启动、运行等情况，及时发现异常现象，防止事故的发生。一般通过看、听、摸、嗅、问及监视电流表、电压表等方法进行。

（1）观察电动机有无异常噪声、振动。尤其当听到发闷的沉重“嗡嗡”声时，很可能是跑单相，应立即切断电源进行处理，否则会烧坏电动机。

（2）通过观察电流表和电压表，能够发现电动机是否过负荷，三相电流是否平衡，电源电压是否正常等，以便及时发现问题并加以处理。

（3）用手触摸电动机外壳及轴承处，检查有无过热情况，如图2－29 所示。如果手掌能长时间紧贴在发热体上，则可以断定温度在60℃以下。如果热得手掌不能触碰，用手指勉强可以停留1～1.5s，则说明温度已超过80℃，继续运行电动机可能会烧坏。

（4）经常检查并清扫电动机机壳上及进风口处的灰尘、杂物；检查电动机内部有没有遭受水侵蚀，传动带张力是否合适等。

（5）检查轴承并及时加注润滑脂，如图2－30 所示。根据使用条件的不同，应半年至两年进行一次解体保养，清洁内部，加注润滑脂，更换不良部件。

图 2－29　检查电动机温升

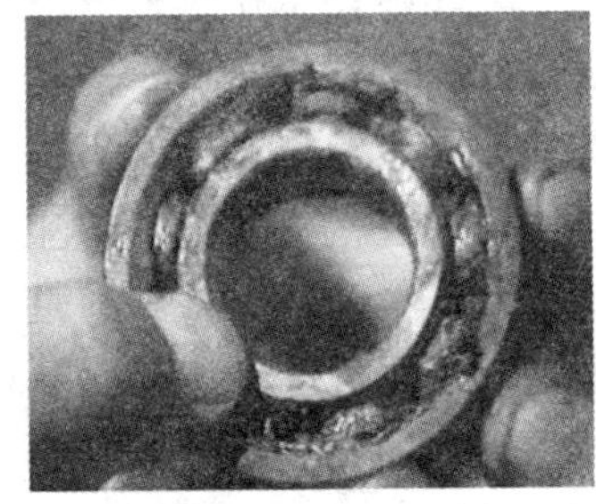

图 2－30　检查轴承

（6）对绕线型电动机及直流电动机，应着重检查电刷与滑环、换向器间的接触、电刷磨损及火花等情况，如图 2－31 所示。

图 2－31　检查滑环并清理油垢

3. 电动机的定期维护

电动机定期维护分小修和大修两种。小修属于一般检修，对电动机启动设备及其整体不作大的拆卸；大修应全部拆卸电动机，进行彻底检查和清理。小修的检查项目、大修的检查项目分别见表 2－10 和表 2－11。

表 2－10　电动机定期小修检查项目

项目	检查内容	项目	检查内容
清理电动机	（1）清除和擦去电动机外壳的污垢； （2）测量绝缘电阻	检查各个固定部分的螺钉和接地线	（1）检查地脚螺钉是否紧固； （2）检查端盖螺钉是否紧固； （3）检查轴承盖螺钉是否松动； （4）检查接地线是否良好
检查和清理电动机接线部分	（1）清理接线盒污垢； （2）检查接线部分螺钉是否松动、损坏； （3）拧紧螺母	检查传动装置	（1）检查传动装置是否可靠，传动带松紧是否适中； （2）检查传动装置有无损坏
检查轴承	（1）检查轴承是否缺油、漏油； （2）检查轴承有无杂音以及磨损情况	检查和清理启动设备	（1）清理外部污垢，清洁触头，检查是否有烧伤处； （2）检查接地是否可靠，测量绝缘电阻

表 2－11　电动机定期大修检查项目

项目	检查内容	项目	检查内容
清理电动机及启动设备	（1）清除表面及内部各部分的油泥、污垢； （2）清洗轴承	检查启动设备、测量仪表及保护装置	（1）启动设备熔点是否良好，接线是否牢固； （2）各种测量仪表是否良好； （3）检查保护装置动作是否正确良好
检查电动机及启动设备的各种零部件	（1）零部件是否齐全； （2）零部件有无磨损； （3）检查轴承润滑油是否变质，是否需要重新加油	检查传统装置	（1）联轴器是否牢固； （2）连接螺钉有无松动； （3）检查传动带松紧程度
检查电动机绕组有无故障	（1）绕组有无接地、短路、断路等现象； （2）转子有无断裂； （3）绝缘电阻是否符合要求	试车检查	（1）测量绝缘电阻； （2）安装是否牢稳； （3）检查各转动部分是否灵活； （4）检查电压、电流是否正常，是否有不正常振动和噪声

思 考 题

1. 选用电动机的基本要求有哪些？
2. 举例说明怎样根据环境条件选用电动机。
3. 怎样根据电气运行条件选用电动机？
4. 三相异步电动机有哪些主要性能特点？
5. 怎样选用交流电动机？怎样选用直流电动机？
6. 怎样选择电动机的转速？
7. 如何根据需要选择电动机的额定功率？
8. 怎样选用单相异步电动机？
9. 单相异步电动机的使用维护要点有哪些？
10. 三相电动机日常检查与维护一般包括哪些内容？

第3章 备足材料修电动机

维修电动机常用的材料主要有导电材料、绝缘材料和其他辅助材料，如图3－1所示。这些材料的质量和性能如何，不仅直接影响维修工作的顺利进行，也关系到修复后电动机的使用寿命。

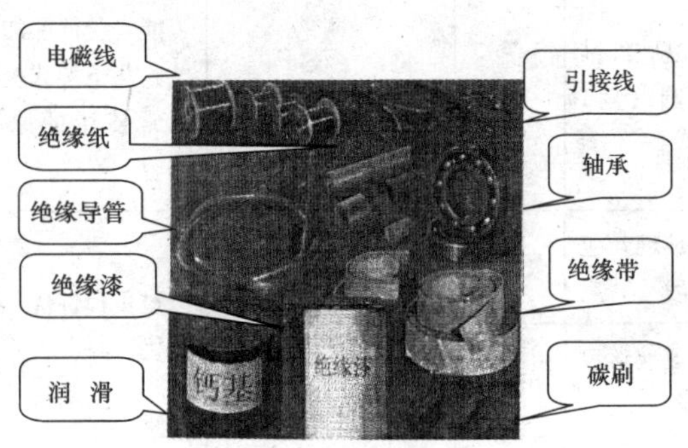

图3－1　电动机修理常用的电工材料

3.1 电　磁　线

电磁线主要用来绕制电动机的绕组。常用的电磁线有漆包电磁线（俗称漆包线）、绕包电磁线（俗称绕线）、无机绝缘电磁线和特种电磁线。

3.1.1　漆包电磁线

漆包线是在裸铜丝的外表涂覆一层绝缘漆而成，漆膜就是漆包线的绝缘层。漆膜的特点是薄而牢固，均匀光滑，如图3－2所示。

图3－2　漆包线

漆包线主要用于绕制变压器、电动机、继电器、其他电器及仪表的线圈或绕组。

常用漆包线及应用见表3－1。

表3－1　常用漆包线及应用

主要用途	名　称	型号	规格范围（mm）	特　点 耐热等级（℃）	优　点	局限性
油浸变压器绕组	纸包圆铜线	Z	1.0～5.6	105	耐电压击穿优	绝缘纸易破
油浸变压器	纸包扁铜线	ZB	厚0.9～5.6 宽2～18	105		
高温变压器、中型高温电动机绕组	聚酰胺纤维纸包圆（扁）铜线	—	—	200	能经受严酷加工工艺，与干湿式变压器通常使用的原材料相容	—
大中型电动机绕组	双玻璃丝包圆铜线	SBE	0.25～6.0	130	过负荷性优，耐电晕优	弯曲性差，耐潮性差
	双玻璃丝包扁铜丝	SBEB	厚0.9～5.6 宽2～18	—		
大型电动机、汽轮或水轮发电机	双玻璃丝包空芯扁铜线	—	—	130	通过内冷降温	线硬、加工困难
高温电动机和特殊场合使用电动机的绕组	聚酰亚胺薄膜绕包圆铜线	MYF	2.5～6.0	220	耐热和低温性均优，耐辐射性优，高温下耐电压优	耐水性差

扁铜线绝缘厚度标志如图3－3所示，其最大绝缘厚度见表3－2。

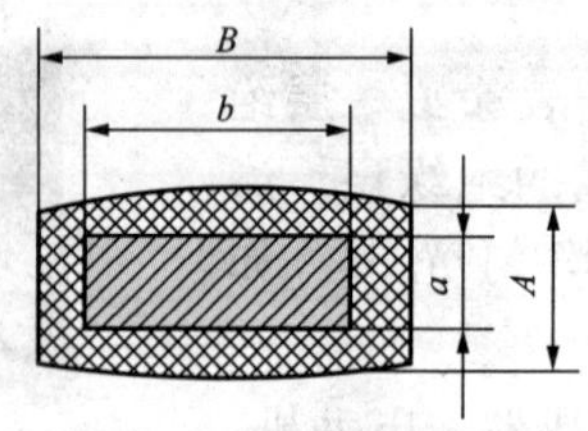

图3－3　扁铜线绝缘厚度标志

表 3－2　　高强度聚酯漆包扁铜线的最大绝缘厚度　　mm

扁铜线标志尺寸		最大绝缘厚度	
a 边	*B* 边	*A*－*a*	*B*－*b*
0.2～0.9	2.0～2.83	0.09	0.11
	3.05～4.4		0.12
	4.7～10.0		0.14
1.0～1.16	2.0～2.83	0.10	0.12
	3.05～4.4		0.13
	4.7～10.0		0.15
1.25～1.95	2.0～2.83	0.11	0.12
	3.05～4.4		0.13
	4.7～10.0		0.15

扁铜线标志尺寸		最大绝缘厚度	
a 边	*B* 边	*A*－*a*	*B*－*b*
2.10～2.83	2.0～2.83	0.12	0.12
	3.05～4.4		0.13
	4.7～10.0		0.15
1.16	3.28～4.4	0.11	0.14
1.25～1.95	3.28～4.4	0.12	0.14
2.1	4.7～5.1	0.13	0.16
2.26～2.83	4.7～5.1	0.14	0.16

注　*A*－*a* 为 *a* 边绝缘厚度。*B*－*b* 为 *b* 边绝缘厚度。

【技能提高】

怎样选用漆包线的型号和线径

从维修角度考虑选线，往往是先查找所修设备的原始资料，看原设计所用线的型号与线径。若无依据可查，可用以下经验方法。

(1) 将一段拆下的漆包线细心地除去漆膜，方法是用火烧一下再擦去漆膜或用金相砂纸细心磨去漆膜，然后用千分卡尺测量线径，如图 3－4 所示。

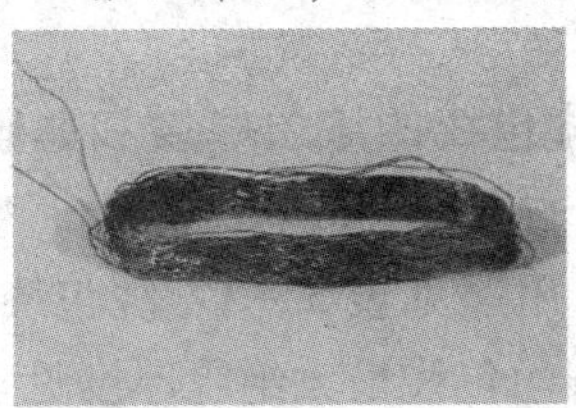

图 3－4　测量漆包线线径

(2) 也可不去漆膜，直接用千分卡尺测量，然后减去二倍漆膜厚度就是标称尺寸。一般是线径越大，漆层越厚。需要注意的是同种漆包线的漆膜有厚、薄、加厚之分（详见电工材料手册）。也可通过理论计算，求出线径值，确定漆包线的型号。

(3) 注意经济原则，不能只求高标准，而造成浪费。只要能够满足使用性能要求即可。

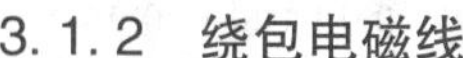

3.1.2 绕包电磁线

绕包线的特点是具有较好的电气性能、力学性能和防潮性能。它的绝缘层比漆包线厚，可以承受过电压和过负荷。

绕包线有薄膜绕包线、玻璃丝包线、玻璃丝包漆包线等。一般用在大中型电动机的绕组上。

薄膜绕包线有聚酯薄膜绕包线和聚酰亚胺薄膜绕包线。玻璃丝包线中有单玻璃丝包和双玻璃丝包两种。另外，由于浸渍处理所用的胶黏绝缘漆不同，又有醇酸胶黏漆浸渍和硅有机胶黏漆浸渍两种。

绕包电磁线主要有以下优点：

(1) 散热性好。

(2) 承受过电压、过负荷能力强，可靠性高。

(3) 由于薄膜绕包线无针孔，所以其电气强度和机械强度高。修理电动机时可优先选用。

绕包线的绝缘等级取决于黏结漆、漆包线的漆层厚度和薄膜的耐热等级，并以其中最低的绝缘等级材料作为电磁线的绝缘等级。

电动机常用绕包线种类、特点及主要用途见表 3-3。绕包线型号及规格见表 3-4。双玻璃丝包扁线和聚酯漆双玻璃丝包线最大绝缘厚度见表 3-5。

表 3-3　电动机常用绕包线种类、特点及主要用途

类别	名　称	型号	耐热等级	特　点	主要用途
薄膜绕包线	玻璃丝包聚酯薄膜绕包扁铜线		E	耐电压击穿性好，机械强度高，但绝缘层较厚	适用于大型高压电动机绕组

续表

类别	名　称	型号	耐热等级	特　点	主要用途
薄膜绕包线	聚酰亚胺薄膜绕包圆铜线 聚酰亚胺薄膜绕包扁铜线	Y YB	H	耐热性、耐电压击穿性好，绝缘层比玻璃丝包线薄，但在水中易水解	适用于高温运行的轧钢电动机、牵引电动机、深井油泵电动机及其他特种电动机绕组
玻璃丝包线及玻璃丝包漆包线	双玻璃丝包圆铜线 双玻璃丝包圆铝线 双玻璃丝包扁铜线 双玻璃丝包扁铝线	SBEC SBELC SBECB SBELCB	B	过负荷性能和耐电晕性能良好，但耐弯曲性和耐潮性较差，绝缘层较厚	适用于发电机、大中型电动机、牵引电动机的绕组
	单玻璃丝包聚酯漆包扁铜线 单玻璃丝包聚酯漆包扁铝线 双玻璃丝包聚酯漆包扁铜线 双玻璃丝包聚酯漆包扁铝线 单玻璃丝包聚酯漆包圆铜线	QZSBCB QZSBLCB QZSBECB QZSBELCB QZSBC	B	过负荷性能和耐电晕性能良好，耐潮性好，但耐弯曲性较差，绝缘层较厚	适用于发电机、大中型电动机、特种电动机的绕组
	单玻璃丝包缩醛漆包圆铜	QQSBC	E	过负荷性、耐电晕性和耐潮性良好，抗弯曲性较差	适用于高速中小型电动机
	双玻璃丝包聚酯亚胺漆包扁铜线 单玻璃丝包聚酯亚胺漆包扁铜线	QZYSBEFB QZYSBFB	F	过负荷性、耐电晕性和耐潮性良好，抗弯曲性较差	适用于高温电动机和制冷设备电动机绕组
	硅有机双玻璃丝包圆铜线 硅有机双玻璃丝包扁铜线	SBEG SBEGB	H	过负荷性、耐电晕性和耐潮性良好，抗弯曲性较差，机械强度较差	适用于发电机、高温负荷电动机、牵引电动机、制冷设备电动机、密封式电动机及其他特种电动机的绕组
	双玻璃丝包聚酰亚胺漆包扁铜线 单玻璃丝包聚酰亚胺漆包扁铜线	QYSBEGB QYSBGB	H		

表 3-4　　绕包线型号及规格　　mm

型号	规　格	型号	规　格
Y	2.5~6.0	QZSBELCB	a 边 0.9~5.6，b 边 2.0~18.0
YB	a 边 2.0~5.6，b 边 2.0~16.0	QZSBC	0.53~2.50
SBEC	0.25~6.0	QQSBC	0.53~2.50
SBELC	0.25~6.0	QZYSBEFB	a 边 0.9~5.6，b 边 2.0~18.0
SBECB	a 边 0.9~5.6，b 边 2.0~18.0	QZYSBFB	a 边 0.9~5.6，b 边 2.0~18.0
SBELCB	a 边 0.9~5.6，b 边 2.0~18.0	SBEG	0.25~6.0
QZSBCB	a 边 0.9~5.6，b 边 2.0~18.0	SBEGB	a 边 0.9~5.6，b 边 2.0~18.0
QZSBLCB	a 边 0.9~5.6，b 边 2.0~18.0	QYSBEGB	a 边 0.9~5.6，b 边 2.0~18.0
QZSBECB	a 边 0.9~5.6，b 边 2.0~18.0	QYSBGB	a 边 0.9~5.6，b 边 2.0~18.0

表 3-5　　双玻璃丝包扁线和聚酯漆双玻璃丝包线最大绝缘厚度　　mm

扁线标称尺寸		最大绝缘厚度			
		双玻璃丝包		聚酯漆双玻璃丝包	
a 边	b 边	$A-a$	$B-b$	$A-a$	$B-b$
0.9~1.95	2.1~5.9	0.35	0.27	0.44	0.36
	6.0~8.0	0.39		0.46	0.36
	8.6~14.5	0.45		—	—
2.1~3.8	2.1~10.0	0.41	0.33	0.50	0.42
	10.8~14.5	0.44		—	—
4.1~5.5	4.1~10.0	0.48	0.40	0.57	0.49
	10.8~14.5	0.53		—	—

3.1.3 特种电磁线

常用的特种电磁线有聚氨酯/自黏层漆包线、自黏层玻璃丝包线等自黏性漆包线和聚酰亚胺薄膜氟 4.6 复合绕包线。

聚酰亚胺薄膜氟 4.6 复合绕包线的型号有 MYF 和 MYFB，该电磁线具有极高的电气强度、机械强度和耐腐蚀性能，其耐热等级达到 220℃。

3.2 绝　缘　材　料

绝缘材料是使带电体与其他带电或不带电部件相互隔离的不导电材料，是电动机修理中的重要材料。如图3-5所示，电动机修理中要用到很多绝缘材料，合理选用绝缘材料，直接决定了电动机修理的质量。

图3-5 常用绝缘材料

电动机用绝缘材料耐电压强度高、耐热性好、吸湿性小、抗化学腐蚀性好，同时具有一定的机械强度。

3.2.1 绝缘材料的耐热等级

绝缘材料的耐热等级也称为绝缘等级。电动机绕组中通过电流时温度会升高，当温度超过某一极限时，绕组的绝缘物就会加速老化而发生热击穿。因此电动机绝缘的选择以保证最高温度不超过极限为原则。为了确保电动机的正常使用寿命，对不同环境和负荷性质的电动机，应选用不同耐热极限的绝缘材料。绝缘材料按耐热程度的不同，可以分为Y、A、E、B、F、H、C七个等级（常用的绝缘材料有A、E、B、F、H五个等级），其极限温度与配用电磁线见表3-6。

表3-6 常用绝缘材料耐热等级与配用电磁线

分类	耐热温度（℃）	绝缘材料	配用电磁线
A	105	经过浸漆处理的棉纱、木纸等有机材料	单纱油性漆包线、双纱包线、纸包线等
E	120	在A级材料上复合或垫衬一层耐热有机漆	高强度聚酯漆包线、高强度聚乙烯醇缩醛漆包线
B	130	用云母、石棉等无机材料为基，以A级材料补强，用有机漆胶合成	高强度聚酯漆包线、双玻璃丝包线
F	155	与B级材料相同，但使用耐热硅有机漆胶合成	聚酰亚胺漆包线、双玻璃丝包线
H	180	与B级材料相同，但没有A级材料补强	硅有机漆浸渍的双玻璃丝包线

3.2.2 维修电动机常用绝缘材料

1. 常用电工薄膜材料

（1）聚酰亚胺薄膜。型号为6050。具有耐温性能好，能在-269～400℃的范围内使用，同时具有柔软、强韧、耐腐蚀性能、耐介电强度高和力学性能好等优点。因此广泛应用在工作条件恶劣的F级和H级的电动机中。有0.025mm、0.05mm和0.10mm等几种规格。价格高，耐碱性和耐水性较差。

（2）聚酯薄膜。低压电动机常用的聚酯薄膜材料，有透明薄膜（型号6020）和不透明薄膜（型号6021）两种。聚酯薄膜机械强度高、化学性能稳定、电气强度也较高、价格低廉，因此广泛用于电动机槽绝缘、相间绝缘等。常用的聚酯薄膜厚度有0.05mm和0.10mm两种，常与其他材料复合使用。

2. 常用的合成纤维纸材料

（1）聚酯非织布。具有良好的力学性能、耐热性能和介电性能，价格较便宜、温度指标≥180℃，但不阻燃，耐油和耐丙酮性能较差。常作为绑扎带和柔软复合材料以及云母的补强材料。

（2）聚芳酰胺纤维纸。耐热性能好，可长期（10年以上）在200℃下使用，电气强度和机械强度较高，化学稳定性好，能耐酸、耐碱、阻燃，相容性较好。因此广泛用于导线绕包、相绝缘等。

（3）聚砜酰胺纤维纸。具有聚芳酰胺纤维纸的优点，同时其性能接近进口的类似绝缘材料。

（4）聚芳酰胺聚酯纤维纸。温度指标大于155℃，可作为F级绝缘，成本较低。

（5）聚砜酰胺聚酯纤维纸。与聚芳酰胺聚酯纤维纸相似，F级绝缘，价格低廉。

3. 柔软复合材料

（1）聚酯薄膜绝缘纸柔软复合材料。型号为6520，E级绝缘。在JO2系列电动机的槽、相绝缘等方面应用较广。这种材料耐潮性较差，易发霉，不适于潮湿地区使用。目前修理电动机时常用B级绝缘的DMD绝缘材料代替。

（2）聚酯薄膜纤维非织布柔软复合材料。型号为6630和6630A，简称DMD，用于B级绝缘电动机的槽绝缘、端部绝缘和层间绝缘，以及匝间绝缘、衬垫绝缘等，可用于湿热地带。6630的柔软复合材料中的聚酯薄膜较厚，柔软性差，不适于手工嵌线。6630A的聚酯薄膜较薄，适于手工嵌线的中小型电动机绝缘。由于电动机修理中一般采用手工嵌线，所以应优选6630A型材料。

（3）聚酯薄膜聚芳酰胺纤维纸柔软复合材料（NMN）和聚酯薄膜聚砜酰胺纤维纸柔软复合材料（SMS）。型号为6640，F级绝缘。可用在F级电动机的槽绝缘、端部绝缘、匝间绝缘和衬垫绝缘上。

（4）聚酯薄膜聚芳酰胺聚酯纤维纸柔软复合材料（AD-MAD）和聚酯薄膜聚砜酰胺聚酯纤维纸柔软复合材料（SDMSD）。F级绝缘，成本比NMN和SMS

低。可作为起重、防爆型 F 级电动机使用。

（5）F 级 DMD。用于 F 级绝缘，价格低廉，可降低电动机修理成本。

（6）聚酰亚胺薄膜聚芳酰胺纤维纸柔软复合材料（NHN）。型号 6650，H 级绝缘，可长期在 220℃下工作，可用于非常恶劣的环境中，但价格较高。

（7）聚酰亚胺薄膜聚砜酰胺纤维纸柔软复合材料（SHS）。H 级绝缘，性能与 NHN 类似。

常用绝缘材料的名称、型号和标准厚度见表 3－7。

表 3－7　常用绝缘材料的名称、型号和标准厚度

序号	名　称	型号	绝缘等级	标准厚度（mm）
1	沥青醇酸玻璃漆布	2430	B	0.11、0.13、0.15、0.17、0.20、0.24
2	醇酸玻璃漆布	2432	B	0.11、0.13、0.15、0.17、0.20、0.24
3	环氧玻璃漆布	2433	B	0.13、0.15、0.17
4	聚酯纤维纸		B	0.08
5	醇酸纸柔软云母板	5130	B	0.15、0.20～0.25、0.30～0.50
6	醇酸玻璃柔软云母板	5131	B	0.15、0.20～0.25、0.30～0.50
7	醇酸柔软云母板	5133	B	0.15、0.20～0.25、0.30～0.50
8	聚酯薄膜玻璃漆布复合箔	6530	B	0.17～0.24
9	聚酯薄膜聚酯纤维纸复合箔	DMD 或 DMDM	B	0.20～0.25
10	F 级聚酯薄膜聚酯纤维纸复合箔	F 级 DMD	F	0.25～0.30
11	聚萘酯薄膜		F	0.02～0.10
12	聚酯薄膜聚酯纤维纸复合箔	NMN	F	0.25～0.30
13	聚砜酰胺纤维纸聚酯薄膜复合箔	SMS	F	
14	有机硅玻璃漆布	2450	H	0.06、0.08、0.11、0.13、0.15、0.17、0.20、0.24
15	芳香族聚酰胺纤维纸		H	0.08～0.09
16	芳香族聚砜酰胺纤维纸		H	0.15
17	二唑纤维纸		H	0.16
18	聚酯亚胺薄膜		H	0.03～0.06
19	有机硅柔软云母板	5150	H	0.15、0.20～0.25、0.30～0.50

续表

序号	名　称	型号	绝缘等级	标准厚度（mm）
20	有机硅玻璃柔软云母板	5151	H	0.15、0.20～0.25、0.30～0.50
21	聚酰亚胺薄膜芳香族聚酰胺纤维纸复合箔	NHN	H	0.25～0.30
22	聚酰亚胺玻璃漆布	2560	H	
23	有机硅玻璃粉云母带	2450－1	H	
24	聚砜亚胺纤维纸聚酰亚胺薄膜复合材料	SHS	H	
25	有机硅玻璃粘带	2656	H	
26	硅橡胶粘带	西－260	H	
27	自黏性硅橡胶三角带		H	
28	单马来酰亚胺聚酰亚胺薄膜上胶带		H	
29	双马来酰亚胺聚酰亚胺薄膜上胶带		H	
30	聚酰亚胺自粘带		H	
31	聚全氟乙丙烯薄膜	F46	H	
32	聚酰亚胺玻璃漆布		C	
33	聚全氟乙丙烯树脂聚酰亚胺上胶带	FH、FHF	C	
34	聚酰亚胺薄膜		C	
35	聚四氟乙烯薄膜		C	

3.2.3　常用的绝缘漆

在电动机修理中，绝缘漆是一种不可缺少的绝缘材料。绝缘漆用于浸涂电动机绕组，使其充填于绕组和导线之间的间隙，漆固化后将绕组黏合为一个整体，从而提高绝缘结构的耐潮性、耐热性和机械强度。对非成型绕组的中小型电动机，在定子嵌好绕组后，应对电动机绕组进行浸漆处理。

1. 常用绝缘漆的品种、性能和用途

电动机维修用漆按照最终用途分为绝缘漆和覆盖漆两大类，如图 3－6 所示。绝缘浸渍漆分为有溶剂漆和无溶剂漆两大类。浸渍漆主要用于浸渍电动机、电器的绕组（线圈）和绝缘零部件，以填充其间隙和微孔，并使绕组（线圈）

黏结成一个结实的整体，提高了绝缘结构的耐潮、导热、击穿强度和机械强度等性能。常用的有 1031 和 1032 漆，这两种都是烘干漆。

覆盖漆用于覆盖经浸渍处理的绕组（线圈）和绝缘零部件，在其表面形成均匀的绝缘护层，以防止机械损伤、大气影响及油污、化学腐蚀作用，同时增加外表美观。常用的有 1320 和 1321 漆，其中 1320 是烘干漆，1321 是晾干漆。

图 3－6　绝缘漆和覆盖漆

覆盖漆有清漆和瓷漆两种。前者多用于绝缘零部件表面和电器内表面的涂覆，后者多用于绕组（线圈）和金属表面涂覆。

选用绝缘漆时，应根据电动机的绝缘等级，是否耐油等条件，合理选用相应牌号的绝缘漆。在使用绝缘漆时，还应根据绝缘漆的黏度，适量加入相应的稀释剂。常用电动机绝缘漆的品种、性能和用途见表 3－8。

表 3－8　常用电动机绝缘漆的品种、性能和用途

名称	型号	耐热等级	主要性能	用　途
油改性醇酸漆	1030	B	耐油性和弹性较好	浸渍在油中工作的绕组和绝缘零件
丁基酚醛醇酸漆	1031	B	耐潮性、内干性较好，机械强度较高	可用于浸渍在湿热地区工作的绕组
三氯氰胺醇酸漆	1032	B	耐潮性、耐油性、内干性较好，机械强度较高，耐电弧	可用于浸渍在湿热地区工作的绕组
环氧树脂漆	033	B		
环氧无溶剂漆	110	B	黏度低、击穿强度高、储存稳定性好	可用于浸渍小型低压电动机、电器绕组（线圈）
	111	B	黏度低、击穿强度高、固化快	可用于滴浸小型低压电动机、电器绕组（线圈）
	9101	B	黏度低、固化较快、体积电阻高、存储稳定性好	可用于整浸中型高压电动机、电器绕组（线圈）
聚酯浸渍漆	Z30－2	F	耐热性和电气性能较好，黏结力强	可浸渍 F 级电动机、电器绕组（线圈）
不饱和聚酯无溶剂漆	319－2	F	黏度较低、电气性能较好；存储稳定性好	可用于沉浸小型 F 级电动机、电器绕组（线圈）

续表

名称	型号	耐热等级	主要性能	用途
有机硅浸渍漆	1053	H	耐热性和电气性能好，但烘干温度高	可用于浸渍H级电动机、电器绕组（线圈）
聚酯改性有机硅漆	W30－P	H	黏结力较强、耐潮性和电气性能好，烘干温度较1053低	用于浸渍H级电动机、电器绕组（线圈）
聚酰胺酰亚胺浸渍漆	PAI－2	H	耐热性优于有机硅漆、电气性能好、黏结力强	可浸渍耐高温或在特殊条件下工作的电动机、电器绕组（线圈）
晾干醇酸灰磁漆	1321	B	晾干或低温干燥，漆膜硬度较高、耐电弧性和耐油性好	用于浸渍覆盖电动机、电器绕组（线圈）及绝缘零件表面
醇酸灰磁漆	1320	B	烘焙干燥，漆膜硬度强，机械强度高，耐电弧性和耐油性好	用于覆盖电动机、电器绕组（线圈）
环氧脂灰磁漆	163	B	烘焙干燥，漆膜硬度强，耐潮性、耐油性、耐毒性好	可覆盖在湿热地区工作的电动机、电器绕组（线圈）
晾干环氧脂灰磁漆	164	B	晾干或低温干燥，漆膜坚硬，耐潮、耐霉和耐油性好	可覆盖在湿热地区工作的电动机、电器绕组（线圈）及绝缘零件表面修饰
晾干有机硅红磁漆	167	H	晾干或低温干燥，漆膜耐热性高，电气性能好	可覆盖耐高温电动机、电器绕组（线圈）或绝缘零件表面修饰
有机硅红磁漆	1350	H	烘焙干燥，漆膜的耐热性、电气性能比167好，且硬度高、耐油	可覆盖耐高温电动机、电器绕组（线圈）或绝缘零件表面修饰

2. 常用快干漆

由于1032绝缘漆价格便宜、存储时间长、绝缘处理设备简单，其绝缘性能可满足一般用途电动机要求。因此，在电动机修理工作中普遍使用1032绝缘漆。但这种绝缘漆的缺点是干燥时间太长（约需22h），在烘干过程中浪费现象严重（工时和能源），并且环境污染较大（有50%的溶剂会挥发）。为了减少烘干时间，缩短修理周期，满足电动机修理工期，目前在电动机修理中常常使用快干漆。常用的快干漆主要有以下几种。

（1）1038（即1032快干漆）漆、H30－9、S－1039绝缘漆和WSK少溶剂快干胶，这几种快干绝缘漆的烘干时间及电动机温升见表3－9。

表 3－9　几种快干绝缘漆的烘干时间及电动机温升

绝缘漆种类和浸漆次数		1032 绝缘漆（浸 2 次）	1038 绝缘漆（1032 快干漆）（浸 2 次）	H30－9 或 S1039 绝缘漆（浸 1 次）	WSK 少溶剂快干胶
第 1 次浸漆烘干（h）	70～120℃	4	3	3	1
	130℃	4	3	3	4
第 2 次浸漆烘干（h）	70～120℃	4	3	—	—
	130℃	10	4	—	—
烘干所需总时间（h）		22	13	6	5
电动机温升（℃）		55～56	54～55	50～52	54

（2）1040 绝缘漆。在修理 F 级绝缘的电动机时，目前常选用 9115、9105 等有溶剂绝缘漆。由于这种漆含有溶剂，所以必须浸漆 2 次，而 1040 绝缘漆是少溶剂的，浸 1 次即可，非常适于应急修理使用。1040 绝缘漆与 9115 绝缘漆相比有以下特点：

1）漆固化速度较快、流失少、挂漆量大，从而降低工人劳动强度，提高生产率，减少吊装次数，降低电动机磕碰机会；

2）黏度低、固体含量高、浸透性好；

3）含溶剂少、无毒，减轻工作环境污染；

4）黏结强度适宜，不像无溶剂漆那样使修理电动机时拆线困难；

5）漆储存稳定性好；

6）与无纬带相溶性好；

7）价格便宜；

8）B 级和 F 级通用，减少浸渍漆种类，可方便生产管理。

1040 绝缘漆浸渍工艺见表 3－10。

表 3－10　**1040 绝缘漆浸渍工艺**

序号	工序	工作温度（℃）	时间	备　注
1	预热	140	2h	绝缘电阻 500MΩ
2	浸漆	50	20～30min	可浸浇
3	滴漆	室温	30min	
4	烘干	80	1h	定子绝缘电阻 300MΩ
		140	7h	定子绝缘电阻 400MΩ

3.3 辅助材料

维修电动机常用的辅助材料有轴承、引接线、槽绝缘、层间绝缘、端部绝缘及衬垫绝缘、绝缘套管、槽楔及垫条绝缘、绑扎带、集电环、电刷和润滑脂等。

3.3.1 轴承

轴承是电动机转子输出转矩的重要支承，也是定子、转子保证同心的重要环节。电动机在高速运转中，会造成轴承的磨损，轴承磨损如果超过极限，就会使电动机产生振动、噪声和发热，严重时还会引起定子、转子相擦以致烧毁绕组。

电动机用轴承一般有滑动轴承和滚动轴承两类。由于滚动轴承装配方便，维护简单，而且轴承与轴紧密配合，不易造成定子、转子的相互摩擦，所以目前中小型电动机一般采用滚动轴承，如图 3－7 所示。功率较大的电动机在负荷输出端常采用承载量较大的滚柱轴承，而在另一端仍采用滚珠轴承。中小型三相电动机常用的轴承型号规格见表 3－11 和表 3－12。

(a)

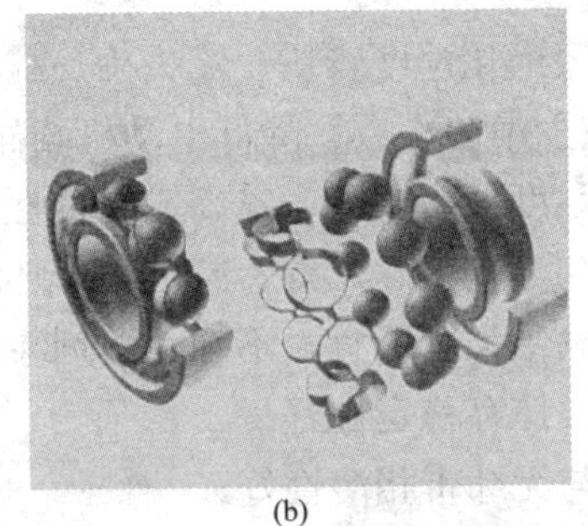
(b)

图 3－7 滚动轴承

(a) 整体结构；(b) 解剖结构

表 3－11 Y 系列（IP44）电动机轴承型号和规格

机座号	电动机极数	轴承型号		轴承规格（内径×外径×宽度，mm×mm×mm）
		前端（输出端）	后端	
80	2、4	$180204Z_1$	$180204Z_1$	20×47×14
90	2、4、6	$180205Z_1$	$180205Z_1$	25×52×15
100	2、4、6	$180206Z_1$	$180206Z_1$	30×62×16

续表

机座号	电动机极数	轴承型号		轴承规格（内径×外径×宽度，mm×mm×mm）
		前端（输出端）	后端	
112	2、4、6	180306Z_1	180306Z_1	30×72×19
132	2、4、6、8	180308Z_1	180308Z_1	40×90×25
160	2	309Z_1	309Z_1	45×100×25
	4、6、8	2309Z_1		
180	2	311Z_1	311Z_1	55×120×29
	4、6、8	2311Z_1		
200	2	312Z_1	312Z_1	60×130×31
	4、6、8	2312Z_1		
225	2	313Z_1	313Z_1	65×140×33
	4、6、8	2313Z_1		
250	2	314Z_1	314Z_1	70×150×35
	4、6、8	2314Z_1		
280	2	314Z_1		
	4、6、8	2317Z_1	317Z_1	85×180×41
315	2	316Z_1	316Z_1	80×170×39
	4、6、8、10	2319Z_1	319Z_1	95×200×45

表 3－12　　Y 系列（IP23）电动机轴承型号和规格

机座号	电动机极数	轴承型号		轴承规格（内径×外径×宽度，mm×mm×mm）
		前端（输出端）	后端	
160	2	211Z_1	211	55×100×21
	4、6、8	2311Z_1	311	55×120×29
180	2	212Z_1	212	60×110×22
	4、6、8	2312Z_1	312	60×130×31
200	2	213Z_1	213	65×120×23
	4、6、8	2313Z_1	313	65×140×33
225	2	214Z_1	214	70×125×24
	4、6、8	2314Z_1	314	70×150×35
250	2	314Z_1	314	70×150×35
	4、6、8	2317Z_1	317	85×180×41

续表

机座号	电动机极数	轴承型号		轴承规格
		前端（输出端）	后端	（内径×外径×宽度，mm×mm×mm）
280	2	$314Z_1$	314	70×150×35
	4、6、8	$2318Z_1$	318	90×190×43
315	2	$316Z_1$	316	80×170×39
	4、6、8、10	$2319Z_1$	319	95×200×45

轴承的基本型号通常用7位数字来表示，其命名方法如图3－8所示。

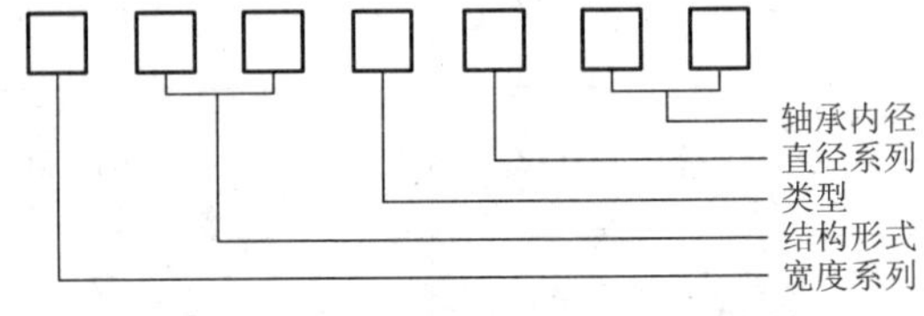

图3－8　轴承型号的命名方法

【技能提高】

轴承常见故障的判别及处理

不通过拆卸检查即可识别或预测运转中的轴承有无故障，对提高生产率和经济性是十分重要的。轴承故障主要的识别方法有三种。

(1) 通过声音进行识别。通过声音进行识别需要有丰富的经验。必须经过充分的训练才能识别轴承声音与非轴承声音。为此，应尽量由专人来进行这项工作。用听音器或听音棒贴在外壳上可清楚地听到轴承的声音。

(2) 通过工作温度进行识别。该方法属比较识别法，仅限于在运转状态不太变化的场合。为此，必须进行温度的连续记录。出现故障时，不仅温度升高，还会出现不规则变化。

(3) 通过润滑剂的状态进行识别。对润滑剂采样分析，通过其污浊程度和是否混入异物或金属粉末等进行判断。该方法对不能靠近观察的轴承或大型轴承尤为有效。

3.3.2 引接线

由于电动机的品种、耐热等级、电压和电流等因素不同，电动机引接线的电气性能必须与之相适应，其绝缘性能要稳定。因此正确选择电动机的引接线是保证电动机轴承运行的必要条件。

电动机的引接线一般采用多股铜芯或铝芯的绝缘导线，如图 3－9 所示。引接线的选用应考虑电动机的耐热等级，并具有一定的机械强度。电动机常用引接线见表 3－13。

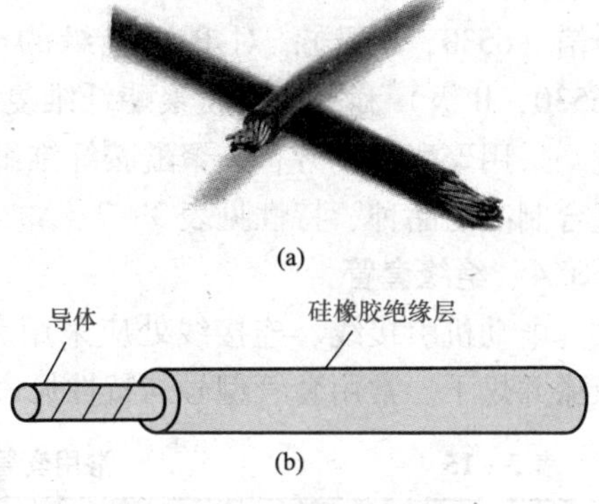

图 3－9 电动机的引接线
（a）实物图；（b）结构图

表 3－13 电动机常用引接线

名 称	型号	耐热等级	工作电压范围（V）
橡胶绝缘丁腈护套引接线	JBQ	E	500
硅橡胶绝缘引接线	JHS	H	500
氯磺化聚乙烯橡胶绝缘引接线	JBYH	B	500～6000
丁腈聚氯乙烯复合物绝缘引接线	JBF	B	500
橡胶绝缘氯丁护套引接线	JBF	B	6000
乙丙橡胶绝缘引接线	JFEH	F	500
聚四氟乙烯引接线		H	500

电动机引接线的规格应根据电动机额定电流按表 3－14 进行选择。

表 3－14 引接线的规格选用

电动机额定电流（A）	引接线截面积（mm^2）	电动机额定电流（A）	引接线截面积（mm^2）
<6	1.0	61～90	19
6～10	1.5	91～120	25
11～20	2.5	121～150	35
21～30	4.5	151～190	50
31～45	6.0	191～240	70
46～60	10	241～290	995

3.3.3 槽绝缘、层间绝缘、端部绝缘和衬垫绝缘

不同绝缘等级的电动机所采用的绝缘材料也不同。一般来讲，对 E 级绝缘

的电动机，采用聚酯薄膜绝缘纸复合箔（6520，E 级）和聚酯薄膜玻璃漆布复合箔（6530，B 级）；对 B 级绝缘的电动机，采用聚酯薄膜玻璃漆布复合箔（6530，B 级）和聚酯薄膜聚酯纤维复合箔（DMD，B 级）；对 F 级绝缘的电动机，采用聚酯薄膜芳香族聚酰胺纤维纸复合箔（NMN，F 级）。电动机常用薄膜复合制品的品种、特性见表 3－7。

3.3.4 绝缘套管

电动机引接线、连接线处应采用套管绝缘。套管以纤维管为底材，浸渍绝缘漆并烘干。常用套管型号与特性见表 3－15。

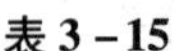

表 3－15　常用套管型号与特性

品　种	型号	耐热等级	特　性
油性玻璃漆管	2714	E	具有良好的电气性能和弹性，但耐热性、耐潮性及耐霉性差
聚氯乙烯（软性）玻璃漆管	2731	E	具有良好的电气性能和弹性，且耐化学性较好
聚氨酯涤纶漆管		E	具有良好的电气及力学性能且有弹性
醇酸玻璃漆管	2730	B	具有良好的电气及力学性能，且耐油、耐热，但弹性较差
聚氯乙烯玻璃漆管	2731	B	具有良好的电气性能和弹性，且耐化学性好
有机硅玻璃漆管	2750	F、H	具有较高的耐热、耐潮性，电气性能较好
硅橡胶玻璃漆管	27515	F、H	电气性能好，具有耐热、耐寒性，适用于 －60～180℃的工作环境

3.3.5 槽楔和垫条绝缘

对耐热等级不同的电动机，槽楔、垫条的要求也不同。一般，E 级绝缘电动机用酚醛层压纸板（3020～3023，E 级）；B 级绝缘的电动机用酚醛层压玻璃布板（3230，B 级）；F、H 级绝缘的电动机用有机硅环氧层压玻璃布板（3250，H 级）；也可用经变压器油煎煮处理的竹楔。

槽楔及垫条常用材料见表 3－16。

表 3－16　槽楔及垫条常用材料

耐热等级	槽楔及垫条的材料名称、型号、长度	槽楔推力（N）
A	竹（经油煮处理）、红钢纸、电工纸板（比槽绝缘短 2～3mm）	155
E	酚醛层压板 3020、3021、3022、3023 酚醛层压板 3025、3027（比槽绝缘短 2～3mm）	200

续表

耐热等级	槽楔及垫条的材料名称、型号、长度	槽楔推力（N）
B	酚醛层压玻璃布板 3230、3231（比槽绝缘短 4～6mm） MDB 复合槽楔（长度等于槽绝缘）	244
F	环氧酚醛玻璃布板 3240（比槽绝缘短 4～6mm） MDB 复合槽楔（等于槽绝缘长度）	247
H	有机硅环氧层压玻璃布板 3250 有机硅层压玻璃布板 3251 聚二苯醚层压玻璃布板 9330（比槽绝缘短 4～6m）	247

3.3.6 线圈绝缘

用于线圈绝缘的漆布主要有醇酸玻璃漆布（2432，B 级）、环氧玻璃漆布（2433，B 级）、油性玻璃漆布（2412，E 级）、油性漆布（2010、2012，A 级）、油性漆绸（2210、2212，A 级）。对线圈匝间绝缘，也可用聚酯薄膜（E 级）、聚萘酯薄膜（F 级）或聚酯薄膜粘带。

3.3.7 绕组绑扎带

绕组绑扎材料主要用来绑扎电动机绕组端部和转子绕组端部。常用绑扎带的品种、特性与特点见表 3－17。

表 3－17　常用绑扎带的品种、特性与特点

品种	耐热等级	特性与特点
无碱玻璃丝带（管）	E、B	属于未浸渍材料，容易起毛并刺激皮肤，操作时延伸率小，容易打滑，质地较脆。但耐热性好，使用方便。为小电动机绑扎常用品种，耐热等级根据浸渍漆定
涤纶带	B	抗拉强度较高，无刺激性，但无热收缩性，摩擦力小，易打滑，绑扎结尾较难处理
聚酯纺织带、管	B、F	抗拉强度高，具有一定的延伸性、耐摩擦、耐碰撞、透漆性和浸渍性较好，无刺激性
聚酯短纤维纺织带（PST 带）	F	绑扎强度最高，并具有热收缩能力，摩擦力大，不易打滑和变形，但价格较贵
无纬绑扎带	E、F	具有各种耐热等级，有效存储期短，使用时要经过加热固化工艺处理，固化后强度高，一般用于代替钢丝绑扎交流电动机转子端部

必须注意：选择电动机绝缘材料时，可用耐热等级高的代替耐热等级低的，

反之则不允许。如可将 B 级绝缘材料用于 E 级绝缘的电动机中，而不能将 E 级绝缘材料用于 B 级绝缘的电动机上。

3.3.8 集电环

常用的集电环主要有塑料集电环、紧固式（或装配式）集电环、支架装配式集电环、热套集电环和铜环等。

1. 塑料集电环

塑料集电环结构如图 3－10 所示。它采用酚醛玻璃纤维将 3 个铜环压制成一个简单整体，这种结构常用于中小型电动机中。

2. 紧固式集电环

如图 3－11 所示。它主要由铜环、开口的薄钢板围成的铁套筒、绝缘衬垫及铸铁套管构成。绝缘衬垫通常采用 0.2mm 厚的环氧酚醛玻璃布板和 0.05mm 厚的聚酯薄膜。这种结构常用于中型电动机中。

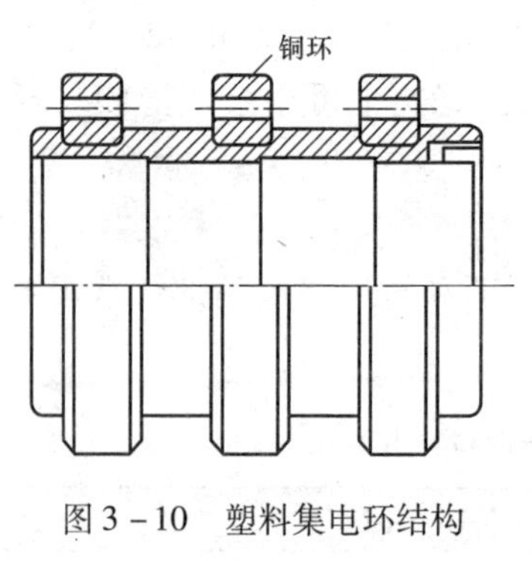

图 3－10 塑料集电环结构

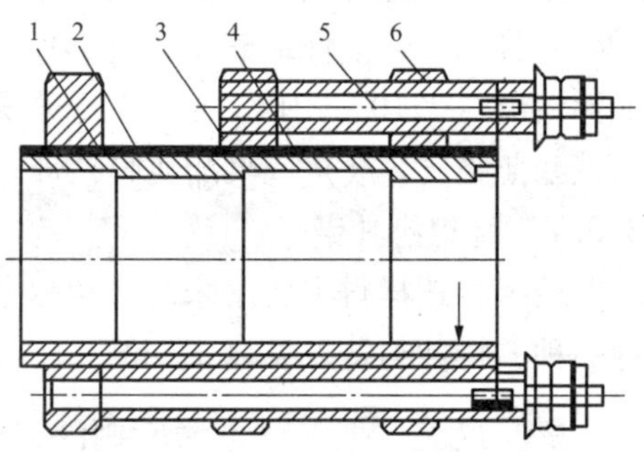

图 3－11 紧固式集电环结构

1—衬垫绝缘；2—衬套；3—铜环；
4—铸铁套筒；5—导电杆；6—绝缘杆

3. 支架装配式集电环

支架装配式集电环采用绝缘垫圈将三相铜环相互绝缘，用绝缘螺杆将其紧固在支架上，常用于中低速大型电动机中。

4. 热套集电环

它是将铜环直接热套装在绝缘转轴上，适用于高速大型电动机。

5. 铜环（也叫金属环）

一般采用青铜或低碳钢制成。高速电动机的金属环采用高强度合金钢制成。

3.3.9 电刷

电刷用于电动机换向器或集电环上，作为传导电流的滑动接触件，用石墨粉末或石墨粉末与金属粉末混合压制而成，按材质不同分为石墨电刷（用 S 表示）、电化石墨电刷（用 D 表示）和金属石墨电刷（用 J 表示），如图 3－12

所示。

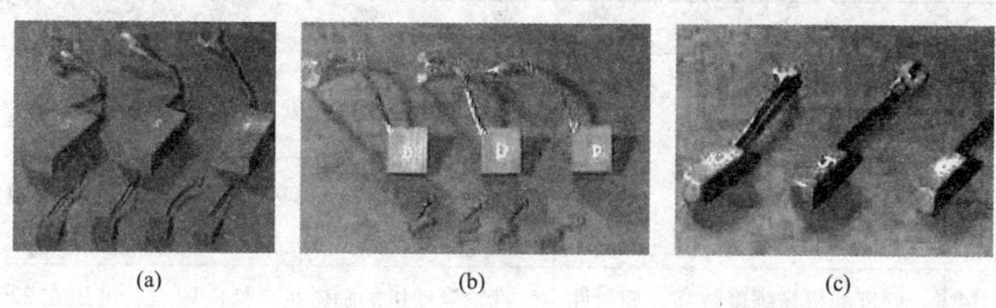

(a) (b) (c)

图 3 - 12　电刷
（a）石墨电刷；（b）电化石墨电刷；（c）金属石墨电刷

电刷在工作时，应满足下列要求：在换向器或集电环表面，能形成适宜的氧化亚铜、石墨和水分等组成的表面薄膜，以改善其润滑性能；电刷寿命长，对换向器或集电环磨损小；电刷的电功率损耗和机械损耗小；不应出现对电动机有害的火花；噪声小。

要满足上述要求，必须正确选用电刷。如果选用不当，会造成电刷下的有害火花，引起电动机噪声和换向器磨损，甚至使电动机无法运行。更换时，最好采用与原来同型号、同规格的电刷，不要轻易改变；在原型号无法辨别时，则应综合考虑电动机对电刷的技术要求和电刷本身的特性，合理选用。

电刷的类别、型号、特征和主要用途见表 3 - 18。

表 3 - 18　　电刷的类别、型号、特征和主要用途

类别	型号	特　征	主　要　用　途
石墨电刷	S - 3	硬度较低，润滑性较好	换向正常、负荷均匀、电压为 80 ~ 120V 的直流电动机
	S - 4	以天然石墨为基体、树脂为黏合剂的高阻石墨电刷，硬度和摩擦因数较低	换向困难的电动机，如交流整流子电动机、高速微型直流电动机
	S - 6	多孔、软质、硬度较低	汽轮电动机的集电环、80 ~ 230V 的直流电动机
电化石墨电刷	D104	硬度低、润滑性好、换向性能好	用于 0.4 ~ 200kW 直流电动机，充电、轧钢直流电动机，汽轮电动机，绕线转子电动机集电环，电焊直流电动机等
	D172	润滑性好、摩擦因数低、换向性能好	大型汽轮电动机集电环、励磁机，水轮电动机集电环，换向正常的直流电动机
	D202	硬度和机械强度较高、润滑性好、耐冲击振动	电力机车用牵引电动机，电压为 120 ~ 240V 的直流电动机

续表

类别	型号	特征	主要用途
电化石墨电刷	D207	硬度和机械强度较高、润滑性好、换向性能好	大型轧钢直流电动机，矿用直流电动机
	D213	硬度和机械强度较 D214 高	汽车、拖拉机的电动机，具有机械振动的牵引电动机
	D214 D215	硬度和机械强度较高、润滑性好、换向性能好	汽轮电动机的励磁机，换向困难、电压在 220V 以上的带有冲击性负荷的直流电动机
	D252	硬度中等，换向性能好	换向困难、电压为 220～440V 的直流电动机、牵引电动机、汽轮电动机的励磁机
	D308 D309	硬度和电阻率较高、换向性能好	换向困难的直流牵引电动机、角速度较高的小型直流电动机以及电动机扩大机
	D373		电力机车用直流牵引电动机
	D374	多孔、电阻率高、换向性能好	换向困难的高速直流电动机、牵引电动机，汽轮发电动机的励磁机以及轧钢电动机
	D479		换向困难的直流电动机
金属石墨电刷	J201 J102 J164	含铜量高、电阻率小、允许的电流密度大	低电压、大电流直流电动机。如电解、电镀、充电用直流电动机，绕线式电动机的集电环
	J104 J104A		低电压、大电流直流电动机，汽车、拖拉机用电动机
	J201	含铜量中等、电阻率较高，含铜量电刷大、允许电流密度较大	电压在 60V 以下的低电压、大电流直流电动机，绕线式电动机的集电环
	J204		电压在 40V 以下的低电压、大电流直流电动机，绕线式电动机的集电环和汽车辅助电动机
	J205		电压在 60V 以下的低电压、大电流直流电动机，绕线式电动机的集电环，汽车拖拉机用直流启动电动机
	J206		电压为 25～80V 的小型直流电动机
	J203 J220	含铜量低、电阻率较上述要大、允许电流密度较小	电压在 80V 以下的大电流充电电动机、小型牵引电动机、绕线式电动机的集电环

选用电刷时，除应满足表 3－18 的主要用途外，还应考虑电刷的技术特性和技术条件，以便正确合理地选择使用，减少电动机的故障。电刷的主要技术特性和运行条件见表 3－19。

表 3-19　　电刷的主要技术特性和运行条件

型号	一对电刷的接触压降（V）	摩擦因数≤	额定电流密度（A/cm^2）	最大圆周速度（$m \cdot S^{-1}$）	单位压力（×98 066.5Pa）
S-3	1.9	0.25	11	25	0.20～0.25
S-4	2.6	0.28	12	70	0.22～0.24
D104	2.5	0.20	12	40	0.15～0.20
D172	2.9	0.25	12	70	0.15～0.20
D207	2.0	0.25	10	40	0.20～0.40
D213	3.0	0.25	10	40	0.20～0.40
D214	2.5	0.25	10	40	0.20～0.40
D215	2.9	0.25	10	40	0.20～0.40
D252	2.6	0.23	15	45	0.20～0.25
D308	2.4	0.25	10	40	0.20～0.40
D309	2.9	0.25	10	40	0.20～0.40
D374	3.8	0.25	12	50	0.20～0.40
J102	0.5	0.20	20	20	0.18～0.23
J164	0.2	0.20	20	20	0.18～0.23
J204	1.5	0.25	15	25	0.15～0.20
J205	1.1	0.20	15	20	0.20～0.25
J203	2.0	0.25	15	35	0.15～0.20
J201	1.9	0.25	12	20	0.15～0.20

3.3.10　润滑脂

润滑脂是保证轴承正常运转及延长寿命的关键。电动机上常用的润滑脂有两种：复合钙基润滑脂和锂基润滑脂。个别负荷特别重、转速又很高的轴承可以选用二硫化钼基润滑脂，如图 3-13 所示。

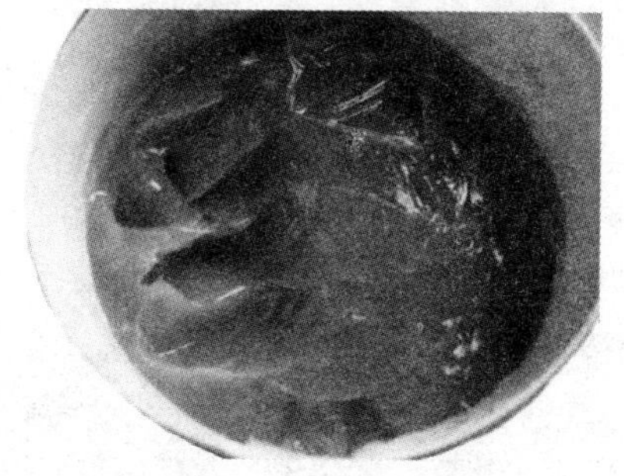

图 3-13　润滑脂

使用润滑脂时应特别注意以下三个问题。

（1）轴承运行 1000～1500h 后应加一次润滑脂，运行 2500～3000h 后应更换润滑脂。

（2）不同型号的润滑脂不能混用，更换润滑脂时必须将陈脂清洗干净。

（3）轴承中润滑脂不能加得太多或太少，一般占轴承室空容积的1/3～1/2；转速低、负荷轻的轴承可以加得多一些；转速高、负荷重的轴承应该加得少一些。

思 考 题

1. 常用的电磁线有几种？
2. 在修理电动机时，如何选用漆包线的型号和线径？
3. 电动机用绝缘材料是如何分类的？
4. 维修电动机时，如何选用绝缘漆？
5. 怎样选用电动机的引出线？
6. 电动机电刷的技术要求有哪些？
7. 绝缘材料的代用原则是什么？
8. 使用润滑脂时应特别注意哪三个问题？

第4章 顺顺利利安装与拆装电动机

4.1 三相异步电动机的基本结构

为满足不同生产机械的要求，三相异步电动机的转子有两种不同形式，一种是鼠笼式转子，另一种是绕线式转子。生产生活中应用最广泛的是鼠笼式电动机。

虽然三相异步电动机的种类较多，如绕线式电动机、鼠笼式电动机等，但其结构是基本相同的，主要由定子和转子两大部分组成。在定子和转子之间有气隙，在定子两端有端盖及支撑转子的转轴，三相异步电动机的基本结构如图4－1所示。

图4－1　三相异步电动机的基本结构

要拆装电动机，必须知道电动机各个组成部分的作用和各个部分所处的大致位置，这样才能顺利做好电动机维护与维修工作。异步电动机各主要部件的作用，见表4－1。

表4－1　异步电动机各主要部件的作用

名称	实 物 图	作　用
散热筋片		向外部传导热量
机座		固定电动机
接线盒		电动机绕组与外部电源连接
铭牌		介绍电动机的类型、主要性能、技术指标和使用条件等
吊环		方便搬运和运输
定子		主要由定子铁心、定子绕组和外壳等部件组成。通入三相交流电源时产生旋转磁场。
转子		三相异步电动机的旋转部分，主要由转轴和转子导体等部件组成。在定子旋转磁场感应下产生电磁转矩，沿着旋转磁场方向转动，并输出动力带动生产机械运转
前、后端盖		用于固定支撑转子并起到保护作用
轴承盖		固定并保护轴承，防止轴承内的润滑脂向外溢出，同时还具有防尘作用
轴承		用于连接电动机的转动和静止两大部分，是保证电动机高速运转并处在中心位置的部件

续表

名称	实物图	作　用
风罩、风叶		冷却、防尘和安全保护

4.2 电动机安装

电动机安装前应进行必要的检查，如电动机应完好，无损伤现象，盘动转子应轻快，不应有卡阻及异常声响。定子和转子分箱装运的电动机，其铁心转子和轴颈应完整无锈蚀现象。电动机的附件、备件应齐全无损伤。

电动机的安装工作主要包括搬运、底座基础建造、地脚螺栓埋设、电动机安装就位与校正以及电动机传动装置的安装与校正等工序。

4.2.1 电动机的搬运

搬运前，要准备好搬运的工器具，如滚杠、撬棍、绳索等。对于100kg以下的电动机，可用铁棒穿过电动机上部吊环，由人力搬运，也可用绳子拴住电动机的吊环和底座，用杠棒来搬运，其方法和步骤如图4－2所示。注意不允许用绳子穿过电动机端盖抬电动机，也不允许用绳子套在转轴或带轮上搬运电动机，如图4－3所示。

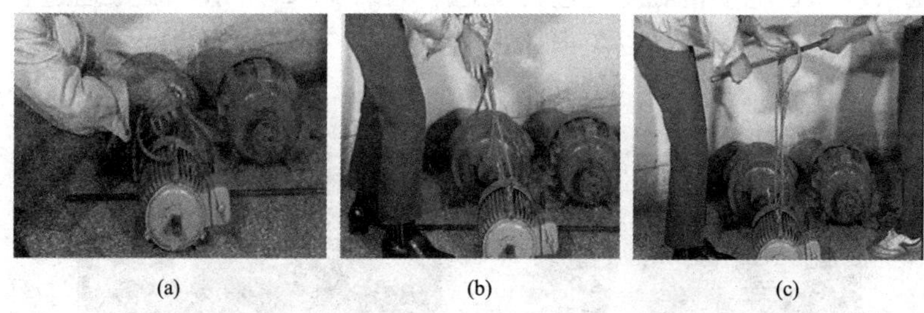

(a)　(b)　(c)

图4－2　人力抬电动机的方法和步骤

(a) 绳子穿入吊环；(b) 打好绳结；(c) 穿入杠棒

对于较大的电动机，用人力抬的方法比较困难，可用滚杠来搬运。其方法是在地面铺上圆形滚杠，将电动机放置在滚杠上面，再用撬棍撬动电动机，如图4－4所示。这种方法速度比较慢，一般适用于安装现场近距离搬运电动机。

图4－3　人力抬电动机的错误方法

图4－4　用滚杠搬运电动机

对于大中型电动机，一般用起重机械进行搬运。搬运时，可将钢丝绳穿入吊环，也可以套在电动机底座上进行搬运，如图4－5所示。在搬运过程中，要注意防止电动机左右摆动，以免损坏其他设备。

图4－5　用起重机搬运电动机

4.2.2　底座基础建造与地脚螺栓埋设

电动机底座基础一般用混凝土浇铸或用砖砌成，基础高度一般为

100～150cm，基础各边应超出电动机底座边缘100～150mm，以保证电动机底座有足够的强度，如图4－6所示。同时，固定在基础上的电动机，一般应有不小于1.2m的维护通道。

稳固电动机的地脚螺栓应与混凝土基础牢固地结合成一体，浇灌前预留孔应清洗干净，螺栓本身不应歪斜，机械强度应满足要求。地脚螺栓如图4－7所示，其六角头人字开叉口一端的埋入深度要达到螺栓直径的10倍，人字开叉口应埋入深度的一半。

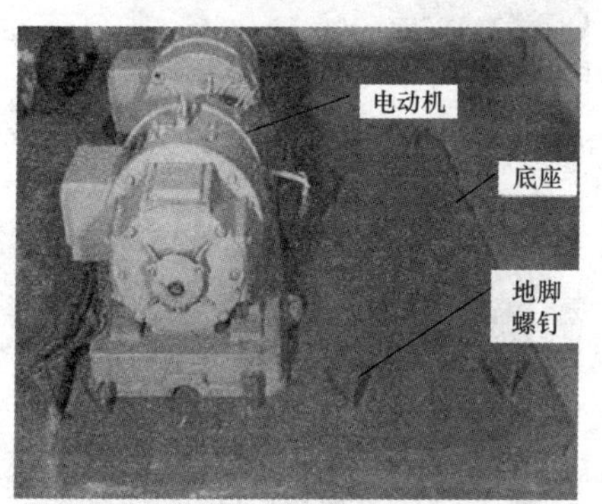

图4－6 电动机的混凝土底座

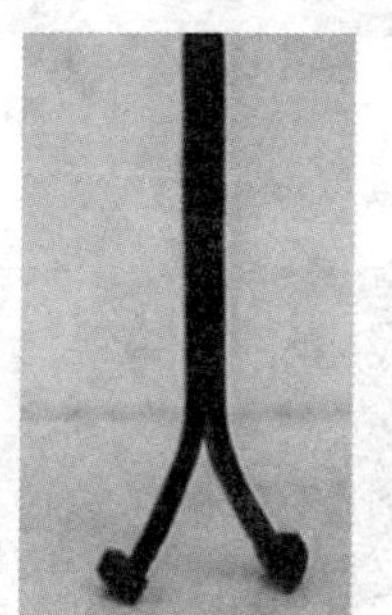
图4－7 地脚螺栓

4.2.3 电动机安装就位与校正

装电动机时，应在混凝土基础与电动机之间装入防振木，如图4－8所示，拧螺母时按照对角顺序拧紧，每个螺母要拧得一样紧，如图4－9所示。为保证防振木与基础面接触严密，电机底座安装完毕后，一般还要进行二次灌浆处理。

图4－8 装入防振木

4.2.4 传动装置的安装和校正

1. 齿轮传动装置的安装和校正

安装齿轮传动装置时，安装的齿轮要与电动机配套，转轴纵横尺寸要配合安装齿轮的尺寸，所装齿轮与被动轮应配套，如模数、直径和齿形等，如图4－10所示。

圆齿轮中心线应平行，齿轮传动时，接触部分不应小于齿宽的2/3。伞形齿轮中心线应按规定角度交叉，咬合程度应一致。可用塞尺测量两齿轮间的齿间间隙，如果间隙均匀说明两轴已平行，如图4－11所示。否则，应予以调整。

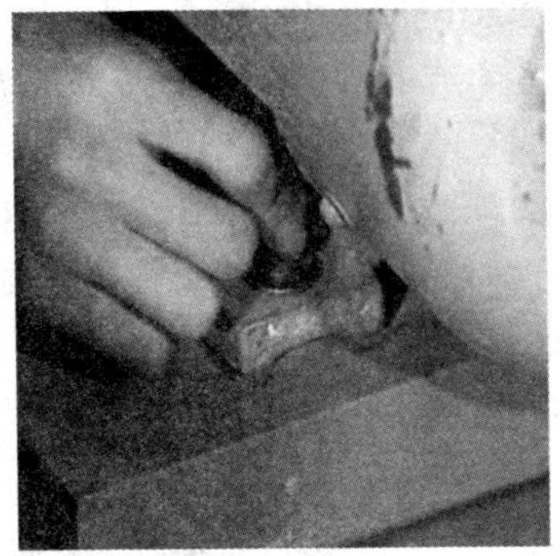
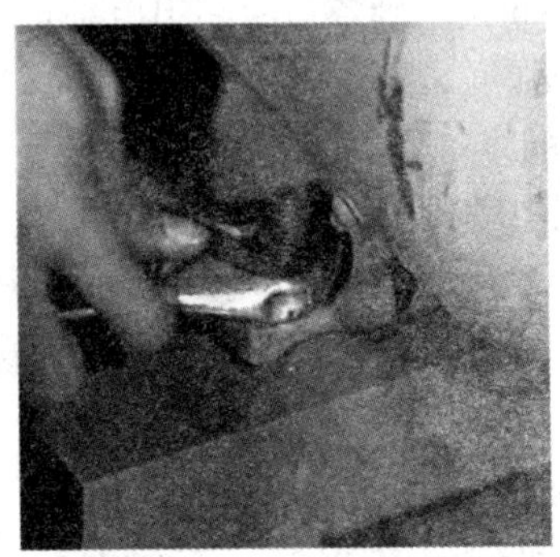

图 4－9　固定电动机螺栓的方法

图 4－10　齿轮传动装置

图 4－11　塞尺测量齿间间隙

2. 带传动装置的安装和校正

安装带传动装置时，两个带轮的直径大小必须配套，如图 4－12 所示。若大小轮换错则会造成事故。两个带轮要安装在同一条直线上，且两轴要安装平行。否则，会增加传动装置的能量损耗，还会损坏皮带；若是平带，则易造成脱带事故。

带轮传动时，必须使电动机带轮的轴和被传动机器轴保持平行，同时，还要使两带轮宽度的中心线在同一直线。校正时，可用一根线接触两个带轮的 A、B、C、D 四点，如果四点在同一直线上，说明符合使用要求，如图 4－13 所示。

3. 联轴器传动装置的安装和校正

常用的弹性联轴器在安装时应先把两片联轴器分别装在电动机和机械的轴上，然后把电动机移近连接处；当两轴相对处于一条直线上时，先初步拧紧电动机的机座地脚螺栓，但不要拧得太紧，接着用钢直尺搁在两半片联轴器上，

图 4－12　带传动装置

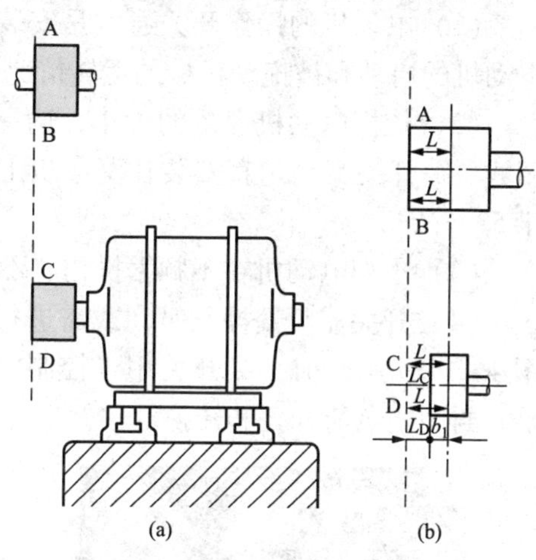

图 4－13　带轮宽度中心线校正

（a）未校正；（b）已校正

如图 4－14 所示。然后，用手转动电动机转轴并旋转 180°，看两半片联轴器是否有高低，若有高低应予以纠正至高低一致。只有电动机和机械的轴处于同轴状态，才可把联轴器和地脚螺栓拧紧。

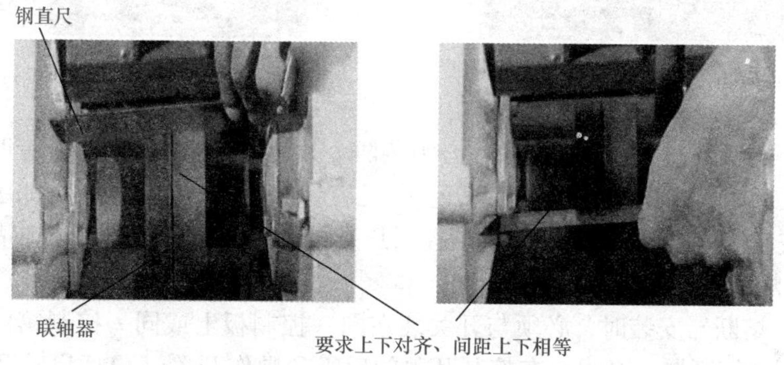

图 4－14　联轴器的校正

4.3　操作控制保护装置及电源线的安装

4.3.1　操作控制开关的安装

每一台电动机都必须配备一套能单独进行操作控制的控制开关和单独进行短路及过载保护的保护电器，为电动机正常工作“保驾护航”。

(1) 电动机的操作开关通常是安装在电动机的右侧，以便操作时能监视到电动机的启动和被拖动机械的运转情况。

(2) 依据电动机容量的大小，选择适当的操作开关（断路器，刀开关、封闭式负荷开关等）垂直安装在配电板上，如图 4－15 所示。断路器倾斜度不大于5°。

(3) 小型电动机在不频繁操作、不换向、不变速时，只用一个开关。

(4) 开关需频繁操作时，或需进行换向和变速操作的则需装两个开关，如图4－16 所示。前一级开关用于控制电源，称为控制开关，常用的有低压断路器、封闭式负荷开关和转换开关。

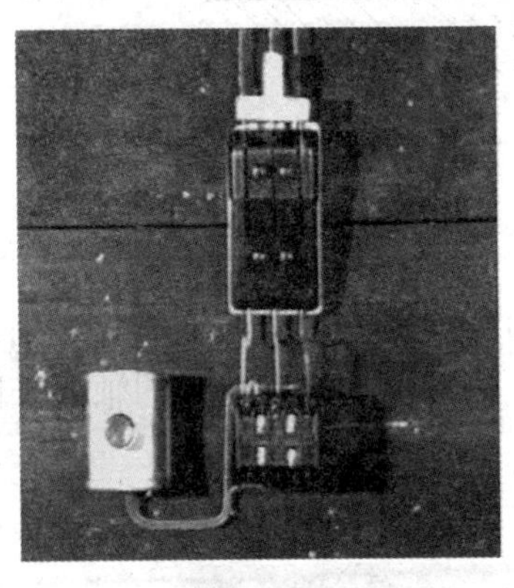

图4－15　电动机点动控制开关

图4－16　电动机正反转控制开关

(5) 凡无明显分断点的开关，必须装两个开关，即前一级装一个有明显分断点的开关，如隔离开关等作为控制开关。凡容易产生误动作的开关，如手柄倒顺开关、按钮等，也必须在前一级加装控制开关，以防开关误动作而造成事故。

4.3.2　熔断器的安装

(1) 熔断器安装时，必须与开关装在同一控制板上或同一控制箱内。凡作为保护用的熔断器，必须装在控制开关的后级和操作开关（包括启动开关）的前级。三相回路分别安装的熔丝规格、型号应相同，并应串联在三根相线上，如图4－17 所示。

(2) 用低压断路器作为控制开关时，应在低压断路器的前一级加装一道熔断器作为双重保护。当热脱扣器失灵时，能由熔断器起保护作用，同时兼隔离开关之用，以便维修时切断电源，如图 4－18 所示。

(3) 采用倒顺开关和电磁启动器操作时，前级用分断点明显的组合开关作为控制开关（一般机床的电气控制常用这种形式)，必须在两极开关之间安装熔断器，如图4－19 所示。

图4－17　熔断器串联在三根相线上

图4－18　启动控制电路中应用的熔断器

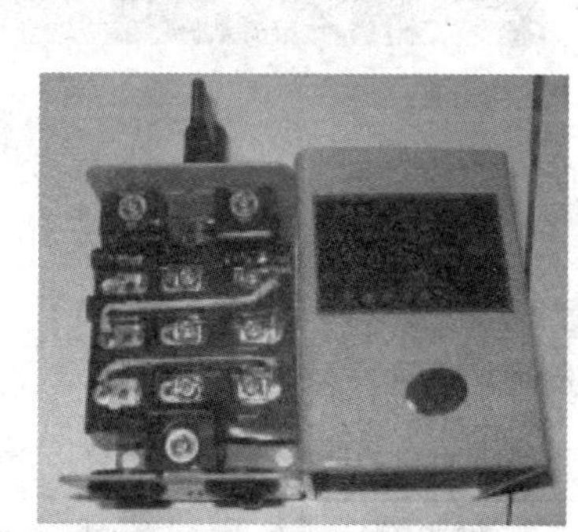

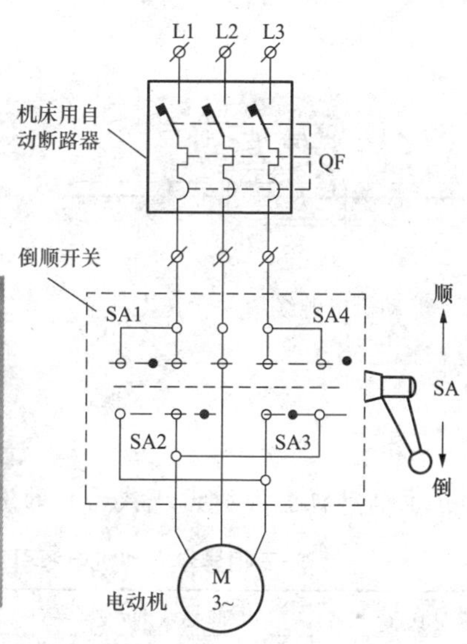

图4－19　倒顺开关及其构成的正反转控制电路

4.3.3　电源管线的安装

电动机电源管线的安装一般采用两种方法：一种是把电动机四根电源线（其中有一根为电动机保护零线或是地线）先穿入具有阻燃性能的塑料管内，然后从电源开关下桩头明敷到电动机接线盒边；另一种是预埋钢管法。用预埋钢管法安装较为美观，并且安装正规、安全系数高、使用长久，目前在很多地方或单位都广泛采用。一般穿导线的钢管应在浇注混凝土前埋好，连接电动机一端的钢管管口高出地面不得少于100mm，并最好用蛇形管（带）或软管伸入接线盒内。如图4－20所示。

用钢管敷设电动机电源线时，要求一台电动机的三根电源线同时穿入这一根钢管内，并且要对这根穿电线的钢管做接零或接地处理（两头在穿线前焊接接零或接地螺栓，用多股铜导线一端连接到电动机外壳上，一端与三相四线制的零线或地线连接），以确保电气运行安全。

如前所述，采用地下管敷设时，连接电动机一端的管口离地不得小于100mm，并应让它尽量接近电动机的接线盒。另一端尽量接近电动机的操作开关，最好用软管伸入接线盒，如图4－21所示。

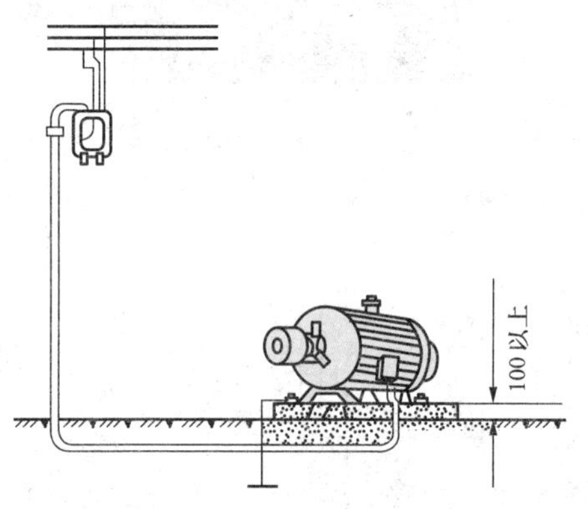

图4－20　电动机电源线用钢管安装示意

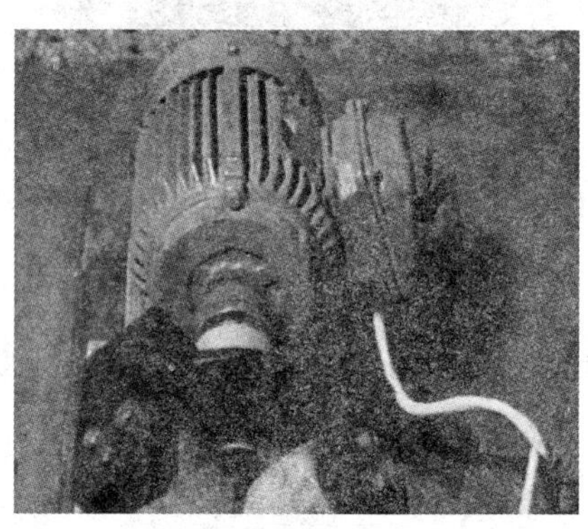
图4－21　到电动机接线盒导线的敷设

【知识链接】

三相异步电动机电源引出线截面积的选择见表4－2。

表4－2　三相异步电动机电源引出线截面积的选择

电流（A）	截面积（mm^2）	电流（A）	截面积（mm^2）
<6	1	61～90	16
6～10	1.5	91～120	25
11～20	2.5	121～150	35
21～30	4	151～190	50
31～45	6	191～240	70
46～60	10	241～290	95

4.3.4　保护接地及接零安装

为了防止电动机绕组的保护绝缘层损坏发生漏电时造成人身触电，必须给电动机装设保护接地线或保护接零装置，以保障人身安全。

电动机接入三相电源时，若电网中性点不直接接地，这些电动机应采取保护接地措施，其方法是把电动机外壳用接地线连接起来。一般采用较粗的铜线（不小于4mm²）与接地极可靠连接，这种方法称为保护接地，接地电阻一般不大于4Ω。其原理是，一旦电动机发生漏电现象，人身碰触电动机外壳时或是通过金属管道传到其他金属连接体处发生漏电时，由于人体电阻比接地电阻大得多，漏电电流主要经接地线流入大地，人体不致通过较大的电流而危及生命，从而保护了人身安全。电动机采用接地保护示意如图4－22所示。

如果电网中性点直接接地，则可采用保护接零措施。其方法是将电动机的外壳用铜导线与三相四线制电网的中性线相连接，如图4－23所示。这种保护措施比较安全可靠，现已被广泛采用。它的原理是，一旦发生电动机外壳漏电现象，会迅速地形成较大的短路电流，使电路中的熔断器熔断或使断路器等过流装置跳闸，从而断开电源，保护人身不受触电的危害。

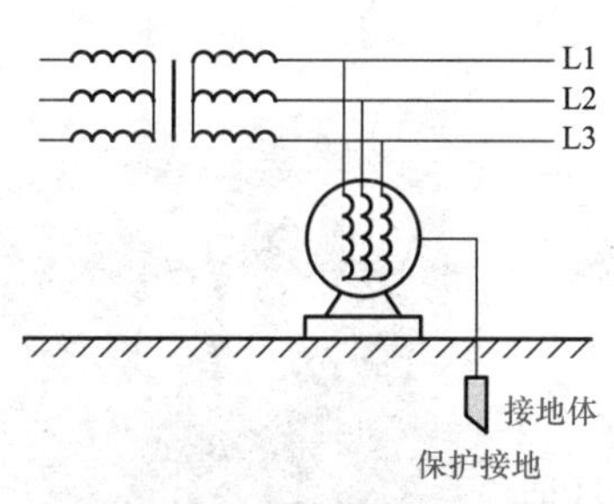

图4－22 电动机保护接地

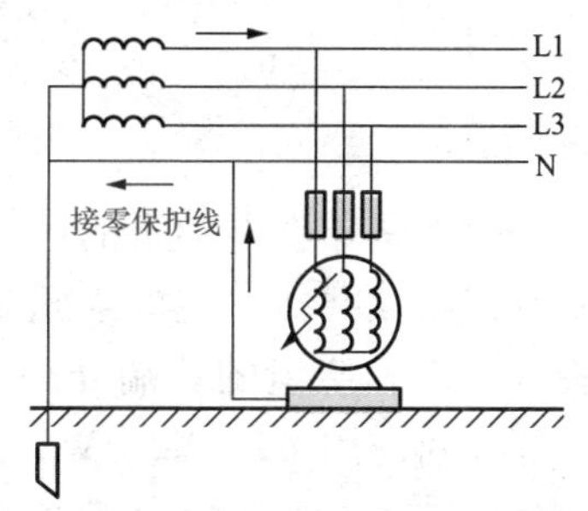

图4－23 电动机保护接零

特别提醒，在同一个三相四线制供电系统中，不允许一部分电动机设备的外壳采用保护接地而另一部分的电气部分的外壳采用保护接零。

【知识链接】

接地体的安装

埋设接地装置的接地体可采用较粗的钢管、角钢等金属物，钢管壁厚最好不少于3.5mm，长度一般在2～3m之间，但不能小于2m。接地体应垂直埋入地下，如图4－24所示。为了便于打入地下，接地体前端做成尖状。为减少接地电阻，接地体的数目要在三个以上，最好埋在地下形成三角形，并将其连为一体。在它们周围加些降阻剂。最后把接地体周围保护起来，尽量避免行人触及。

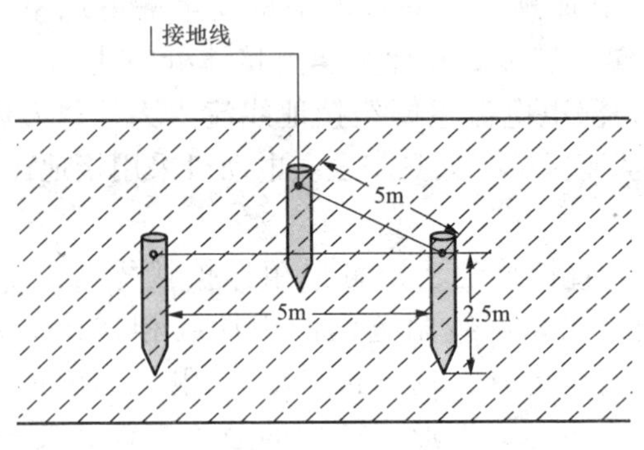

图4－24　接地体的安装

4.3.5　接线盒接线

定子绕组是异步电动机的电路部分，它由三相对称绕组组成并按一定的空间角度依次嵌放在定子槽内。三相绕组的首端分别用U1、V1、W1表示，尾端对应用U2、V2、W2表示。为了便于变换接法，三相绕组的六个端子头都引到电动机接线盒内的接线柱上，如图4－25所示。

图4－25　电动机的接线盒

三相定子绕组按电源电压的不同和电动机铭牌上的要求，可接成星形（Y）或三角形（△）两种形式。

（1）星形连接。将三相绕组的尾端U2、V2、W2短接在一起，首端U1、V1、W1分别接三相电源。

（2）三角形连接。将第一相的尾端U2与第二相的首端V1短接，第二相的尾端V2与第三相的首端W1短接，第三相的尾端W2与第一相的首端U1短接；然后将U1、V1、W1分别接到三相电源上。

异步电动机三相绕组的接法见表4－3。

表 4-3　　异步电动机三相绕组的接法

连接法	接线实物图	接线图	原理图
Y接法			
△接法			

异步电动机不管星形接法还是三角形接法，调换三相电源的任意两相，即可得到方向相反的转向。

4.3.6　判别各相绕组的首尾端

当电动机的六个出线端标号失落或标号不清或重绕绕组之后，这时，就需要查出哪两个出线端是属于同一相。判别电动机各相绕组的首尾端的方法较多，这里向读者推荐万用表毫安挡测量法。因为这种方法只需要用一块万用表就能够判断出三相绕组的首尾端，比起用电池法、变压器法判断出三相绕组的首尾端，其操作方法更简单。

（1）判断出同相绕组。先将万用表置于“R×1k”或“R×100”挡，判断出电动机三相绕组引出的六个端子中每相绕组的两个端子，如图 4-26（a）所示。

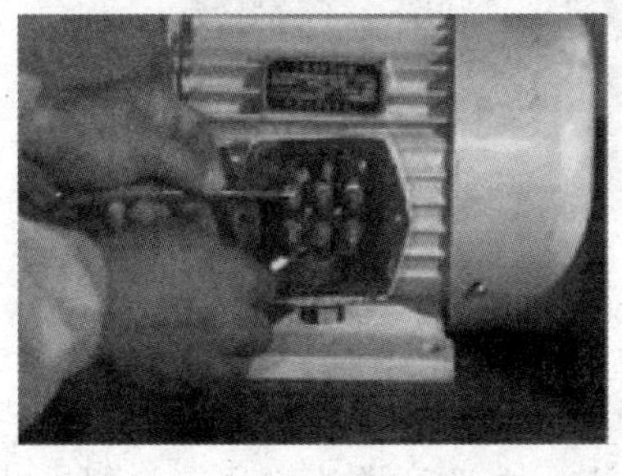
(a)

(b)

图 4-26　用万用表判断定子绕组首尾端

（a）用万用表判定同相绕组；（b）判断出绕组首尾端

（2）判断出绕组的首端和尾端。从三相绕组的每相绕组中各取一个端子短接在一起，假设它们为首端，另外三个端子作为尾端，三根线头也短接起来，如图 4 – 26（b）所示。

这时，万用表置于最小毫安挡，红、黑表笔分别接于假设的首端和尾端，转动电动机的转子，观察表针的变化情况。如果表针不动，说明假设正确，如果表针摆动，说明假设错误。此时交换三相绕组中任一相绕组的两个端子，重新转动转子，如果表针不动，说明假设正确，如果表针摆动，说明假设错误。以此类推，从而判断出了电动机定子绕组的首尾，即其中的一端为首端，另一端为尾端。

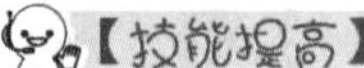
【技能提高】

电动机绕组首尾端判定

在电工技能鉴定时，一般是将三相异步电动机定子绕组的六个端子用导线引出来，如图 4 – 27 所示，要求考生在规定的时间内，能够正确判断出绕组的首尾端，测量绕组相与相、相与地的绝缘电阻，再按照要求做三角形接法或星形接法，通电用钳形电流表测量电动机的电流。

图 4 – 27　把六个端子用导线引出来

为避免失误和节省测量时间，用万用表电阻 R×10 或 R×100 挡判断出一个绕组后，可将该绕组的两根导线打一个结，按照同样的方法，把判断出的第二个、第三个绕组的两根导线也分别打结，如图 4 – 28 所示。这样，在下一步判断绕组首尾、测量绝缘电阻和测量电流时，就不会再花费时间去找哪两根导线属于同相的。

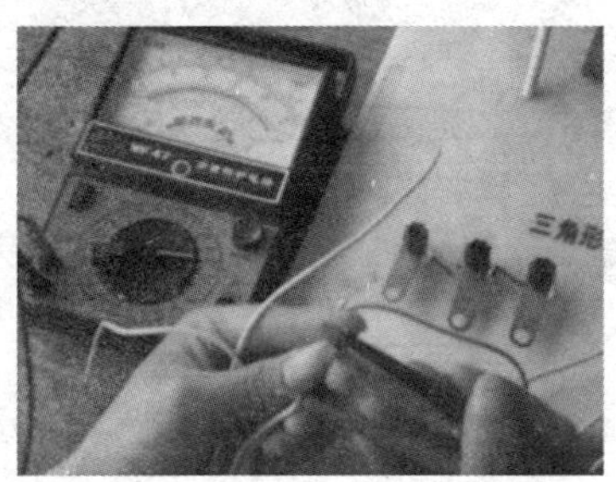

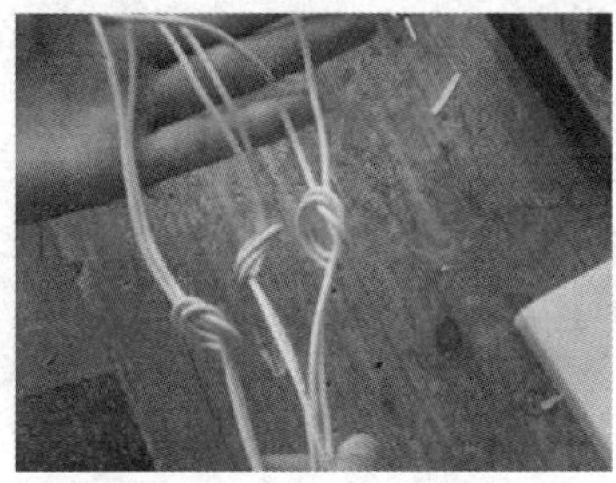

图 4－28　同一绕组的两根导线分别打结

在判断绕组首尾时，万用表置于最小电流挡（如 50mA 挡），将假定为首端的三根导线短接起来后与红表笔头缠在一起，假定尾端的三根导线短接起来后与黑表笔头缠在一起，用一只手转动电动机的转子，用眼仔细观察表针是否摆动，表针不动，说明假定正确；表针摆动，说明假定错误。整个判断过程如图 4－29 所示。

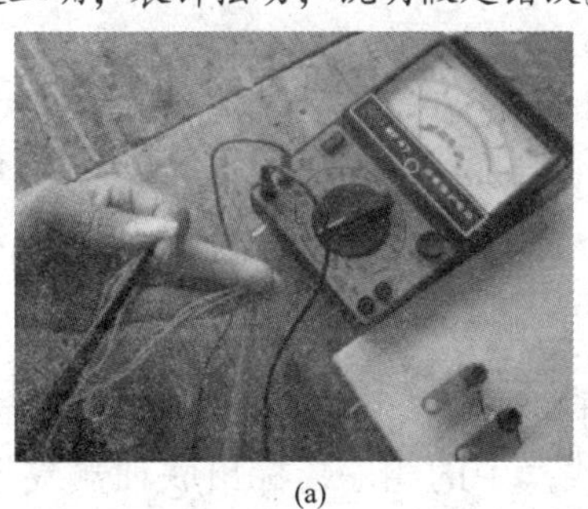

(a)

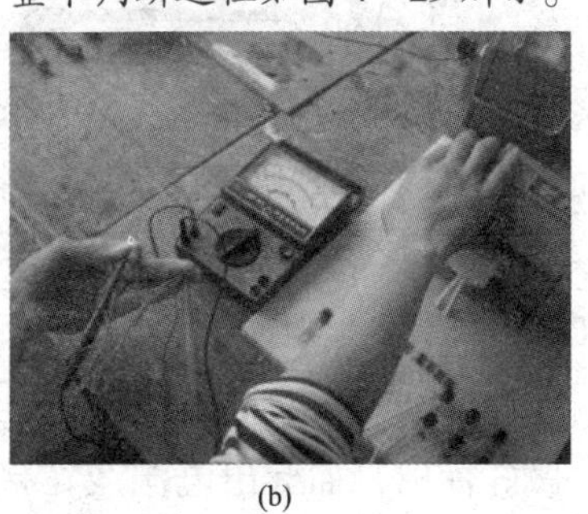

(b)

图 4－29　用万用表判断绕组首尾

（a）将假定的首尾端与表笔缠在一起；（b）转动转子并观察表针是否摆动

4.4　电动机的拆卸与组装

电动机的拆卸和组装是修理电动机的基本功，掌握正确的拆卸与组装方法才能不损坏电动机或影响电动机的修理质量。

4.4.1　电动机的拆卸

1. 拆卸前的准备

（1）备齐拆装工具，特别是拉具、套筒、钢铜套等专用工具，一定要准备好，如图4－30所示。

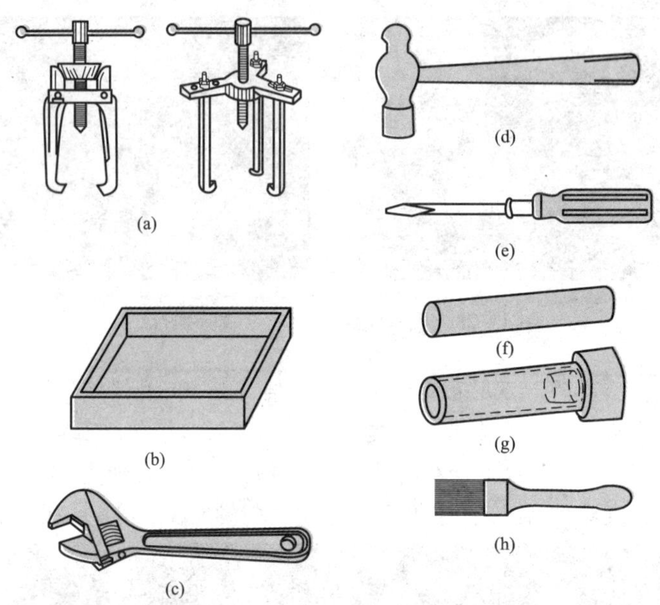

图4－30　拆卸电动机的常用工具

（a）拉钩；（b）油盘；（c）活扳手；（d）榔头；（e）螺丝刀；（f）紫铜棒；（g）钢套管；（h）毛刷

（2）选好电动机拆装的合适地点，并事先清洁和整理好现场环境。

（3）做好标记，如标出电源线在接线盒中的相序，标出联轴器或带轮与轴台的距离，标出端盖、轴承、轴承盖和机座的负荷端与非负荷端，标出机座在基础上的准确位置，标出绕组引出线在机座上的出口方向。

（4）拆除电源线和保护接地线。

（5）拆下地脚螺钉，将电动机拆离基础并运至解体现场，若机座与基础之间有垫片，应做好记录并妥善保存。

2. 拆卸步骤

拆卸电动机，可按照以下步骤进行：带轮或联轴器→风罩→风叶→端盖→取出转子和后端盖→取出转子。

3. 几个主要部件的拆卸方法

（1）联轴器或带轮的拆卸。先旋松带轮上的定位螺钉或定位销，在带轮或联轴器内孔和转轴结合部加入煤油或柴油，再用拉具钩住联轴器或带轮缓缓拉出，如图4－31所示。若遇到转轴与带轮结合处锈死或配合过紧，拉不下来时，可用加热法解决。

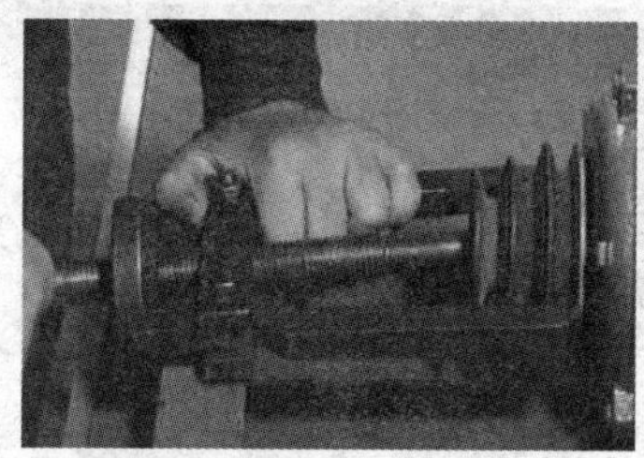

图 4－31　用拉具拆卸带轮

其方法是：先将拉具装好并扭紧到一定程度，用石棉绳包住转轴，将氧炔焰或喷灯快速而均匀地加热带轮或联轴器，待温度升到 250℃左右时，加力旋转拉具螺杆，即可将带轮或联轴器拔下。

（2）拆卸端盖和抽出转子。

1）拆卸风罩和风叶，如图 4－32 所示。小型异步电动机的风叶一般不用卸下，可随转子一起抽出来，但必须注意不能让它产生变形，更不能损坏风叶。

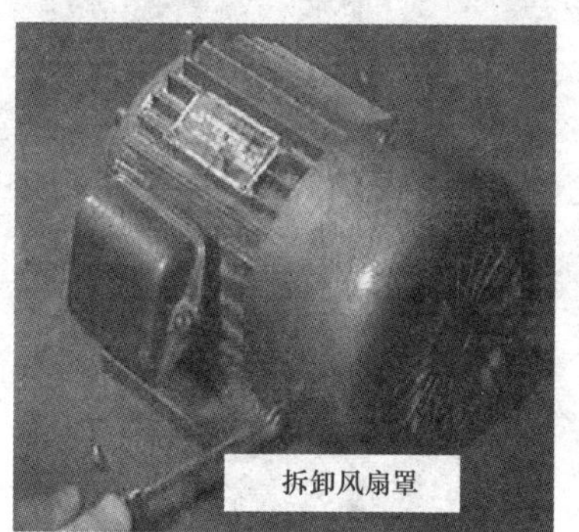

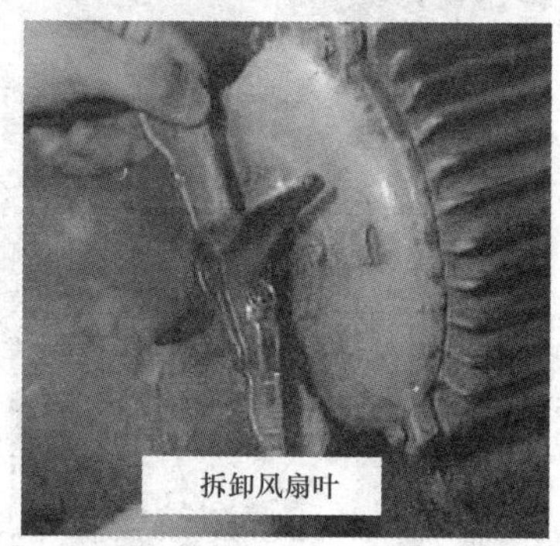

图 4－32　拆卸风罩和风叶

2）做对正记号。在拆卸端盖前，应检查端盖与机座的紧固件是否齐全，端盖是否有损伤，并在端盖与机座接合处做好对正记号，如图 4－33 所示，做记号的目的是装配时能保证质量，使其各部分都处于原始状态。

3）卸下端盖紧固螺栓。取下前、后轴承外盖，再卸下前后端盖紧固螺栓，如图 4－34 所示。

4）拆卸端盖。如果是中型以上的电动机，端盖上备有顶松螺钉，可对顶松螺钉均匀加力，将端盖从止口中顶出。

没有顶松螺钉的端盖，可用螺丝刀或撬棍在周围接缝中均匀加力，将端盖撬出止口，如图 4－35（a）所示；也可在拧下前、后轴承盖螺钉后用木锤沿着正对敲打转轴，使其轴退出一定的位置，如图 4－35（b）所示。

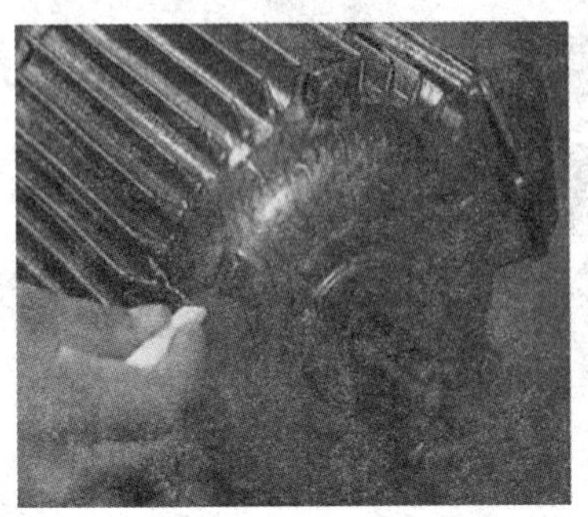

图 4－33 做对正记号

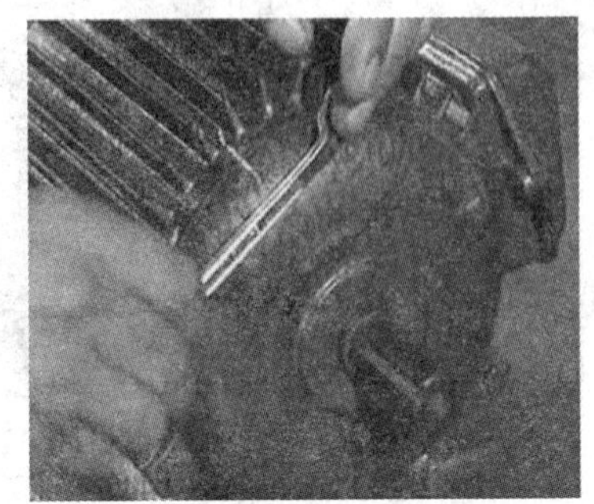

图 4－34 卸下端盖紧固螺栓

(a)

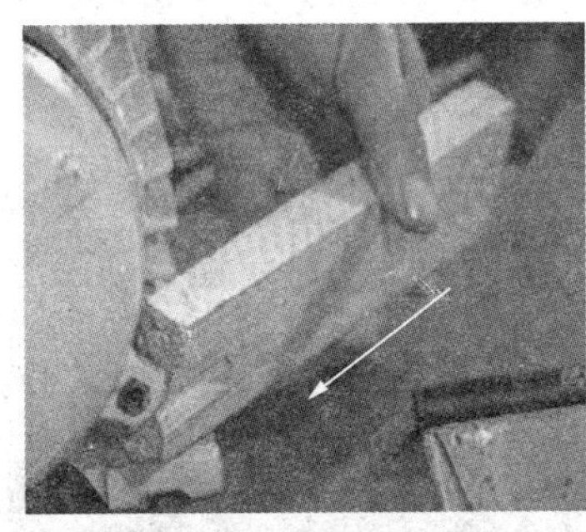

(b)

(c)

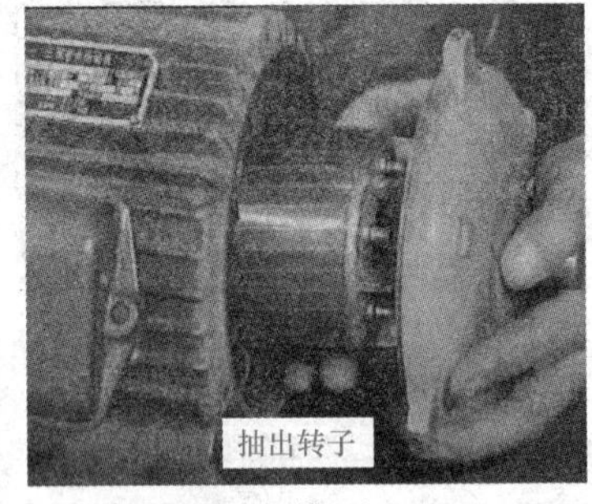

(d)

图 4－35 拆卸端盖并抽出转子

（a）用螺丝刀撬松止口；（b）借助木方块敲打端盖止口；
（c）用木锤敲打转轴；（d）用手抽出转子

若是拆卸小型电动机，在轴承盖螺钉和端盖螺钉全部拆掉后，可双手抱住电动机，使其竖直，轴头长端向下，利用自身重力，在垫有厚木板的地面上轻轻一触，就可松脱端盖。

对于较重的端盖，在拆卸前，必须用起重设备将端盖吊好或垫好，以免在拆下时损坏端盖或碰伤其他机件，甚至伤及操作人员。

5）抽出转子。在抽出转子前，应在转子下面气隙和绕组端部垫上厚纸板，以免抽出转子时，碰伤绕组或铁心。对于30kg以内的转子，可直接用手抽出，如图4－35（d）所示。

较大的电动机，如果转子轴伸出机座部分足够长，可用起重设备吊出。起吊时，应特别注意保护轴颈、定子绕组和转子铁心风道。如果转子轴伸出机座的部分较短，可先在转子轴的一端或两端加套钢管接长，形成所谓假轴。

吊出转子时分两步进行：第一步用绳子套在两端的轴（或假轴）上，将转子的一部分吊出定子，并将伸出定子的一端轴颈用木块垫好。第二步将绳子换在转子中部的重心范围，将其吊出。在吊出转子过程中，还要注意对电动机其他有关部分的保护。

（3）拆卸电刷装置。对于绕线式电动机，还应将电刷装置拆除。拆卸方法如下。

1）先拆卸电刷装置盖，如图4－36（a）所示，再取下电刷、刷杆、刷杆座和导线等，如图4－36（b）所示。

(a)

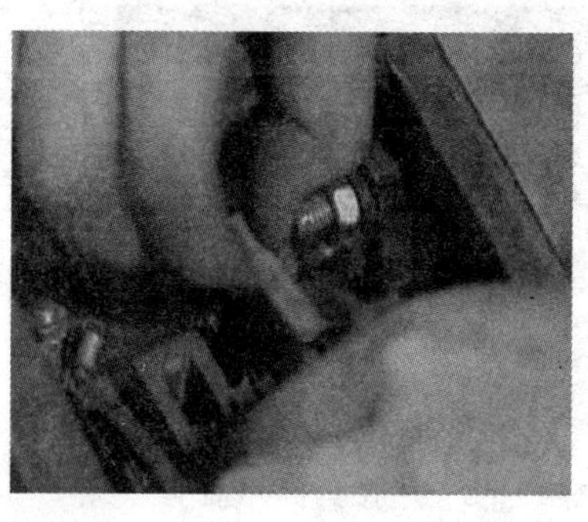

(b)

图4－36　拆卸电刷（一）

（a）拆卸电刷装置盖；（b）分别取下电刷装置配件

2）也可以在拆下电刷导线后［如图4－37（a）所示］，将余下部分一同取下，如图4－37（b）所示。

拆卸绕线式电动机端盖前，也可以先将电刷架先拆下来。

在拆电刷前，同样应在刷架和端盖处做好标记后再拆除。在拆卸时，不要将电刷损坏，并应注意电刷的方向和磨损情况，以保证安装时恢复原状。

（4）轴承的拆卸。在转轴上拆卸轴承常用以下三种方法。

1）用拉具拆卸轴承。按照拉具拆卸带轮的方法将轴承从轴上拉出来，如图4－38所示。

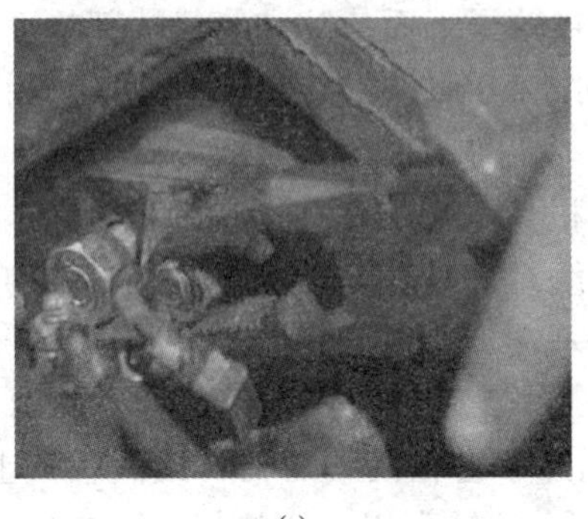

(a)

(b)

图 4-37 拆卸电刷（二）

（a）拆下电刷导线；（b）整体取大电刷装置

2）用铜棒拆卸轴承。在没有拉具的情况下，可用铜棒的端部从倾斜方向顶住轴承内圈，边用木锤敲打，边将铜棒沿轴承内圈移动，以使轴承周围均匀受力，直到卸下轴承，如图 4-39 所示。

图 4-38 用拉具拆卸轴承

图 4-39 用铜棒拆卸轴承

3）放在圆筒或支架上拆卸轴承。用两块厚铁板在轴承内圈下边夹住转轴，并用能容纳转子的圆筒或支架支住，在转轴上端垫上厚木板或铜板，敲打取下轴承。

有的电动机端盖轴承孔与轴承外圈的配合比轴承内圈与转轴的配合更紧，在拆卸端盖时，使轴承留在端盖轴承孔中，拆卸时将端盖止口面向上平稳放置，在端盖轴承孔四周垫上木板，但不能抵住轴承，然后用一根直径略小于轴承外沿的铜棒或其他金属棒，抵住轴承外圈，从上方用木锤将轴承向下敲出，如图 4-40 所示。

4.4.2 电动机的组装

电动机的组装步骤，原则上与拆卸步骤相反。

1. 组装前的准备与检查

图 4－40　搁在支架上拆卸轴承

（1）认真检查装配工具是否齐备、适用，检查装配环境、场地是否清洁、合适。

（2）彻底清扫定子、转子内表面的尘垢、漆瘤，特别是机座和端盖止口上的尘垢和漆瘤一定要用刮刀清除干净，否则会影响装配质量。

（3）检查槽楔、绑扎带和绝缘材料是否到位，是否有松动、脱落，有无高出定子铁心表面的地方；如有，应清除掉。

（4）检查各相定子绕组的冷态直流电阻，各相绕组对地绝缘电阻和相间绝缘电阻是否符合规定值。

2. 主要零部件的组装方法

（1）轴承的清洗、润滑和安装。

1）清洗。轴承在装配前，应认真进行清洗。洗去轴承内的杂物、脏物以及轴承上的防锈剂。否则这些杂物将增大电动机的振动和噪声，加速轴承的磨损。在电动机修理中，用防锈油脂封存的轴承，可用煤油或汽油清洗；用防锈油脂和高黏度油进行防护的轴承，可先将轴承放入温度不超过 100℃ 的轻质矿物油（如L－AN15 机油或变压器油）中溶解，待防锈油脂完全溶解后，再从油中取出，冷却后用汽油或煤油清洗。清洗干净的轴承，应用干净的纸或布垫在轴承下面，也不要用它来检查与轴的配合尺寸，以防止轴承受到损伤和污染。

2）润滑。电动机轴承的使用寿命与使用润滑脂和润滑条件密切相关。一般轴承宜在运转 5000h 后进行清洗、换油。换用的润滑脂应根据电动机形式、工作条件、工作环境等合理选用。中、小型电动机常用的滚动轴承润滑脂见表 4－4。

表 4－4　　滚动轴承常用润滑脂

名称	牌号	序号	最低工作温度（℃）	最高工作温度（℃）	颜色性状	特性与用途
钙基润滑脂	SYB1401－62	1	≥－10	70	黄色到暗褐色软膏状	抗水性较强；适用于温度较低，含有水分或在与水接触条件下工作的封闭式电动机
		2		75		
		3		80		
		4		85		

续表

名称	牌号	序号	最低工作温度（℃）	最高工作温度（℃）	颜色性状	特性与用途
钠基润滑脂	SYB1042－62	1	≥－10	120	深黄色到暗褐色软膏状	亲水性强，易溶于水；适用于干燥、无水高温环境下运行的开启式电动机
		2		140		
钙钠基润滑脂	SYB1043－59	1	≥－10	110	黄色到深棕色软膏状	抗水性较差；适用于有水蒸气的环境或在高温环境下工作的开启式电动机
		2		125		
复合钙基脂	SYB1407－59	1	≥－40	170	淡黄色到暗褐色光滑透明油膏状	抗水性强；适用于高温运行，有水接触及严重水分的场合中运行的封闭式电动机
		2		180		
		3		190		
		4		200		
二硫化钼润滑脂	HSY－101 HSY－103	1	≥－40	100	深灰色或灰褐色光泽软膏状	适用于高温和潮湿工作环境，属于湿热带电动机应用的润滑脂
		3		140		
		4		100		
		5		100		
复合铝基脂	HSY－101 HSY－103	—	—	200	黄褐色软膏状	适用于高温工作条件，有水接触及严重水分场合运行的封闭式或开启式电动机

轴承室内润滑脂过多或过少，都会造成轴承转动时的过热现象（润滑脂过少，润滑作用不足；润滑脂过多，产生的阻力过大）。一般加入的润滑脂，应占轴承室间隙的1/2～2/3，如图4－41所示。

图4－41　加入的润滑脂要适量

3）轴承安装。组装前应检查轴承滚动件是否转动灵活而又不松旷。再检查轴承内圈与轴颈，外圈与端盖轴承座孔之间的配合情况和光洁度是否符合要求。

轴承安装有两种方法：冷套法和热套法。

a）冷套法。在轴承内盖油槽加足润滑脂后，先套在轴上，然后再装轴承，如图4-42所示。为使轴承内圈受力均匀，可用一根内径比转轴外径大而比轴承内圈外径略小的套筒抵住轴承内圈，将其敲打到位。若找不到套筒，可用一根铜棒抵住轴内圈，沿内圈圆周均匀敲打，使其到位。

装内轴承盖

装轴承

图4-42 先装内轴承盖再装轴承

b）热套法。如果轴承与轴颈配合过紧，不易敲打到位，可采用热套法安装。热套法是把轴承放在清洁的机油中加热至110℃左右，让轴承内圈膨胀大后，趁热稍用力迅速套上轴颈。注意，在加热时必须把轴承挂在油槽的中部，不能放在油槽底部，否则容易使轴承局部退火，失去原有硬度，缩短轴承的使用寿命。

【知识点拨】

无论采用什么方法安装轴承，最后都应在轴承室内加入适量的润滑脂。还有一点值得注意，轴承型号标志必须向外，以便下次更换时查对轴承型号。

（2）端盖的组装。

1）后端盖的组装。后端盖应装在转轴较短的一端的轴承上。组装时，将转子竖直放置，使后端盖轴承座孔对准轴承外圈套上，然后一边使端盖在轴上缓慢转动，一边用木锤均匀敲打端盖的中央部分，如图4-43（a）所示。如果用铁锤，被敲打面必须垫上木板，直到端盖到位为止，然后套上后轴承外盖（有的端盖无外盖）。紧固轴承盖螺栓时，应轮流紧固，如图4-43（b）所示，以免出现组装质量问题。

将转子送入定子内腔中，按拆卸时所作的标记合上后端盖，不断用木锤在端盖靠近中央部分均匀敲打直至到位，按对角交替的顺序拧紧后端盖紧固螺栓，如图4-44所示。

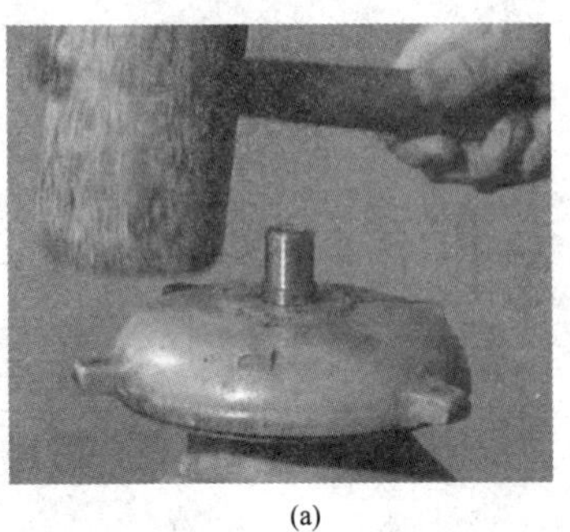
(a)

(b)

图 4-43　组装后端盖

（a）用木锤敲打端盖；（b）轮流紧固螺栓

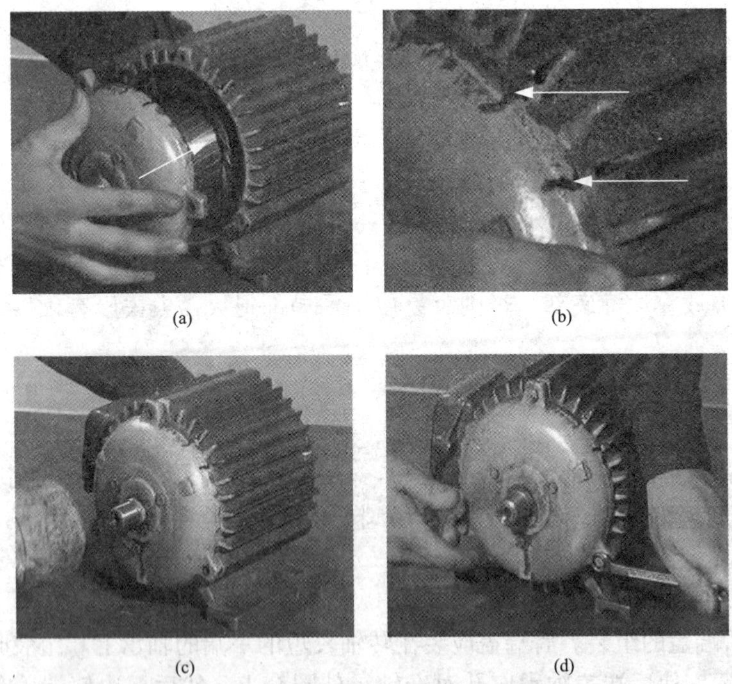
(a) (b) (c) (d)

图 4-44　送入转子并固定后端盖

（a）送入转子；（b）对准标记；（c）敲打端盖；（d）紧固螺栓

2）前端盖的组装。将前轴承内盖与前轴承按规定加足润滑油，参照后端盖的装配方法将前端盖装配到位。在装配前，先用螺丝刀清除机座和端盖止口上的杂物和锈斑，然后装到机座上，按对角交替顺序旋紧螺栓。

在装配前轴承外盖时，由于无法观察前轴承内盖螺孔与端盖螺孔是否对齐，会影响前轴承外盖的装配进度。可用以下两种方法解决这一问题。

第一种方法是当端盖固定到位后，将前轴承外盖与端盖螺孔对齐，用一颗轴承盖螺钉伸进端盖上的一个孔，边旋动转轴，边轻轻在顺时针方向拧紧螺钉，一旦前轴承内盖螺孔旋转到对准螺钉时，趁势将螺钉拧进，如图 4－45 所示。

图 4－45　装端盖螺钉

第二种方法如图 4－46 所示，用三根比轴承盖螺钉更长的硬线，先将硬线的一端弯上一个小钩，把有小钩的一端穿入前轴承内盖螺钉孔内；再按照拆卸前所做的对准标记，将这三根硬线穿入前外端盖上相应的轴承盖螺孔中；用力推入前端盖，待基本到位时用木锤敲打前端盖；按照

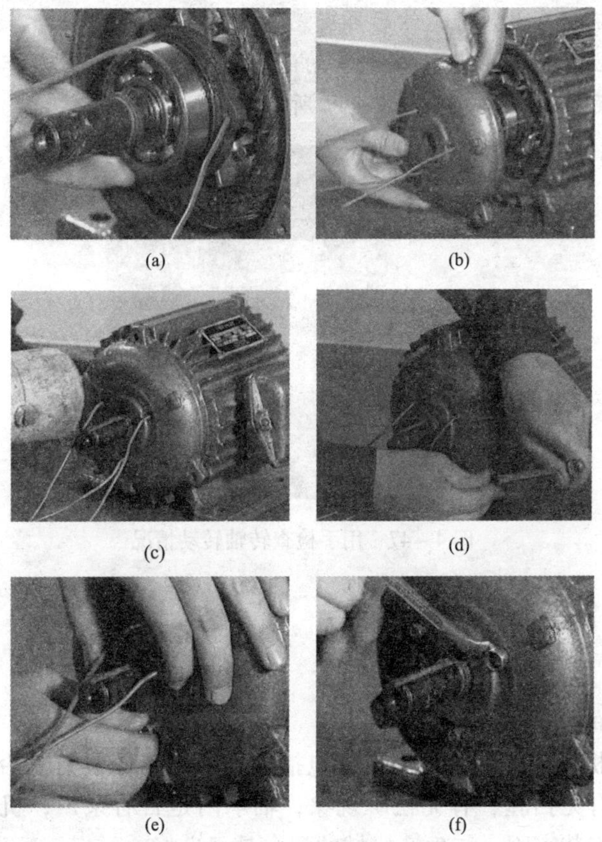
图 4－46　组装前端盖的步骤

(a) 硬线穿入内盖螺孔；(b) 硬线穿入端盖螺孔；(c) 敲打端盖；(d) 紧固端盖螺钉；(e) 先拧紧一颗轴承盖螺钉；(f) 拧紧轴承盖螺钉

对角交替的方法紧固前端盖螺钉；在固定轴承盖螺钉时，先取出一根硬线，待拧紧一颗螺钉后，再取出第二根硬线，拧紧第二颗螺钉；直至三颗螺钉全部拧紧。

【技能提高】

端盖安装技巧

安装端盖时，一定要按照原来的标记找好位置，拧螺钉时不能把某一螺钉一次拧紧，而应均匀交替地慢慢拧紧。并且在拧螺钉的同时用木锤均匀、对称地敲击端盖，所有端盖螺钉拧紧后，端盖平面必须与轴垂直。

绕线式转子的集电环、电刷及举刷装置等可根据电动机的结构，需装在端盖内的，应先在端盖上装好，然后再安装端盖和接线。

装好后，应检查轴承与轴及端盖的配合是否恰当。用手转动电动机转轴，应转动灵活，无摩擦现象，如图 4－47 所示。

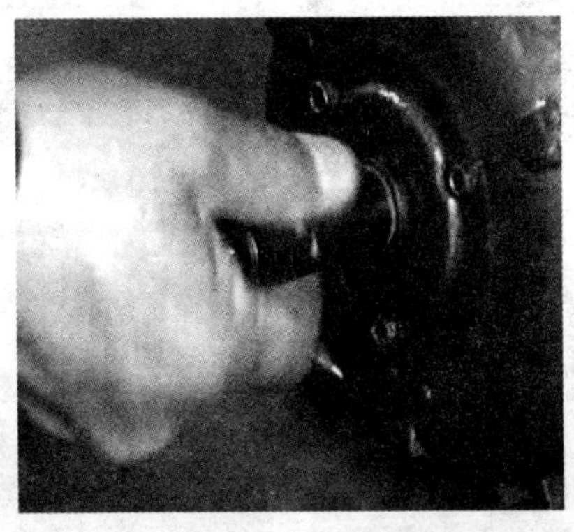

图 4－47　用手检查转轴转动情况

3. 组装后的检验

（1）检查机械部分的装配质量，包括检查所有紧固螺钉是否拧紧，转子转动是否灵活，有无扫膛、有无松旷现象；轴承内是否有杂声；机座在基础上是否复位准确、安装牢固、与生产机械的配合是否良好。

（2）检测三相绕组每相的对地绝缘电阻和相间绝缘电阻，其阻值不得小于 0.5MΩ，如图 4－48 所示。

（3）按铭牌要求接好电源线，在机壳上接好保护接地线；接通电源，用钳形电流表检测三相空载电流，看是否符合允许值，如图 4 – 49 所示。

图 4 – 48　用绝缘电阻表检测绝缘电阻

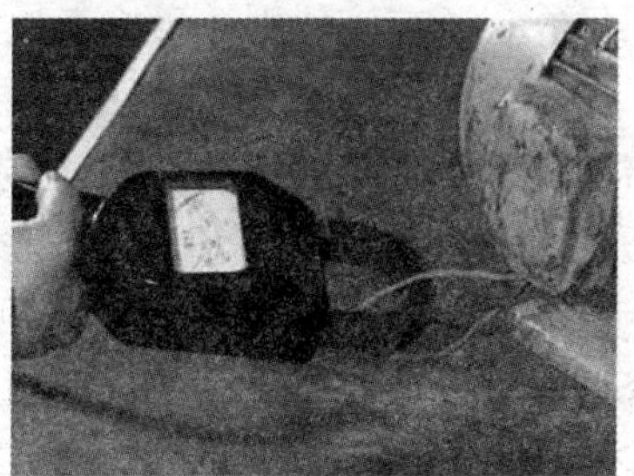

图 4 – 49　用钳形电流表检测三相空载电流

（4）检查振动和噪声。把长柄螺丝刀刀头放在电动机轴承外的小油盖上，耳朵贴紧螺丝刀柄，细心听运行中有无杂音、振动，以判断轴承的运行情况。如果声音异常，可判断轴承已经损坏，如图 4 – 50 所示。

（5）检查电动机温升是否正常，通电空转 0.5h 左右，检查机壳和轴承处的温度，如图 4 – 51 所示。

图 4 – 50　听轴承有无杂音

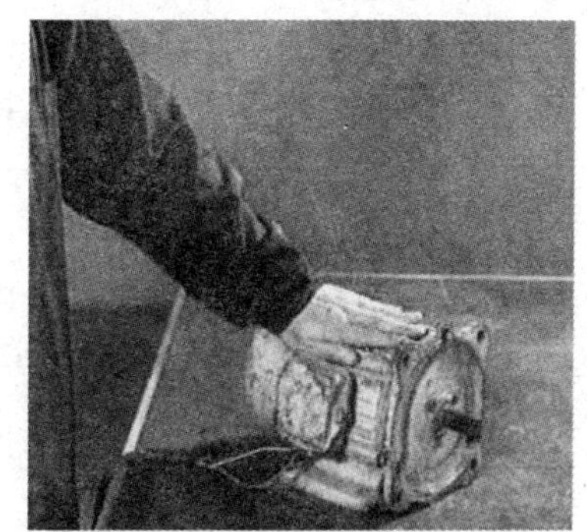

图 4 – 51　用手检查电动机是否有温升

4.5　电动机试车

安装电动机是一项比较费时费力的工作，其最终结果如何，还得看电动机在接下来的工序中的表现如何，最好的愿望是试车一次成功。

4.5.1　试车前的检查

电动机及其传动装置、控制保护装置安装完毕，从某种意义上说，工作才完成一半。要保证试车一次成功，必须进行详细的、全面的质量检查工作。

电动机试车前检查的具体项目除了本章4.4.2中介绍的电动机组装后的检查项目外，还应该特别注意检查控制电路部分的各个环节。

在通电前，可对照电路图，再一次确认检查控制开关、熔断器、接触器等电器的容量是否符合要求，检查电源电压是否正常（电压波动范围为－5%～＋10%），检查控制电路中有无接线错误，以确保万无一失。

电动机必须与被拖动设备相匹配。尽量避免大马拉小车现象（会造成一次投资增大、效率低、功率因数低）；绝对禁止小马拉大车，造成电动机过载运行（无法启动、过热烧毁）。电压等级是否正确稳定（电压波动范围：－5%～10%）。

4.5.2 试车测试

电动机安装和接线完毕进行通电试运行，俗称试车，如图4－52所示。电动机试车就像文娱节目演出前最后的彩排一样。在试车时，主要是进行一系列的测试工作。

1. 测空载电流

当交流电动机空载时，测量三相空载电流是否平衡。电动机空载电流通常不应大于其额定电流的5%～10%。空载电流不应过大，正常后再行带负荷试车。正常启动后要密切注视电动机的电流是否超过规定值。并查看旋转方向是否正确，观察电动机是否有杂音、振动及其他较大的噪声，检查电动机是否过热，如果有应立即停车，进行检查，如图4－53所示。

图4－52 电动机试车

图4－53 检查电动机是否过热

经过几次试车及2h空载运行，若无异常现象时，电动机安装就宣告结束。

2. 测量电动机转速

用转速表测量电动机的转速并与电动机的额定转速进行比较，如图4－54所示。值得说明的是，用转速表测量电动机的转速时一定要细心、要注意安全。

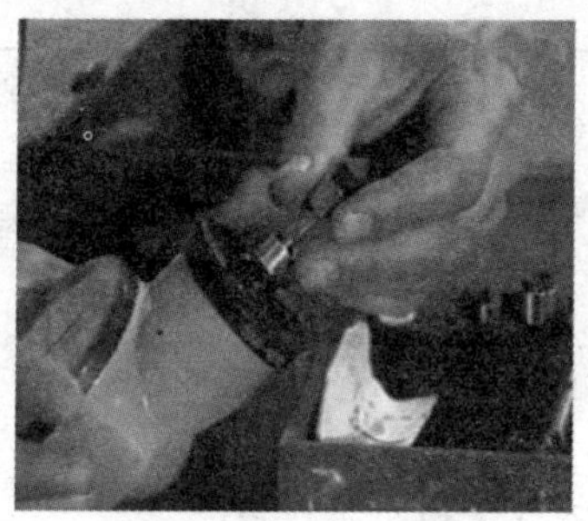
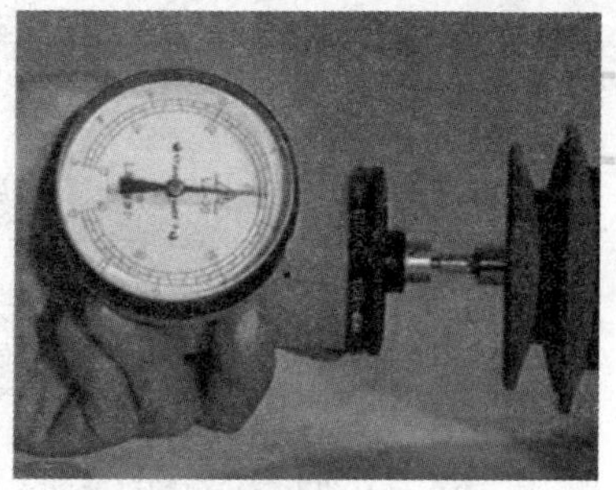

图 4－54 测量电动机转速

【知识链接】

各类电动机适用的负荷特性，见表 4－5。

表 4－5 各类电动机适用的负荷特性

电动机类型		适用的负荷特性	负荷机械举例
笼型异步电动机	普通型	（1）不需要调速； （2）采用变频、调压、转差离合器等调速方式，不仅可得到较好的调速性能，而且可获得较好的节能效果	泵、风机、阀门、各种普通机床、运输机、起重机等
	深槽型 双笼型	启动时静负荷转矩或飞轮矩大，要求有较高的启动转矩	压缩机、粉碎机、球磨机、电梯、升降机等
	高转差型	周期性波动负荷长期工作制，要求利用飞轮的储能作用	锤击机、剪断机、冲压机、轧机、活塞压缩机、绞车等
	变极	（1）只需要几种转速，而不需要连续调速，节能效果好； （2）配上转差离合器，可实现在大范围内采取有变极同步转速，小范围内得到平滑调速	纺织机械、印染机、风机、木工机床、高频发电机组等
绕线式转子异步电动机		（1）负荷启动制动频繁、启动转矩较大，用笼型异步电动机不能满足要求； （2）调速范围不大，可利用变转差率调速的场合	运输机、压缩机、风机、泵、起重机、轧机、提升机、带飞轮的机组等
同步电动机		（1）需要稳定的转速； （2）需要补偿电网功率因数的场合； （3）某些大功率、低转速和特殊环境条件下要求调速的场合	轧机、风机、泵、压缩机、电动机—发电机组，水泥球磨机、矿井提升机等

续表

电动机类型		适用的负荷特性	负荷机械举例
直流电动机	他励	要求有宽调速范围以及对启动制动有较高要求时	轧机、造纸机、卷扬机、电梯、重型机床、机床的进给机构、纺织机械等
	复励	负荷变化范围较大又需要宽调速	提升机、电梯等
	串励	启动制动频繁，要求有较大的启动转矩，具有冲击性负荷的机械	电车、牵引机车、起重机等

思 考 题

1. 安装电动机主要包括哪些工序？
2. 如何进行带传动装置的校正？
3. 电动机电源线安装一般有哪两种方法？
4. 如何判定电动机绕组的首尾端？对电动机绕组怎样进行Y连接？怎样进行△连接？
5. 拆卸电动机的主要步骤有哪些？
6. 怎样在转轴上拆卸轴承？
7. 怎样清洗和润滑轴承？
8. 如何组装前端盖？
9. 电动机试车时应进行哪些测试工作？

第5章

“把脉”诊断电动机故障

电动机长期使用，一些结构、部件会逐渐老化，逐渐失去原有性能和功能，从而暴露出一些不正常的状态。故障诊断必须对被诊断对象的种种性能、结构、各种参数非常熟悉。同时，故障诊断还必须有大量的经验积累，借助一定的检测技术和检测手段，才有较高的可靠性。

5.1 电动机故障类型及原因

为了对电动机的故障能作出准确的判断，这里先介绍电动机各部分可能产生的故障，其发生原因，故障最初征兆，了解这些具体内容，将有助于准确诊断各种故障。表5－1是常见的电动机故障类型及故障现象。

表5－1 电动机故障类型及故障现象

电动机部位	故障	故障原因	故障现象
机座	机座振动	（1）设计不良； （2）安装不良； （3）强迫机械振动	振动加大
	机座带电	（1）制造问题； （2）安装不良	（1）温升增加； （2）绝缘热分解
	冷却介质流失	（1）管道堵塞； （2）软管破裂； （3）泵故障	（1）湿度增加； （2）温升增加； （3）绝缘热分解
	接地	（1）绕组绝缘破损； （2）绝缘电阻过低； （3）带电导体碰壳	（1）机座带电； （2）放电

续表

电动机部位	故障	故障原因	故障现象
铁心故障	铁心松动	(1) 压装不紧; (2) 机械振动; (3) 压紧部件失效; (4) 铁心风道压条损坏	(1) 启动和运行噪声大; (2) 绝缘磨损; (3) 振动加大
	局部过热	(1) 定、转子相擦; (2) 制造与安装中铁心绝缘局部损坏	(1) 局部温升; (2) 绝缘热分解
定子绕组	绝缘局部破损	安装、运行中撞坏	局部放电
	绝缘磨损	(1) 多次启动,定子绕组松动; (2) 绕组端部支撑环设计、制造不当; (3) 绕组端部绑扎不紧,槽楔松动; (4) 铁心松动、电动机振动	(1) 端部振动加大; (2) 泄漏电流增加; (3) 局部放电增加
	绝缘受污染	(1) 冷却空气湿度过高; (2) 冷却空气过滤不好; (3) 轴承漏油; (4) 风路和端罩漏风	(1) 绝缘电阻下降; (2) 泄漏电流增加
	连接线损坏	(1) 焊接不良; (2) 振动; (3) 电流过大	放电
	绝缘裂纹	(1) 端部固定不良; (2) 机械振动; (3) 温度过高,湿度过低	(1) 绝缘电阻下降; (2) 泄漏电流增加; (3) 局部放电增加
	电晕	(1) 铁心出口处电位梯度过大; (2) 绝缘层间间隙制造工艺缺陷	(1) 暗处能看到电晕现象; (2) 绝缘电腐蚀
	绕组窜位	(1) 槽楔松、线圈与槽有间隙; (2) 端部绑扎不紧,绑扎垫块脱落; (3) 启动时电动力大	—
	匝间短路	(1) 端部固定不好; (2) 机械碰撞使绕组变形; (3) 绕组振动; (4) 制造缺陷	(1) 三相电流不对称; (2) 电动机振动; (3) 有短路匝线圈温度高

续表

电动机部位	故障	故 障 原 因	故 障 现 象
转子本身	铁心、支架松动	（1）冲击负荷使键连接松动； （2）制造缺陷	电动机振动
	支架开裂	（1）冲击负荷； （2）轴系扭振	（1）噪声； （2）焊缝开裂
	不平衡	（1）匝间短路或断条； （2）转子零部件脱落； （3）转子绕组或端环移位	（1）振动； （2）噪声
	与定子相擦	（1）偏心产生的单边磁拉力； （2）轴承磨损	（1）振动、温升增加； （2）电流摆动
转子绕组	接地	（1）绝缘损伤； （2）过热	（1）振动； （2）放电
	匝间短路	（1）绝缘损伤； （2）过热； （3）污垢积存	（1）电流摆动； （2）三相阻抗不平衡； （3）振动、绝缘热分解
	断条，开焊	（1）设计、制造缺陷； （2）焊接不良，长期负荷； （3）启动次数频繁	（1）电流摆动，启动困难； （2）振动、滑差增加； （3）换向火花加大
轴承	温度高	（1）润滑不良； （2）轴瓦间隙过小	发热
	带电	（1）接地不好； （2）轴电压过高	轴电流、轴瓦和轴颈上出现电火花产生麻点
	振动	（1）流动轴承内、外圆和滚动体损坏； （2）滑动轴承，油膜振荡	振动
	漏油	密封失效	（1）润滑油渗漏； （2）润滑脂溢出

5.1.1 电动机故障的直接原因

1. 定子铁心故障

图 5－1 定子铁心

（1）定子铁心短路，大部分发生在齿顶部分，常见于异步电动机和高速大容量同步电动机中，如图 5－1 所示。交流电动机定子铁心中磁通是交变的，铁心中的磁滞损耗、涡流损耗及表面磁通脉振损耗都将使铁心发热，为了减少定子铁心的铁损，通常都将定子冲片两边涂有绝缘层以形成隔离层，以减少铁损。因此，大容量的和重要的交流电机，在定子铁心叠装后必须检查硅钢片的质量和铁心是否存在局部过热的短路现象。

由于异步电动机气隙小，装配不当，轴承磨损，转轴弯曲及单边磁拉力等原因，都可能造成定、转子相擦，使定子铁心局部区域齿顶上绝缘层被磨去，并因毛刺使片间相连，致使涡流损耗增大而局部过热，甚至危及定子绕组。由于局部高温造成绝缘物热分解，能闻到绝缘挥发物和分解物的气味。而电动机此时往往出现空负荷电流加大，振动和噪声增大，有时能发现机座外壳局部部位温度高，发现以上情况应及时停机检修。

（2）定子铁心松动。往往是由于制造时铁心压装不紧，或定子铁心紧固件松脱或失效时发生，其主要征象是电磁噪声增加，特别是在启动过程时的电磁噪声，振动大是铁心松动的另一征象，铁心松动故障不但使电机的噪声使人难以忍受，长期存在将导致绕组绝缘因振动大而大大缩短寿命。

2. 绝缘故障

（1）绝缘故障现象。电动机各部分绝缘都是由不同绝缘材料，经过各种处理组合成的绝缘，各部分的绝缘结构组成了电动机的绝缘系统。但是无论是机械强度、耐热性、对环境的抵抗能力以及耐久性等方面，绝缘系统都是电动机结构中较薄弱的环节，其发生故障的几率也较高，老化、磨损、过热、受潮、污染和电晕都会造成绝缘故障。

1）老化。电机的绝缘结构，运行中由于长期的高温，机械应力、电磁场、日照、臭氧等因素的作用，发生了种种化学和物理变化，使其机械强度降低，电气性能劣化，如失去弹性，出现裂纹，泄漏电流增加，介质损耗增加，击穿电压降低等，这些都是老化现象。

2）磨损。绝缘结构由于电磁力的作用和机械振动等原因，绕组间、绕组与铁心、固定结构件之间发生位移和不断摩擦，而使绝缘局部变薄、损坏。

3）过热。绝缘材料和绝缘结构中，由于内部挥发成分的逸出，氧化裂解，热裂解等化学、物理变化，生成氧化物，使绝缘层变硬，发脆、出现裂纹、针孔，而导致机械和电气性能的降低。

4）受潮。绝缘材料和绝缘结构中有许多强极性物质，分子中含有 OH 基的有机纤维材料，以及组织疏松，多孔状材料。而水分子尺寸和黏度很小，能透入各种绝缘材料的裂纹和毛细孔，溶解于绝缘油和绝缘漆中。水分子的存在使绝缘结构的漏导电流大大增加，电气性能大大降低。

5）污染。绝缘结构的表面和内部，存在不少裂纹、针孔和微泡，当导电性尘埃或液体黏结在绝缘层的表面或渗入裂纹和针孔时，构成了很多漏电通道，使漏导电流大大增加，降低了绝缘可靠性。

6）电晕。当定子电压较高，电机环境海拔较高时易发生。高压电动机定子绕组在通风槽口和端部出槽口处，绝缘表面电场分布是不均的，当局部场强达到临界值时，空气发生局部电离（辉光放电现象），在黑暗时就能看到蓝色荧光，这就是电晕现象。电晕产生的热效应、臭氧和氮的氧化物都会对绝缘产生腐蚀现象，使局部绝缘层很快销蚀，耐压强度降低。

（2）电动机绕组的故障。

1）绕组绝缘磨损。是由于绝缘收缩和电动力的作用造成的。长期高温作用，绝缘层内溶剂挥发等原因，而使槽楔、绝缘衬垫，垫块因收缩而尺寸变小，绑扎绳变得松弛，绕组和槽壁、绕组与垫块、绕组与固定端箍之间都产生了间隙，在启动、冲击负荷引起的电动力的作用下，将发生相对位移，时间久了就会产生磨损，使绝缘变薄。其伴随征兆是槽楔窜位，绑扎垫块脱落，端部绑扎松弛，端部振动增大，检查时发现绝缘电阻降低，泄漏电流增加，耐压水平明显降低。

2）绝缘破损。通常是绕组受到了碰撞，或转子部件脱落碰刮导致绝缘局部损伤，运行时往往表现为对地击穿。

3）匝间短路。高压定子绕组为了减少附加铜耗，通常在股线间需要换位。在制造过程中，绕组的压型和换位工序操作不当时，易造成匝间短路。匝间短路使绕组三相阻抗不相等和三相电流不对称，电流表指针将出现摆动，使电动机振动加大。在短路匝绕组温升较高时，往往会使绕组表面变色，或绕组局部过热，绝缘在高温下分解，甚至产生局部放电现象。

4）绝缘电阻降低。多数情况是由于绕组吸潮或导电性物质黏结在绕组表面，或渗入绝缘层的裂纹所致，如图 5 -2 所示。交流电动机定子绕组和直流电动机的电枢、主极、换向极，补偿绕组都会产生这种故障。绝缘电阻降低到不允许程度，一般吹风和清擦已难奏效，往往需拆卸电动机，用专用清洗剂清洗，

图 5－2 绕组吸潮发霉

干燥、浸漆后方能恢复。滑环绝缘层、换向器、换向器 V 形环端部、转子并头套绝缘都是裸露带电导体的对地绝缘，绝缘结构除考虑耐压强度外，还必须考虑一定爬电距离。当爬电距离过短或表面黏结污垢后，这些部分的绝缘电阻值，也往往会低于允许标准。

3. 异步电动机转子绕组故障

（1）断条和端环开裂。笼型异步电动机在启动时，绕组内短时间流过很大电流，不仅承受很大冲击力，而且很快升温，产生热应力，端环还须承受较大的离心应力。反复的启动、运行、停转使笼条和端环受到循环热应力和变形，由于各部分位移量不同，受力不均匀，会使笼条和端环因应力分布不均匀而断裂。另外，从电磁力矩来看，启动时的加速力矩，工作时的驱动力矩是由笼条产生的，减速时笼条又承受制动力矩，由于负荷变化和电压波动时，笼条就要受到交变负荷的作用，容易产生疲劳。当笼型绕组铸造质量、导条与端环的材质和焊接质量存在问题时，笼条和端环的断裂、开焊更易发生。

笼条、端环断裂的征象是电动机启动时间延长，滑差加大，力矩减少，同时也将出现电动机振动和噪声增加，电流表指针出现摆动等现象。

（2）绕线型转子绕组击穿、开焊和匝间短路。绕线型转子异步电动机需通过集电环串入电阻器进行启动和调速，和笼型异步机不同的是，它的条形绕组对地和相间必须是绝缘的，由于转子铁心在设计时大都采用半闭口槽，制造时卷包绝缘的条形绕组，从一端插入槽内后，另一端需弯折、排列成形方可接线，两端再用并头套连接起来，焊接后由连接线与集电环相接，在这个制造过程中，绝缘层易受机械损伤。而绕线型转子绕组在电动机启动时，开路电压较高，当集电环与电刷接触不好时，受过机械损伤绕组和连接线容易击穿。

当重负荷启动或负荷较大时，过大的启动电流和负荷电流不仅使绕组温升升高，而且也会使并头套发生开焊、淌锡或发生放电现象；另外，转子绕组并头套之间的间隙中，易积存碳粉等导电性粉尘，易产生片间短路现象；绕线转子异步电动机在外接三相调速电阻不等时，转子三相绕组也会出现三相电流不平衡现象，往往出现某相绕组过热现象。

4. 转子本体的故障

转子是电动机输出机械功率的部件，工作时往往承受各种复杂和变化的应力，如离心力、电磁力、热应力、惯性力和附加强迫振荡力、容易出现各种各样的故障。

转子上零件的脱落和松动造成转子失衡，转子偏心产生不对称磁拉力，转轴弯曲，轴颈椭圆等原因，都将导致电动机振动增加。

冲击性负荷在电动机和负荷机械构成的惯量系统中会激发起扭转振荡，使转子结构部件和转轴因高交变力矩而疲劳。

5.1.2 引起电机故障的间接原因

电动机的运行受很多因素的影响，归纳起来有安装地点和周围环境的影响；地基或安装基础的影响。图 5－3 是这些因素对电机运行影响的示意图。这些因素造成了对电动机运行的干扰，在极端的条件下使电动机出现故障现象，甚至无法运行。这些因素对电动机运行的干扰分述如下。

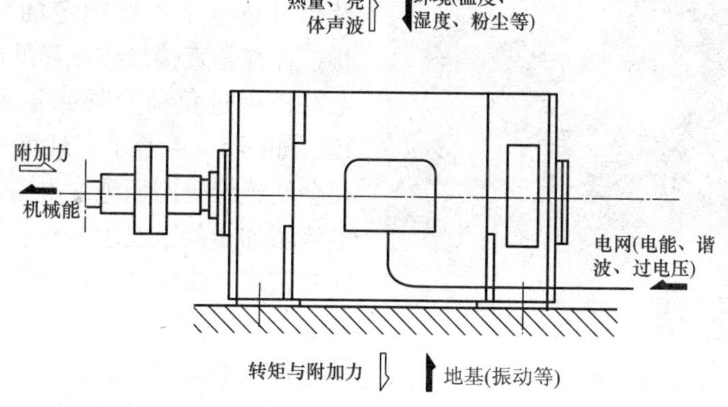

图 5－3　影响电动机安全运行的因素

1. 电源的原因

电源除向电动机输入电功率外，同时伴随而来的有些因素却给电动机运行带来干扰，如电网的电压和频率波动。当电压过低时，重负荷的异步电动机会因堵转而烧毁。快速开关或油开关切断时产生的浪涌电压或操作过电压，会造成过电压击穿，雷击过电压同样会使绝缘系统因过电压而击穿。电源中的谐波分量会造成换向困难和交流电机谐波转矩的增加。

这些都会对电动机运行产生不利影响。

2. 负荷性质和负荷机械的原因

电动机在轴伸端输出机械功率，必须要满足工作机械要求，包括过渡过程所需加速力矩或制动力矩。但电动机也受到来自工作机械的反力和附加力矩的影响，如安装不当，联轴节调整不当，以及由于冲击负荷引起的扭振等，都会从轴伸端输入附加力和交变力矩，影响电动机运行，使电动机产生振动。

3. 安装环境和场所的原因

电动机在运行时，向周围空间发散热量和噪声，但是环境温度、湿度、海拔高度以及电动机安装场所的粉尘、有害气体、盐雾、酸气等，对电动机的运行也将产生影响。

4. 地基或基础的原因

电动机向工作机械传输的转矩和电动机自重必须由地基或基础来承受，由轴伸传入的工作机械附加力矩，合闸、拉闸时出现的冲击力矩，也通过电动机的机座传到地基。但是，电动机也常常会受到来自地基的反作用力，如因基础振动冲击使电机受到影响。

5. 运行条件的原因

恶劣的环境和苛刻的运行条件，以及超过技术条件所规定的允许范围运行，往往是直接导致故障的起因。例如电动机因过负荷会导致温升过高而烧毁，如图5－4所示；环境湿度过高往往会使绝缘受潮而绝缘电阻降低，泄漏电流增加，甚至发生击穿；湿度过低又常常造成直流电动机电刷噪声和换向火花加大；电网电压过低也会使电动机堵转或过热而烧毁；快速开关动作时的浪涌，电压可能会导致绝缘击穿；多次连续启动往往会导致同步电动机阻尼绕组开焊或断条。运行条件不适合导致各种故障，可参见表5－2。

图5－4　绕组烧毁

表5－2　运行条件引起电动机故障

运行条件	条件特性	原　因	引起故障
负荷	工作机械和工作过程特性	（1）经常过负荷； （2）启动次数过多； （3）负荷机械振动； （4）冲击负荷； （5）连续重负荷启动	（1）电机过热、轴承损坏、换向不良； （2）异步电动机过热、断条； （3）轴承损坏、换向不良； （4）转子结构部件松动、疲劳、轴扭振； （5）阻尼绕组开焊、笼型绕组断条

续表

运行条件	条件特性	原　因	引起故障
电源	电网或电源特性	（1）电网电压缓慢波动； （2）操作过电压； （3）高次谐波	（1）启动困难、转速不稳、过热； （2）定子绝缘击穿； （3）谐波转矩增加，换向恶化
安装及基础	电动机的安装状态	（1）不对中； （2）接触不良； （3）轴承绝缘接地； （4）地脚螺钉松； （5）基础振动； （6）吊装碰撞	（1）振动大； （2）接头处局部发热； （3）轴电流； （4）机座振动； （5）机座振动； （6）绝缘局部损伤
环境	作业场地特点	（1）高温； （2）低温； （3）有害气体	（1）过热、绝缘老化； （2）霜冻； （3）结构件、绝缘腐蚀、氧化膜异常
	地理、气象特点	（1）高湿度； （2）低湿度； （3）海拔 > 1000m	（1）绝缘吸潮、击穿； （2）电刷噪声、氧化膜不易建立； （3）允许温升降低、换向困难
	污染情况	粉尘、油雾	绝缘电阻降低、电刷磨损增加

运行条件对各类电动机产生的影响和结果是不同的，如频繁启动对直流电动机影响不大，而同步电动机和异步电动机在通常情况下是不允许的，会产生各种故障；电压降低对直流电动机不致造成过大威胁，而对交流电动机则危害甚大；湿度变化、环境污染对交流电动机影响较小，而对直流电动机会产生很大影响。由于不同类型电动机运行原理和特点不同，易产生故障的部位也不相同，见表5-3。

表5-3　　电动机易产生的故障部位

电动机类型	结构特点和运行方式	易产生的故障部位
笼型异步电动机	以中、小型为多，结构简单、多自带风扇通风、气隙小。应避免频繁启动	转子偏心，断条，绕组过热

续表

电动机类型	结构特点和运行方式	易产生的故障部位
绕线转子异步电动机	以中、大型为多，可串入电阻启动和调速，气隙小	转子偏心，转子匝间短路、开焊，绕组过热
大型同步电动机	高压电动机、封闭强制通风为主，连续工作制，启动方式有；全压启动、降压启动、准同步启动和变频启动	绕组端部松动、绝缘磨损，转子结构部件松动、脱落，阻尼绕组开焊、端环接触不良
中型同步电动机	有低压和高压两种，转子多为凸极结构，自带风扇通风，利用阻尼绕组直接启动	转子结构部件松动，集电环磨损
大型直流电动机	启动和过负荷力矩大，结构坚实，能承受冲击负荷，多数为晶闸管电源供电，封闭强制通风	换向恶化，结构部件松动和断裂，绝缘电阻受环境影响而降低
中、小型直流电动机	调速运行，多为晶闸管电源供电，强制通风	换向器与电刷磨损快，绝缘电阻低
交流调速同步电动机	可逆运行，能承受冲击负荷，由变频电源供电，强制通风，结构坚实	转子结构部件松动，扭振现象，失步造成阻尼绕组过热，堵转造成绕组单相过热
交流调速异步电动机	调速运行，允许连续启动，调速方式有串级和变频两种方式，气隙小	转子偏心，转子结构部件松动

6. 电动机的选型不当引起故障原因

电动机的安全运行是以正确选型和使用为前提的，当电动机在其额定数据和技术条件规定范围内运行，电动机是安全的；电动机运行超过规定范围，可能会出现不正常征兆，甚至发生事故。电动机的技术条件规定了它的适用环境条件、负荷条件和工作制。

电动机选型是最重要的。电动机的类型、结构型号、防护方式、容量和转速的选择，必须根据负荷机械的性质、转矩、转速和起、制动与加速要求来确定，电动机的选型必须满足使用要求，特殊用途和运行条件的电动机，必须专门设计和特殊工艺处理，以适应特殊要求。

5.2 电动机故障的检测诊断方法

电动机不能正常运行，通常应检查电动机的绝缘电阻、直流电阻、电感、工作电流、温升、转速、响声及气味等。

5.2.1 直观检查法

1. 温升

电动机温升过高是各种故障的综合体现。温度如超出允许值，将严重损伤绝缘，大大缩短了电动机的寿命。据估计，对A级绝缘电动机，如温升超过8~10℃并长期运行，电动机的寿命将减少一半。

如图5-5所示，温度监视习惯上采用手摸，只要手贴得上去，便可认为电动机在允许的温度范围内；或在高温部位上滴几滴水，没有“哧哧”声，也可认为电动机在允许的范围内。还可进行具体测量。测量铁心的温度采用酒精温度计，其方法是将电动机吊环旋出，温度计端部用锡箔裹好，放在吊环螺孔中，即可直接读数。

图5-5 用手摸的方法检查温升

2. 响声

电动机正常运行时，在距离稍远的地方听起来是一种均匀而单调的声音（带一点排风声）。靠近电动机以后，特别是用木柄螺丝刀顶住电动机一些部件上细听，就能分别听到风扇排风声、轴承转动声及微微振动声等，如图5-6所示，其声音仍是单调而均匀的。如夹杂有其他异声，往往就是电动机的故障信号，应根据具体情况处理。

3. 气味

对开启式电动机，从绕组、铁心、轴承不散出来的热量，直接由排风口排出而冷却。如图5-7所示，从排风口进行气味监视，一般有如下三种情况：一是闻到绝缘焦味，说明故障在发展，应立即停机；二是气味特殊，如轴承里的黄油过多，溢出后被蒸发的黄油味，也有长久不用，电动机发霉产生的霉烂味，这些气味随着运行时间增长而逐渐消失；三是环境空气的特殊气味，只要不是腐蚀性气体，一般并无影响。对封闭式电动机，气味监视的必要性较小。

图5－6 听有无异常响声

图5－7 闻有无异常气味

三相异步电动机的故障一般可分为电气故障和机械故障。电气故障主要包括定子绕组、转子绕组、电刷等故障；机械故障包括轴承、风扇、端盖、转轴、机壳等故障。

要正确判断电动机发生故障的原因，是一项复杂细致的工作。电动机在运行时，不同的原因会产生很相似的故障现象，这给分析、判断和查找原因带来一定难度。为尽量缩短故障停机的时间和迅速修复电动机，对故障原因的判断要快而准，电工在巡视检查时，可以通过自身的感觉器官了解电动机的运行状态是否正常。

(1) 看。观察电动机和所拖带的机械设备转速是否正常；看控制设备上的电压表、电流表指示数值有无超出规定范围，看控制线路中的指示、信号装置是否正常。

(2) 听。必须熟悉电动机启动、轻负荷、重负荷的声音特征；应能辨别电动机单相、过负荷等故障时的声音及转子扫膛、笼型转子断条、轴承故障时的特殊声响，可帮助查找故障部位。

(3) 摸。电动机过负荷及发生其他故障时，温升显著增加，造成工作温度上升，用手摸电动机外壳各部位即可判断温升情况以确认是否为故障。

(4) 闻。电动机严重发热或过负荷时间较长，会引起绝缘受损而散发出特殊气味；轴承发热严重时也可挥发出油脂气味。闻到特殊气味时，便可确认电动机有故障。

(5) 问。向操作者了解电动机运行时有无异常征兆；故障发生后，向操作者询问故障发生前后电动机所拖带机械的症状，对分析故障原因很有帮助。

造成电动机故障的原因很多，仅靠最初查出的故障现象来分析故障原因是很不够的，还应在初步分析的基础上，使用各种仪表（万用表、绝缘电阻表、钳形表及电桥等）进行必要的测量检查。除了要检查电动机本身可能出现的故障，还要检查所拖带的机械设备及供电线路、控制线路。通过认真检查，找出故障点，准确地分析造成故障的原因，才能有针对性地进行处理和采取预防措施，以防止故障再次发生。

5.2.2 仪表仪器检测诊断法

1. 绝缘电阻检测

电动机的绕组对铁心、外壳以及各绕组之间都是绝缘的，但这种绝缘是相对的。在外加电压作用下，绝缘物内部及表面还会有一定的电流通过，这一电流称为泄漏电流。绝缘电阻就是反映在一定直流电压作用下，泄漏电流的大小。泄漏电流越大，绝缘电阻越低。

绝缘材料的潮湿与脏污，将使泄漏电流增加，绝缘电阻下降。所以，测量绕组的绝缘电阻，就能检查出绕组绝缘的受潮及脏污情况，它是衡量电动机能否安全运行的一个重要参数，如图 5－8 所示。

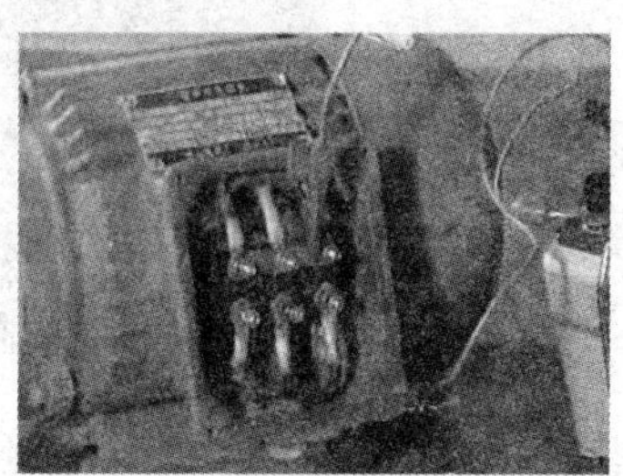

图 5－8 用绝缘电阻表测量电动机绕组电阻

但绝缘电阻高，并不完全表示这台电动机绝缘良好。因为在某些情况下，绝缘老化、机械损伤，其绝缘电阻仍然可能很高。根据有关规定，在工作温度（即接近 75℃）时，绝缘电阻不应小于下列数值

$$R = \frac{U_N}{1000 + 0.01P_N} \tag{5-1}$$

式中 U_N——电动机额定电压，V；

P_N——电动机额定功率，kW。

这就是说，对 500V 以下的电动机，绝缘电阻不得低于 0.5MΩ。在特殊情况下，达到 0.2MΩ 也可以投入运行，但应注意监视。

绝缘电阻与温度关系很大。温度升高，绝缘电阻将下降；温度降低，绝缘电阻将升高。对 500V 以下的电动机，温度低于 75℃的冷态绝缘电阻应相应增高，其标准值可参考表 5－4。

表5-4　500V以下电动机绝缘电阻参考值

绕组温度（℃）	0	5	10	15	20	25	30	35	40
绝缘电阻（MΩ）	70	50	35	25	20	12	9	6	5

2. 绕组的直流电阻检测

通过直流电阻的测定，可以检查出电动机绕组导体的焊接质量、引线与绕组的焊接质量、引线与接线柱连接质量。从三相电阻的平衡性，可判断出绕组是否有断线（包括并联支路的断线）和短路（包括匝间短路），如图5-9所示。

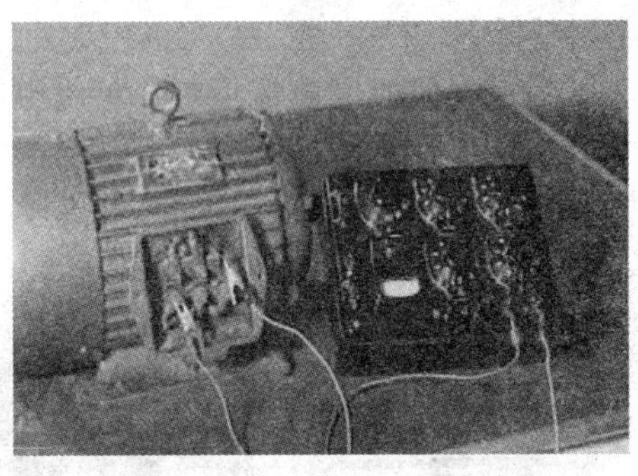

图5-9　用直流电桥测量绕组的直流电阻

低压三相电动机绕组的直流电阻范围见表5-5。

表5-5　低压三相电动机绕组直流电阻参考值

电动机额定容量（kW）	10以下	10~100	100以上
绕组每相直流电阻（Ω）	1~10	0.05~1	0.001~0.1

按要求：不小于3kV或不小于100kW者，各相值之差应小于2%，线间之差应小于1%，其余由生产厂自行规定。

正常时，直流电阻的三相不平衡度应小于5%。

3. 绕组的电感值检测

每相绕组都有自感，还有与其他绕组及转子绕组之间的互感。通过测量各相绕组的电感值，也可判断电动机绕组是否存在匝间短路，转子绕组或导条是否断线或断裂。

电动机正常时，各相绕组的电感不平衡度应小于5%。

4. 定子绕组泄漏电流和直流耐压

对500kW及以上者可按发电机要求进行，500kW以下者由生产厂家自行规定。

5. 定子绕组交流耐压

大修时或局部更换绕组时试验电压为 $1.5U_N$，但不低于 1000V。对低压和 100kW 以下不重要者，可用 2500V 绝缘电阻表代替。

6. 绕线转子异步电动机转子绕组交流耐压

大修或局部更换绕组：不可逆式 $1.5U_k$（>1000V）

可逆式 $3.0U_k$（>2000V）

其中，U_k 为转子静止时在定子绕组上加额定电压在集电环上测得的电压。

7. 空负荷电流检测

拆除电动机拖动的工作机械，或工作机械不带负荷时，电动机在正常电源情况下的运行，称为空负荷运行。空负荷运行时的电流称为空负荷电流。

在正常情况下，空负荷电流一般为额定电流的 20% ~50%。在电源电压平衡的情况下，三相空负荷电流的差值不应超过 5%。如果空负荷电流偏大，则应注意检查气隙是否偏大，是否存在匝间短路，转子是否有轴向移动等。

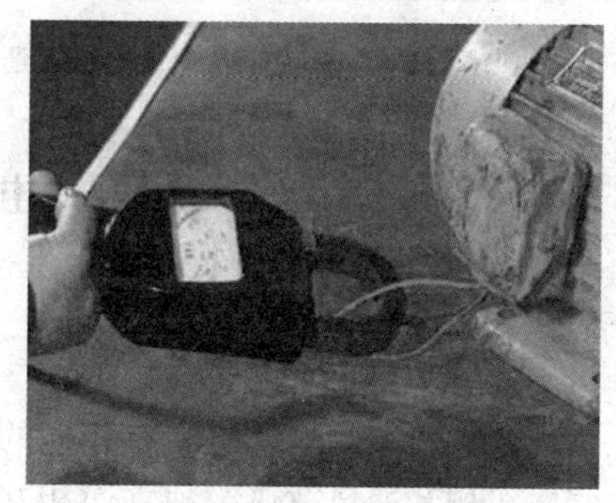

图 5-10 用钳形电流表检测三相电流

8. 工作电流检测

工作电流的大小是电动机运行的重要参数，电流如果超过额定值，除了电源电压不正常外，就是电动机本身存在故障，如存在匝间短路、接地等，都会引起电流的增加，如图 5-10 所示。

在正常情况下，电动机的工作电流应小于额定电流，三相电流不平衡度应小于 10%。

当环境温度高于或低于规定的温度（一般为 35℃）时，电动机的工作电流应降低或允许升高值见表 5-6。

表 5-6 不同环境温度下允许的工作电流

环境温度（℃）	电流允许增减（%）	
	笼型电动机	绕线式转子电动机
25	+8	+8
30	+5	+5
35	0	0
40	-5	-5
45	-10	-12.5

9. 转速检测

电动机的转速与负荷的大小及故障情况有关，电动机的转速可用转速表进行测量，如图5－11所示。低转速是造成电动机过热的重要原因，因为转速越低，转子与定子绕组中的电流越大。所以，通常规定电动机的转速应不低于额定转速的5%，如果转速下降严重，则应减少负荷，即降低定子绕组电流，其电流值可按式（5－2）确定，即

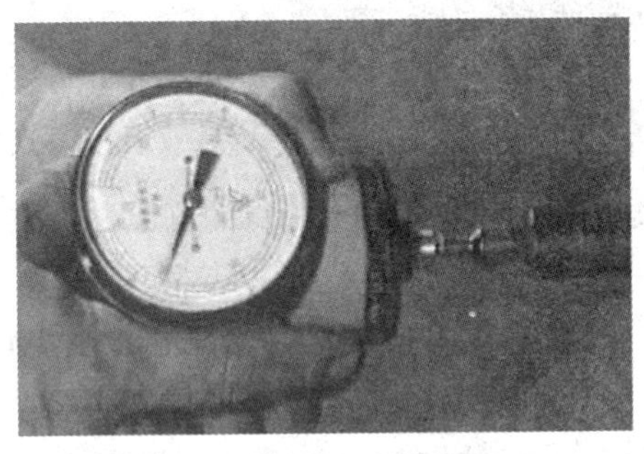
图5－11 用转速表测量电机转速

$$I = I_{\mathrm{N}} \sqrt[3]{\frac{n}{n_{\mathrm{N}}}} \qquad (5-2)$$

式中 n——实际转速，r/min；

n_{N}——额定转速，r/min；

I_{N}——额定电流，A；

I——实际允许电流，A。

5.3 电动机的故障检测诊断

5.3.1 电动机故障诊断技术

1. 电动机故障诊断技术

各种类型的电动机具有相同的基本原理，电动机内部都有电路、磁路、绝缘、机械和通风散热等独立而相互关联的系统，因而所有电场均可采用诊断技术。但还应看到，各类电动机的工作原理有所区别，结构、电压等级、绝缘系统等均存在较大的差别，所以诊断方法和重点又有差别，诊断时必须根据每类电机的具体特点，采用不同的检测手段。

用于电动机诊断的技术有：

（1）电流分析法。通过对负荷电流幅值、波形的检测和频谱分析，诊断电动机故障的原因和程度。例如通过检测交流电动机的电流，进行频谱分析来诊断电动机是否存在转子绕组断条、气隙偏心、定子绕组故障、转子不平衡等缺陷。

（2）振动诊断。通过对电动机的振动检测，对信号进行各种处理和分析，诊断电动机产生故障的原因和部位，并制定处理办法。

（3）绝缘诊断。利用各种电气试验和特殊诊断技术，对电动机的绝缘结构、工作性能和是否存在缺陷做出结论，并对绝缘剩余寿命作出预测。

（4）温度诊断。用各种温度检测方法和红外测温技术，对电动机各部分温度进行监测和故障诊断。

（5）换向诊断。对直流电动机的换向进行监测和诊断，通过机械和电气检测方法，诊断出影响换向的因素和制定改善换向的方法。

（6）振声诊断技术。简写为VA诊断。VA诊断技术是对诊断的对象同时采集振动信号和噪声信号，分别进行信号处理，然后综合诊断，因而可以大大提高诊断的准确率，因此，振声监测和诊断广泛地受到重视和应用。对电动机的故障诊断来说，振声诊断同样具有重要价值。

2. 电动机的诊断过程

电动机和所有的机器一样，在运行过程中有能量、介质、力、热量、磨损等各种物理和化学参数的传递和变化，由此而产生各种各样的信息。这些信息变化直接或间接地反映出系统的运行状态，而在正常运行和出现异常时，信息变化规律是不一样的，电动机的诊断技术是根据电动机运行时不同的信息变化规律，即信息特征来判别电动机运行状态是否正常。

电动机故障诊断过程和其他设备的诊断过程是相同的，其诊断过程应包括异常检查、故障状态和部位的诊断、故障类型和起因分析三个部分。

（1）异常检查。这是对电动机进行的简易诊断，是采用简单的设备和仪器，对电动机状态迅速有效地作出概括性评价。电动机的简易诊断具有以下功能。

1）电动机的监测和保护。

2）电动机故障的早期征兆发现和趋势控制。

如果异常检查后发现电动机运行正常，则无须进行进一步的诊断；如发现异常，则应对电动机进行精密诊断。

（2）故障状态和部位的诊断。这是在发现异常后接着进行的诊断内容，是属于精密诊断的内容。可用传感器采集电动机运行时的各种状态信息，并用各种分析仪器对这些信息进行数据分析和信号处理，从这些状态信息中分离出与故障直接有关的信息来，以确定故障的状态和部位。

（3）故障类型和起因分析。这是利用诊断软件或专家系统进行电动机状态的识别，以确定故障类型和部位。

故障诊断的后两部分是属于电动机精密诊断的内容，电动机的精密诊断是对于状态有异常的电动机进行的专门性的诊断，它具有下列功能。

1）确定电动机故障类型、分析故障起因。

2）估算故障的危险程度，预测其发展。

3）确定消除故障、恢复电动机正常状态的方法。

5.3.2 电动机的绝缘故障诊断方法

1. 电动机绝缘劣化的因素

绝缘强度是电动机各种性能中最基本的性能之一，而绝缘系统往往是电动机内的一个较脆弱的环节。负荷条件、运行方式、环境影响、机械损伤都会导致绝缘故障。表 5－7 是电动机绝缘劣化的诸因素及产生的劣化征象。

表 5－7　　电动机绝缘劣化因素及产生的劣化征象

劣化因素	表现形式	劣化征象
热	连续	挥发，枯缩、化学变质、机械强度降低、散热性能变差
	冷热循环	离层、龟裂、变形
电压	运行电压	局部放电腐蚀、表面漏电灼痕
	冲击电压	树枝状放电
机械力	振动	磨损
	冲击	离层、龟裂
	弯曲	离层、龟裂
环境	吸湿	泄漏电流增大、形成表面漏电通道和炭化灼痕
	结露	
	浸水	
	导电物质污损	
	油、药品污损	侵蚀和化学变质

各种老化因素，即热、电、机械和环境影响着任何种类电动机寿命，但每个因素所起作用的重要性又因电动机种类、运行方式和负荷性质而有所区别。通常小型电动机的绝缘主要由温度和环境产生劣化，电和机械应力相对来说不太重要；绕组结构形式为成型绕组的大、中型电动机，温度和环境仍起作用，但电或机械应力也是重要的老化因素；特大型电动机一般采用棒形绕组，并且工作在有惰性存在的环境中，受到的是电应力或机械力的作用，可能两者兼而有之，温度和环境是次要的老化因素。

对绝缘结构进行诊断，做各项检测和试验的目的是为了检验绝缘的可靠性，考验绝缘系统是否具有足够的电气和机械强度，是否能胜任各种工况和环境条件下的可靠运行，并推断绝缘老化程度，以及进一步推算出剩余破坏强度和剩余寿命。

因此，绝缘诊断将能改进电动机的维护方法，延长电动机的使用寿命，以实现预知维修。

2. 电动机绝缘诊断的程序和方法

电动机内绝缘结构在运行中由于热、电、机械、环境等的综合应力作用下，逐渐老化，绝缘的电气性能和机械性能逐渐降低，最后因降低至所必需的极限值而损坏。因此，在电动机服役期内对绝缘进行诊断，推算其剩余击穿电压和寿命是不可缺少的。

（1）外观检查。绝缘诊断第一步应对电动机绕组和其他绝缘结构进行仔细的观察检查，仔细检查端部绕组及支撑件的位移迹象、槽衬及槽绝缘的滑移、局部过热和电腐蚀的痕迹等。当发现绝缘污损较严重时，必须在清擦或清洗后才能进行下一步试验。

（2）直流电试验。绝缘结构直流电试验项目包括：绝缘电阻测定、极化指数测定和直流泄漏试验。直流电试验的目的是检验绝缘是否存在吸潮和局部缺陷。直流电试验通常不会对绝缘造成危害，在发现绝缘有吸潮或局部损坏时，应进行干燥和处理后再重新试验，直至符合要求。

（3）交流电试验。交流电试验通常包括交流电流试验、介质损耗角正切及其增量的测定、局部放电检测，这些试验的目的是从不同角度和用不同方法来评价绝缘结构老化程度。

对于某些电动机，根据需要还要进行交流耐压试验，这是破坏性试验，不必要时一般不采用。

（4）综合评价。绝缘老化程度诊断，必须将外观检查和电气试验各项测试结果值结合起来，并参考电动机运行经历进行综合评价，才能得出比较客观和比较接近实际的结论。

5.3.3 电动机绕组接地故障诊断方法

1. 试电笔法

用试电笔测试机壳，若试电笔中氖灯发亮，说明绕组有接机壳处。

2. 绝缘电阻表法

用500V绝缘电阻表测量各相绕组对地绝缘电阻，如果三相对地电阻中有两相绝缘电阻较高，而另一相绝缘电阻为零，说明绕组接地。有时指针摇摆不定，表示此相绝缘已被击穿，但导线与地还未接牢。若此相绝缘电阻很低但不为零，表示此相绝缘已受损伤，有击穿接地的可能。当三相对地绝缘电阻都很低，但不为零，说明绕组受潮或油污，只要清洗干燥处理即可。

3. 万用表法

可将测量电阻旋转到R×10k低阻挡的量程上，用一支表笔与绕组接触，另一支表笔与机壳接触，如果绝缘电阻为零，说明已接地。注意人手不要接触测试棒针，以免测量不准。

4. 试灯法

用36V以下灯泡串接检查，也可用220V或干电池试灯检查，如图5－12所示。如果灯稍亮发红，说明绕组绝缘已损坏，若灯发亮说明绕组已直接接地。

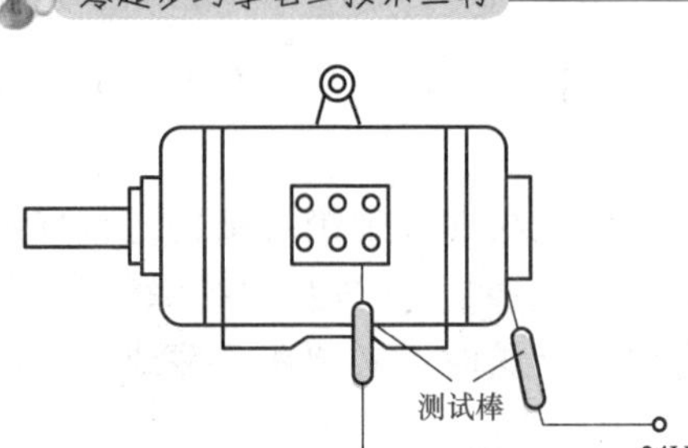

图 5-12 用测试灯检查接地相

5. 电流定向法

把有故障绕组的两端并接在一起，再接上直流电源的一端，而直流电源的另一端接到电动机的铁心上，电流将由绕组的两端流向故障点。这时将磁针放在定子槽移动，可根据磁针改变指向的位置确定接地的槽号。再将磁针顺槽方向在故障的槽号来回移动，即可大致确定接地点的位置。

6. 冒烟法

利用试灯法接线图（电压 220V），串接一只瓦数较大的灯泡进行检查，最好是用高压试验变压器来检查，把电压升高到500～1000V，这时接地点可能冒烟或有火花发生，即可找出故障点，对于槽口处的接地故障最容易发现，但槽内故障用此法不易发现。

7. 分组排除法

如果上述方法不能找出接地点，很可能故障点在槽内，可用分组排除法逐步确定接地点。

5.3.4 电动机绕组短路故障诊断方法

1. 观察法

电动机发生短路故障后，在故障处因电流大，会使绕组产生高热将短路处的绝缘烧坏，导线外部绝缘老化焦脆，可仔细观察电动机绕组有无烧焦痕迹和浓厚的焦臭味，据此就可找出短路处。

2. 绝缘电阻表法

用绝缘电阻表或万用表测量相间绝缘，如果相间绝缘电阻为零或接近于零，即可说明为相间短路，否则可能是匝间短路。

3. 电阻法

用电桥或万用表分别测量三相绕组的直流电阻，相电阻较小的一相有匝间或极相绕组两端短路现象。当短路匝数较少时，反应不很明显。

4. 空转法

将电动机转 20min（对小电动机空转 1～2min）后停机，迅速打开端盖，用手摸绕组端部，若有一个或一组绕组比其他绕组热，就说明这部分绕组有匝间短路现象存在。也可仔细观察绕组端部如有焦脆现象，即表明这只绕组可能存在短路故障。如在空转时发现绝缘焦味或冒烟现象，应立即停转。

5. 电流平衡法

如果绕组为Y连接，将三相串入电流表后并连接到低压交流电源的一端，把中性点接到低压交流电流的另一端；若绕组为△连接，需要拆开一个端口，分别把各相绕组两端接到低压交流电源上（一般用交流电焊机），若三相电流中有一相电流明显增大，此相即为短路相。

6. 短路侦察器法

短路侦察器法是利用Ⅱ型或H型的开口铁心（铁心绕有线圈），将短路侦察器的开口铁心边放在被测定子铁心的槽口上，通入交流电源，如图5－13所示。使侦察器铁心与被测定子铁心构成磁路，利用变压器原理检查绕组匝间短路故障，这时沿着每个槽逐槽移动，当它所移到的槽口内有线圈短路时电流表的读数明显增大。如果不用电流表，也可用一根锯条或0.5mm厚的钢片放在被测线圈另一边槽口，当被测线圈有匝间短路时，钢片产生振动，发出吱吱响声。如果电动机绕组是△连接及多路并联的绕组，应将把△及各支路的连接线拆开，才能用短路侦察器测试，否则绕组支路中有环流，无法辨别哪个槽的绕组短路。对于双层绕组，由于一槽内嵌有不同线圈的两条边，应分别将钢片放在左右两边都相隔一个节距的槽口上测试，才能确定。

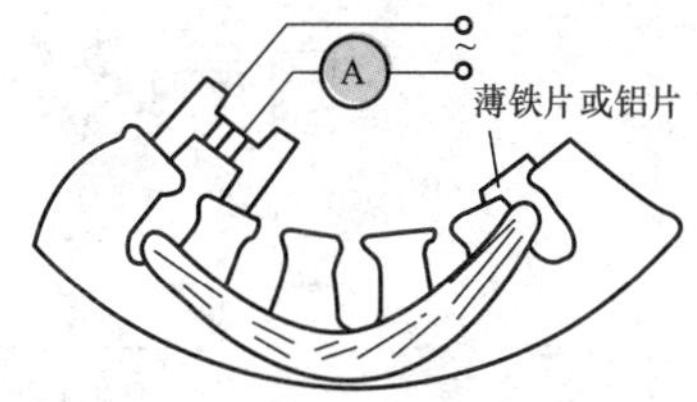

图5－13　开口变压器检查法

5.3.5　电动机绕组断路故障诊断方法

1. 万用表法

用万用表的低阻挡来检查各相绕组是否通路，如有一相不通（指针不偏转），说明该相已断路，为确定该相中哪个线圈断路，应分别测量该相各线圈的首尾端，当哪个线圈不通时，就表示哪个线圈已断路，如图5－14所示。测量时如有多路并联时，必须把并连线断开分别测量。

2. 绝缘电阻表法

如果绕组是Y连接，可将绝缘电阻表的一根引线和中性点连接，另一根引线与绕组的一端连接，如图5－15（a）所示。摇动绝缘电阻表，若指针达到无限大，即说明这一相绕组有断线。如果绕组是△连接，先将三相绕组的接线头分开，再进行检查，如图5－15（b）所示。若是双路并联绕组，需把各路绕组拆开后，再按分路进行检查。

3. 电阻法

用电桥分别测量三相绕组的直流电阻，如果三相电阻相差5%以上，如某一相电阻比其他二相的电阻大，表示该相绕组有断路故障。

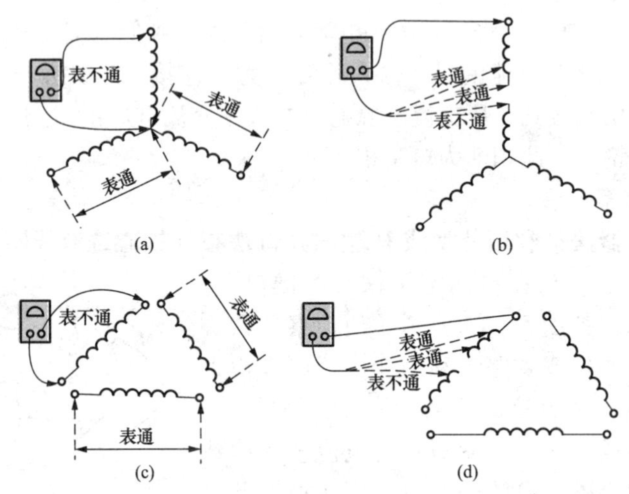

图 5－14　万用表检测绕组断路

（a）检查Y连接绕组的断路相；（b）检查Y连接绕组的断路点；
（c）检查△连接绕组的断路相；（d）检查△连接绕组的断路点

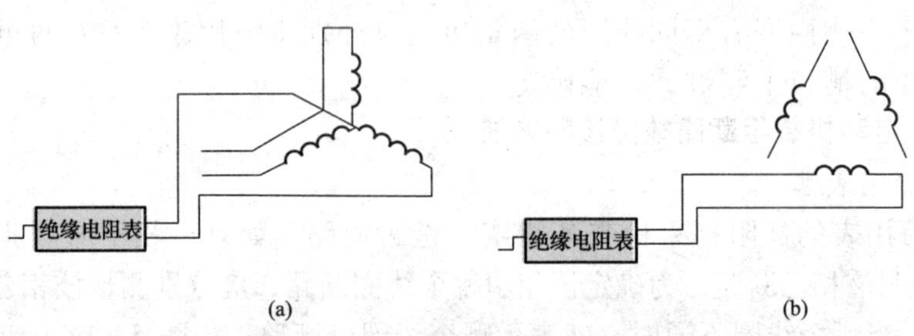

图 5－15　用绝缘电阻表检查绕组断路

（a）绕组Y接法；（b）绕组△接法

4. 试灯法

此方法与万用表法测量步骤相同，灯泡发亮表示绕组完好，不亮表示该相绕组断路。

注意：上述方法，对Y连接电动机，可不拆开中性点即可直接测量各相电阻的通、断；如果△连接，必须拆开△连接的一个端口才能测量各相通断。

5. 三相电流平衡法

电动机空负荷运行时，用电流表测量三相电流，如果三相电流不平衡，又无短路现象，说明电流较小的一相绕组断路，如图 5－16 所示。如果为△连接的绕组，必须将△连接拆开一个端口，再分别把各相绕组两端接到低压交流电源上。如果Y连接，将三相串联电流表后并接到低压交流电源上的一端。这时如果两相电流相同、一相电流偏小，相差在5%以上，则电流小的一相有部分绕组断路。确定部分断相后，将该相的并联导体或支路拆开，通路检查找出断路支路的断路点。

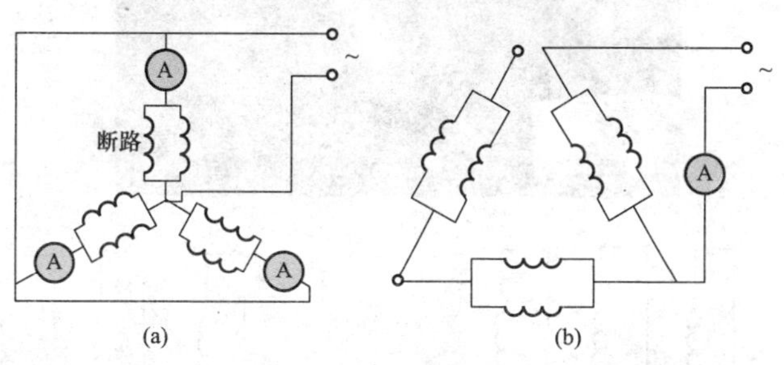

图 5－16　电流平衡法检查多支路绕组断路

（a）用三个电流表检测；（b）用一个电流表检测

5.3.6　电动机绕组接线错误故障诊断方法

三相绕组头尾接错的检查，检查头尾之前，先用万用表找出属于每一相绕组的两端，且先随意定好各相头尾端间的标号 U1、U2；V1、V2；W1、W2，就可进行以下检查。

1. 灯泡法

将任意两相串联起来接到电压为 220V 电源上，第三相的两端接上 24V 或 36V 灯，如图 5－17 左下图所示。若灯亮说明第一相的末端是接到第二相的始端。若灯不亮，即说明第一相的末端是接到第二相的末端，如图 5－17 右下图所示。用同样方法可决定第三相的始端和末端。试验时要快，以免电动机内部电流过大时间较长而烧坏。

2. 万用表法

将三相绕组接成Y，把其中任一相接到低压 24V 或 36V 交流电源上，将其他两相出线端接在万用表 10V 交流挡上，如图 5－18（a）所示，记下有无读数。然后改接成如图 5－18（b）所示的形式，再记下有无读数。

若两次都无读数，表示接线正确。若两次都有读数，表示两次都未接电源的那一相倒了，即图中间一相（即 V1－V2）倒了。若两次试验中，一次有读数，另一次无读数，表示无读数的那一次接电源的一相倒了。例如，图 5－18（a）无读数，即U1－U2相倒了，图 5－18（b）无读数，即 W1－W2 相倒了。

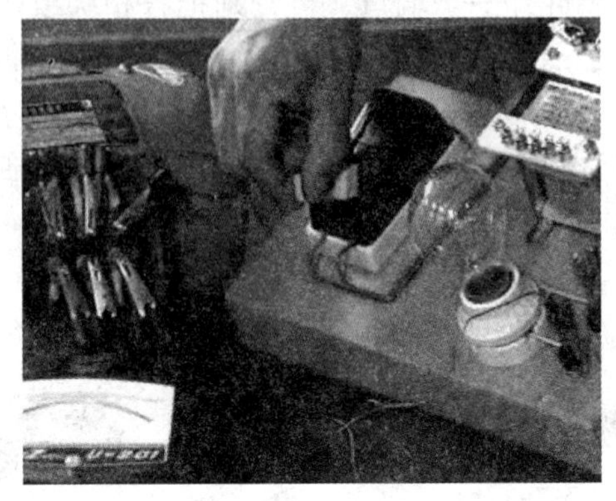

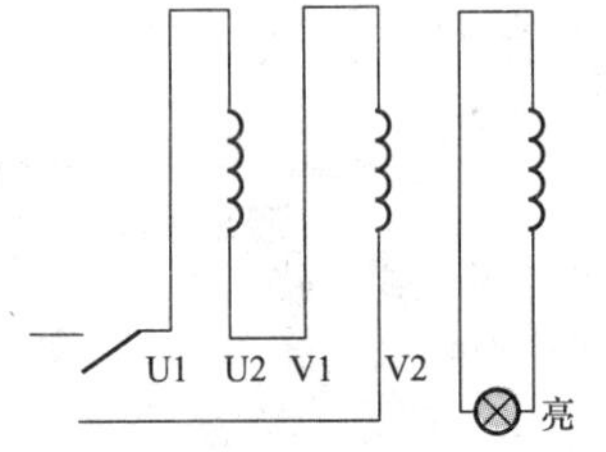

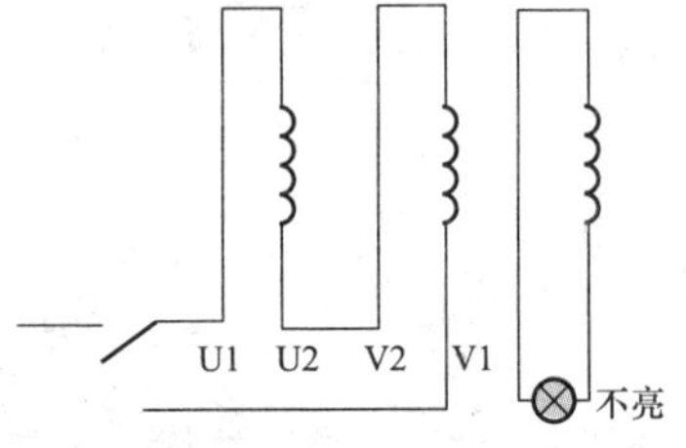

图 5－17　灯泡检查法

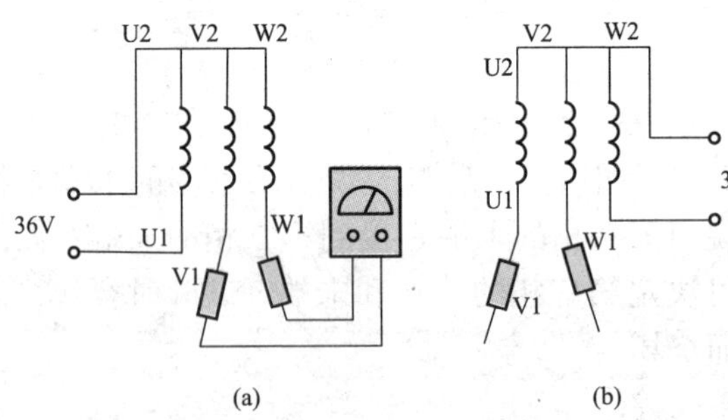

图 5－18　万用表检查法
（a）第一次测量；（b）第二次测量

如果没有低压交流电流，可用干电池作电源，万用表选 10V 以下直流电压挡，两个引出线端分别接电池的正负极，如万用表指针不摆动，说明无读数，如万用表指针摆动，说明有读数，而判断绕组始端和末端的方法同上。

3. 毫安表法

将三相绕组并在一起，再将万用表量程选择开关至于最小直流挡 0.5mA

（有的万用表为5mA），如图5－19所示。若用手慢慢转动转子，如表针不动或微动，表示接线是三头相接或三尾相接；如表针摆动，则表示其中有头尾相接，可调换一下任意一相绕组接线再试，直至表针不动或微动为止，接线才为头头相接、尾尾相接。

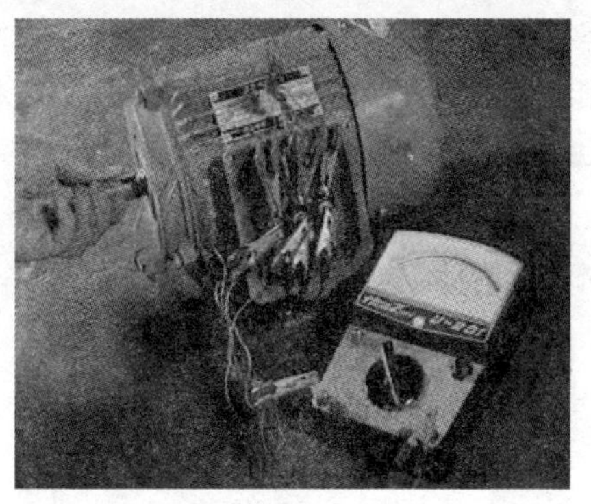

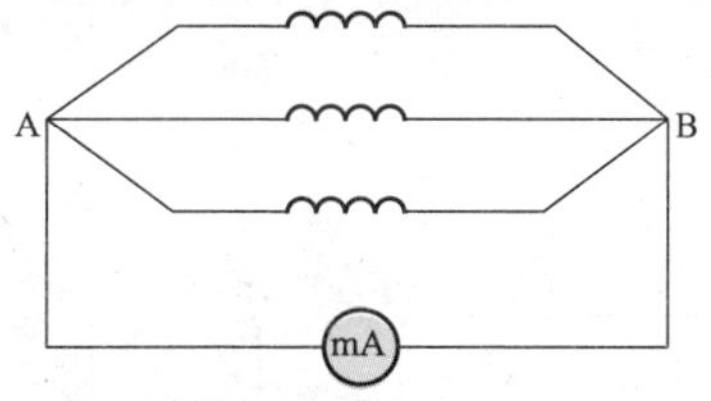

图5－19 毫安表法

4. 转向法

对于小型电动机不用万用表也可辨别三相绕组的头尾，如图5－20所示。将每相绕组任取一个线头，把三个线头接到一起并接地，用两根380V电源相线分别顺序接到电动机的两个引线头上，观察电动机的旋转方向。

（1）若三次接上去，电动机转向相同，则表示三相头尾接线正确；

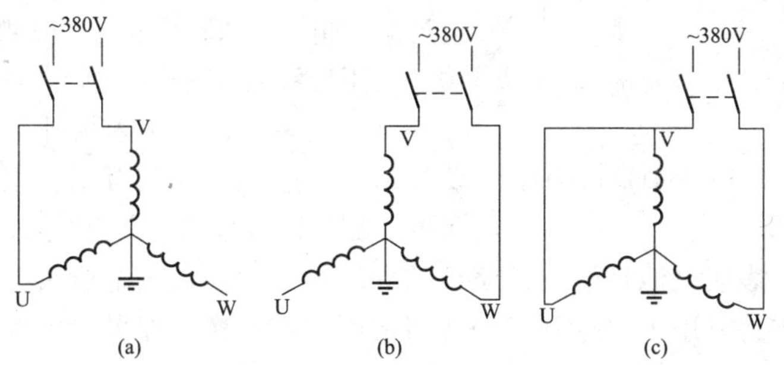

图5－20 转向法检查三相绕组头尾

（a）UV相绕组一端接电源；（b）VW相绕组接电源；（c）UW相绕组接电源

（2）若三次接上去，电动机二次反转，则表示参与过两次反转的那相绕组接反了；

（3）若第一次U相、V相，第二次V相、W相都反转，V相有两次参与，表示V相接反，将V相的两个线头对调即可。

5. 转子转动法

任意选定三相绕组的头尾，分别并联起来接到万用表的低毫安挡上，如图5－21所示。这时转动电动机转子，若万用表指针不动，则表示三相绕组头尾接法正确；若万用表指针偏转，表示一相头尾接错。然后再分别轮流对调三相绕组的头尾再试，只要某次万用表指针不动，这时并联到一起的就分别是每相绕组的头和尾。

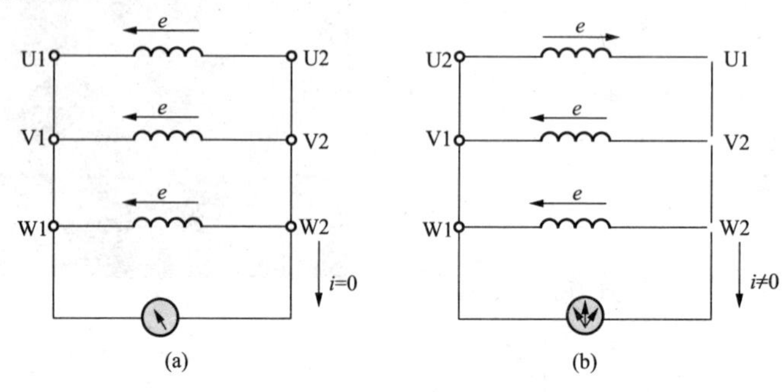

图 5－21　转子转动法检查三相绕组头尾

（a）第一次检查；（b）第二次检查

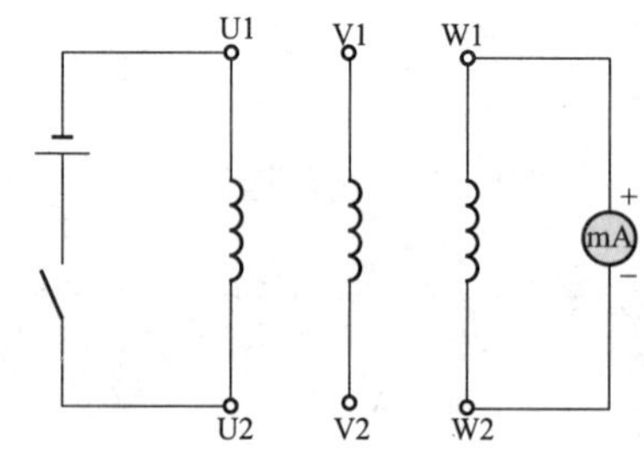

图 5－22　直流点极性法接线图

6. 直流点极性法

将一相绕组两端接到万用表直流毫安挡上，另一相绕组接到电池的两端（小电动机用一号干电池就行，大电动机最好用一节蓄电池），如图 5－22 所示。一般测试中不用开关，只用导线直接碰到电池的一个极上，在接通电池的瞬间，万用表指针正转时，电池负极所接绕组的一端与万用表正表笔所接绕组的一端为同极性端（即同为头或同为尾）。若为反转时，表明电池负极所接绕组的一端与万用表负表笔所接绕组的一端为同极性端。再将万用表改接到另一绕组的两端试一次，即可全部找出三个绕组的头尾。

7. 交流电压表法

先将任两相绕组按所定头尾串联后接到交流电压表上（可用万用表交流电压 10V 或 50V 挡），而另一个绕组接到 36V 交流电源上，如图 5－23 所示。若电压表有指示，表示串联的两相绕组头尾连接正确，若电压表无指示表示串联的两相绕组头尾连接错误。这时可任意对调两相绕组之一的头尾再试，则电压表应有指示。用同样方法再将 U1、U2 接电源，连接 W1、V2，将 V1、W2 接电压表。接通电源后电压表有指示，则表示三相绕组头尾均已正确。若电压表无指示，表示 W1、W2 接错，只要对调 W1、W2 再试电压表应有指示。此时全部找出三相绕组头尾。

在实际工作中可选取上述任意一种方法，但必须注意判断操作的方法正确。

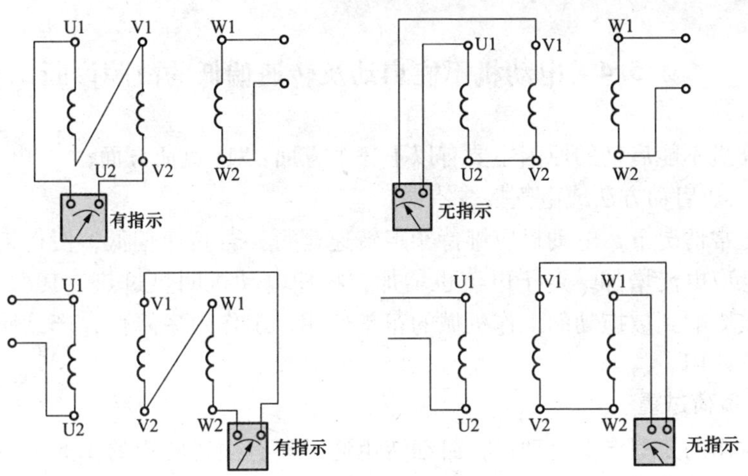

图 5－23　交流电压表法检查三相绕组首尾

【技能提高】

用指南针查找绕组接反、嵌反故障

极相组内绕组接反、嵌反，可用指南针来查找，方法是：将 3～6V 直流电源输入待测相绕组，然后用指南针沿着定子内圆周移动，若该相各极相组、各绕组的嵌线和接线正确，指南针经过每个极相组时，其指向呈南北交替变化，如图 5－24 所示。若指南针经过两个相邻的极相组时，指向不变，则指向应该变而不变的极相组内有绕组接反或嵌反。按此方法，可依次检测其余两相绕组。若三相绕组为△连接，应拆三个节点。如果为Y连接，可不必拆开，只需要将低压直流电源从中性点和待测绕组首端输入，再配合指南针用上述方法检测。

图 5－24　用指南针检查接线错误

5.4 电动机不能启动及转速偏低的故障诊断

电动机不能启动的原因主要有以下三个方面：① 负荷方面；② 电动机本身的故障；③ 启动方法或电气接线错误。

在正常情况下，电动机应维持额定转速运行，若转速偏低，使得转差增加，转子中感应电流增加，定子电流也增加，将使电动机明显过热。其次，转速偏低将直接影响到被拖动的工作机械的正常使用，工作效率降低，产品质量下降，甚至不能使用。

5.4.1 负荷过重

对常用的笼型异步电动机，启动转矩通常只有额定转矩的 1.5～2 倍，如果负荷所需的起动转矩超过了电动机的启动转矩，那就不能启动了。造成负荷过重的原因，一个可能是电动机容量选择过小。在选择合理的情况下，应从以下几方面去查找。

1. 被拖动的机械有卡阻故障

如水泵的轴弯曲、叶轮与泵壳摩擦、填料压得过紧、叶轮中堵有杂物或者水中泥沙过多等。风机的轴弯曲、风轮与外壳相摩擦、叶片被杂物堵塞等，都可能使电动机严重过负荷而不能启动。

2. 传动装置安装不合理

电动机与工作机械常采用联轴器、传动带、齿轮等传动装置。如果传动装置安装不合理，就会产生一个很大的附加阻力矩，使电动机不能启动。对不同的传动方式，安装技术要求是不同的。对联轴器传动，要求电动机转子轴与工作机械轴的中心尽量在一条直线上；对带传动，应使两轴尽量平行；对齿轮传动，应使齿轮啮合良好。

负荷过重，电动机拖不动，必然要降低转速。这好比人挑担子，担子过重，必然要慢行。

5.4.2 电动机一相断线

电动机一相断线包括两种情况：① 外部断线（或断一相电源）；② 电动机内部绕组一相断线。对Y连接与△连接的电动机情形有所区别，分别如图 5－25 所示。从图中可以看出，对Y连接电动机，无论外部还是内部一相断线，如图 5－25（a）、（b）的 W 相，完好的 U、V 相加一线电压 U_{UV}，流过的是同一电流 I（其电流值是相当大的），不能形成旋转磁场，所以不能启动。对△连接电动机，外部断线后，绕组 UV 和绕组 VW、WU 也加了同一电压 U_{UV}，流过各绕组的电流基本上是同相位的，不能形成旋转磁场，也不能启动。但对△连接的内部一相断线如图 5－25（d）所示，绕组 UV、UW 形成一开口三角形，三相电压分别加于 UV、UW 绕组，能形成旋转磁场，但由于只有两相绕组参加工作，电动机的功率降低了 1/3。在这种情况下，如果负荷很重，电动机将不能启动；如为轻负荷，电动机还能启动，但将引起其他不良影响。

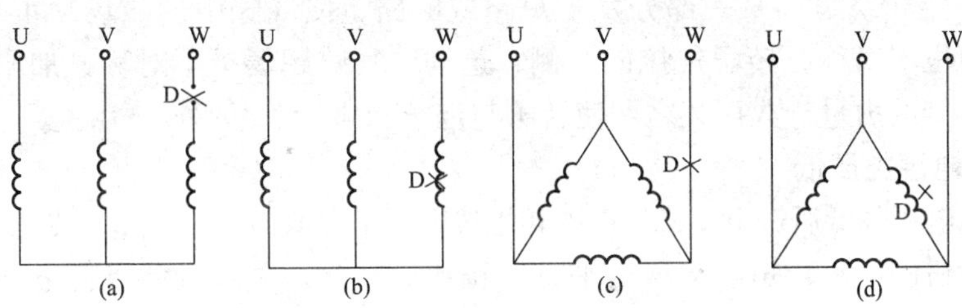

图 5－25　电动机一相断线示意
（a）Y 连接外部断线；（b）Y 连接内部断线；
（c）△连接外部断线；（d）△连接内部断线

如果电动机在运行过程中一相断线，电动机虽仍能运转，但转速将明显降低。这是因为电动机一相断线后，变成了单相运行，单相电流产生的磁场是大小变化、空间方向不变的磁场，可以认为是两个旋转方向相反、大小相等的旋转磁场。当电动机已在旋转，由于惯性力加强了正方向的旋转磁场，从而使电动机仍能按原来的旋转方向继续运行。但因为是单相运行，所以电动机的功率已大大下降。

理论计算表明，若要维持电动机工作电流不变，电动机的输出功率下降值应为：

（1）对于Y连接电动机内部、外部一相断线，或△连接电动机外部一相断线，电动机输出功率为额定功率的 58%。

（2）对于△连接电动机内部一相断线，如图 5－26 所示，电动机输出功率为额定功率的 67%。

功率下降，电动机转速必然下降。

5.4.3　电动机的机械故障

电动机本身如有卡阻等机械故障，也可能使电动机无法启动。例如电动机轴承磨损、烧毁，润滑脂冻结、灰尘杂物堵塞等，都会使摩擦阻力增加，转动不灵活，尤其是使用△－Y启动，转子

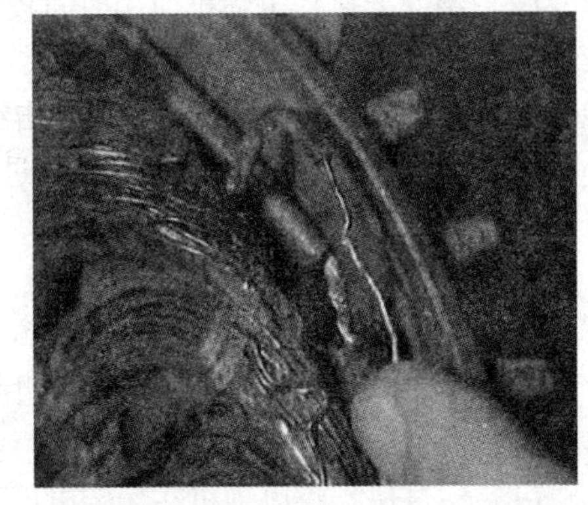

图 5－26　绕组断线

根本不能启动。

更严重的是，转子与定子相摩擦时接通电源后，电动机发出强烈的“嗡嗡”声响，转子如不立即断开电源，电动机就会烧毁。造成这种故障的原因为：

（1）轴承内套与电动机转轴长期磨损不保养，使间隙加大。

（2）定子绕组的某一部分发生短路或断路，使气隙中的磁场严重不对称，转子受力也不对称，转子被拉向一侧，这样，气隙磁场更不对称，加剧了转子被拉向一侧的力量。久而久之，使转子与定子相碰。

5.4.4 电源电压低

电源电压降低后，电动机的电磁转矩按电压平方值的比例下降，转速亦降低。

电动机的电磁转矩与电压的平方成正比。因此，电压过低将使电动机输出机械转矩大大降低。当这一转矩小于工作机械的启动转矩时，电动机将不能启动。因此，应提高电源电压。

5.4.5 定子绕组匝间短路

定子绕组的相间短路，将使电动机不能工作。但多数情况是：绕组中有一部分线匝短路（称为匝间短路），短路线匝不能工作，如图 5－27 所示。虽然电动机能启动，但输出功率下降了，电动机的转速将因匝间短路的严重程度不同而相应降低。

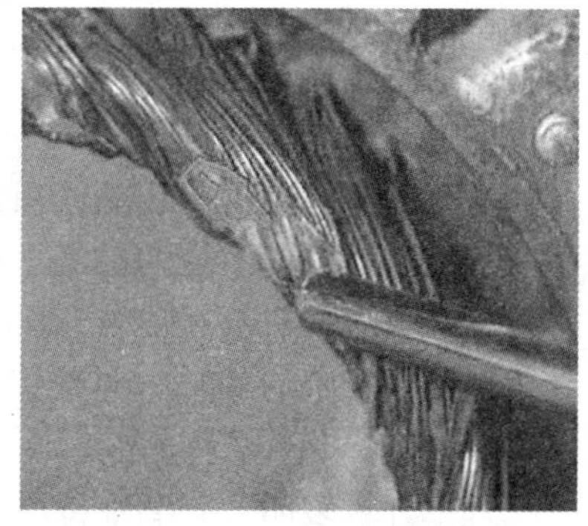
图 5－27　绕组匝间短路

1. 引起匝间短路的原因

（1）绝缘受潮。对于那些长期备用的电动机，以及那些长期工作在地下坑道、水泵房等潮湿场所的电动机，容易受潮，使层间绝缘性能降低，造成匝间短路。

（2）绝缘老化。电动机使用时间较久或者长期过负荷，在热及电场作用下，使绝缘逐渐老化，如分层、枯焦、龟裂、酥脆等都属于老化现象。这种劣化的绝缘材料在很低的过电压下就容易被击穿。

（3）电动机长期运行时聚集灰尘过多，加上潮气的侵入，引起表面爬电而造成匝间短路。

2. 判断匝间短路的方法

可以从测量三相空负荷电流的平衡程度及直流电阻的大小来判断。电流偏大、直流电阻偏低的相，就应考虑属于匝间短路。确定了匝间短路故障后，还应找出匝间短路的部位。寻找故障点的方法很多，下面是其中的两种。

（1）空试法。将电动机在额定电压下空转 1min 左右后，迅速打开端盖，用手摸绕组端部，温度比其他部位高的则为短路线匝，如图 5－28 所示。

图 5-28 用手摸绕组端部的温度

（2）短路侦察器法。利用短路侦察器判断匝间短路的方法见本章 5.3.4 所述，这里不再重复。

5.4.6 定子绕组单相接地

在三相四线制供电系统中，零线是接地的，有些Y连接电动机的中性点也是接地的，因此，绕组的接地，相当于将一部分线匝短接了，这与前面所述匝间短路的情况是一样的，同样造成转速的降低。特别是接地处的电弧，在线路没有可靠保护时，可能迅速发展为匝间短路。造成绕组接地的原因与匝间短路基本上一致。此外，由于电动机内部残留的铁粉末没有清扫干净，这些铁粉在磁场作用下，产生一种向绕组内部的钻孔作用，使绝缘击穿，如果铁粉末颗粒大，还会在其中产生涡流发热，致使电动机全部损坏。所以一定要将电动机内部清扫干净。

寻找绕组接地的方法，首先用绝缘电阻表测试出接地故障的相别，然后，可按本章 5.3.3 节介绍的方法寻找出接地点。

接地点找到后，如果明显可见，可垫以适当绝缘物以消除接地点，然后再涂上绝缘漆并烘干；如接地造成不能工作的线匝不多，可采取一定措施处理一下，电动机可继续使用，如图 5-29 所示。

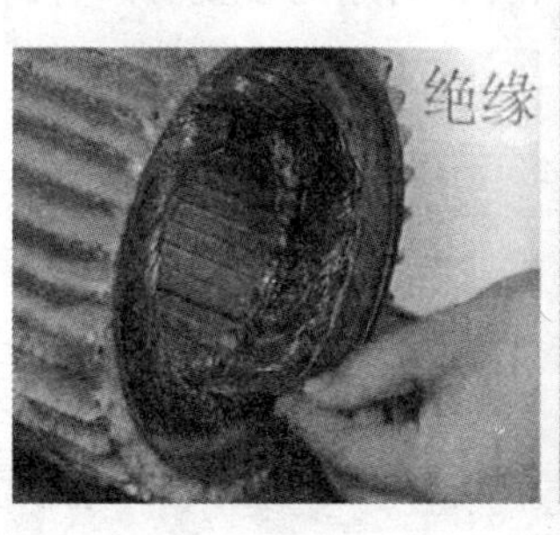

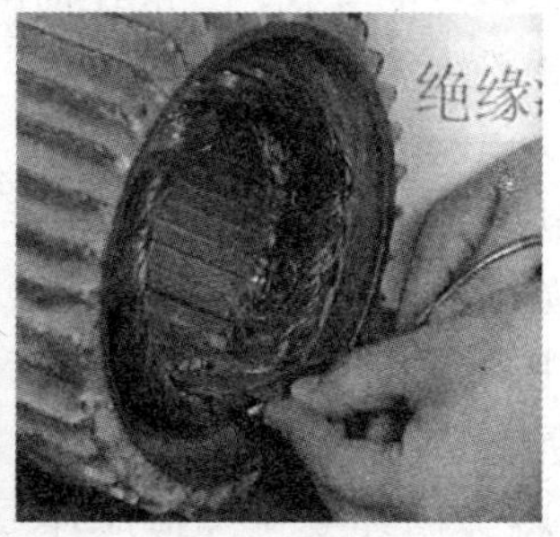

图 5-29 绕组接地点的处理

5.4.7 定子绕组内部断线

异步电动机的每相绕组一般由多个绕组并联而成，如果其中的并联绕组断线，使这一绕组不能工作，则转速也降低。

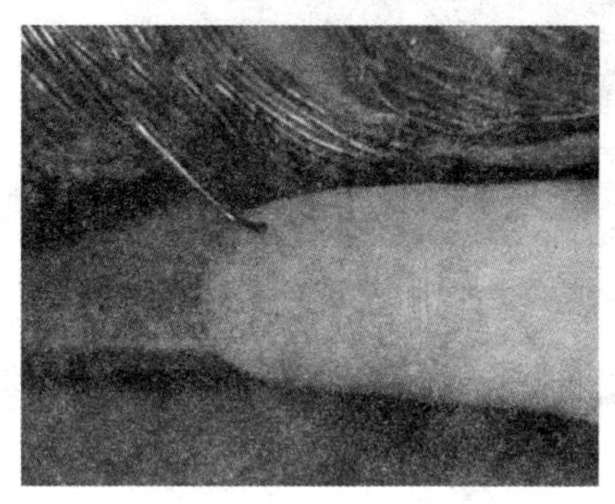
图 5-30 绕组断线

绕组断线的原因：由于焊接质量不高，经多次弯折而断线。多数情况是由于短路、接地等故障产生的高热、大电流（电动力增加）而造成的。

寻找断线点，首先是测量每相的直流电阻，判断出断线相别，然后进行测量。其方法是：将并联绕组的一端分开，万用表一表笔接于绕组一端，另一表笔接一钢针，依次插入绕组线心，电阻值从一定值到“∞”的交界点，就是断线点。如图 5-30 所示，断线点如果明显可见，焊好后继续运转；如果断在槽内，急用时可用跳线法，将一部分线圈废弃。

5.4.8 笼型转子断条

笼型转子比较坚固，故障很少，但有时也出现断条现象。断条以后，转子导体内感应的总电流小了，并且不对称，使得电磁转矩下降，转速降低。同时，定子电流波动，电动机出现振动等现象。

断条故障一般发生在笼条与短路端环连接处，其原因如下：

（1）电动机频繁启动或重负荷启动。启动时，转子导条承受很大的热应力和机械离心力，最易使笼条断裂，尤其是对二极高速电动机（接近 3000r/min）。

（2）冲击性负荷的影响。由于冲击性负荷（如空压机等）或振动剧烈的机械负荷，使笼条和端环在运行时受到冲击和振动而导致断裂。

（3）制造质量不高、笼条与端环焊接不牢等。

笼条断裂故障点的寻找，一般在抽出转子后用肉眼就可以看出，必要时，可以转子上撒些铁粉，然后在端环两端通以 100~200A 大电流低压电，便可明显地看出断条痕迹，如图 5-31 所示。其次，还可采用如下简便的方法：在定子上加三相电压（约为额定电压的 10%），用手拨动转子，如果转子有断条，定子电流将会循环变化（但应注意，气隙不均也会有这种现象）。

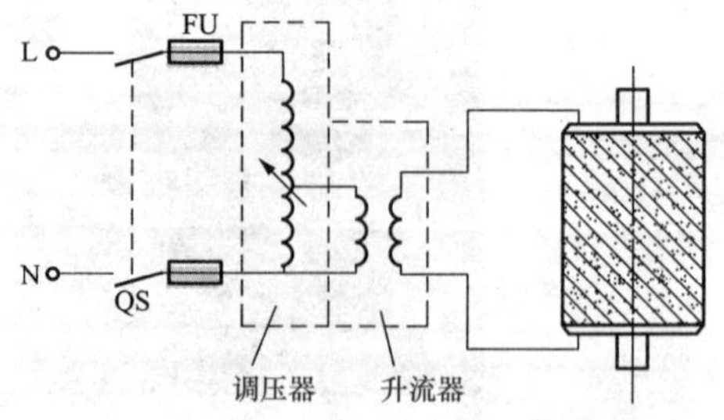

图 5-31 铁粉法检查笼形转子断条

5.4.9 定子绕组一相反接

定子三相绕组首尾连接正确时，随着各相电流大小、方向依次变化，它们产生的磁场是以同步转速旋转的。如果一相绕组的头尾接反，就会使磁场不能规则地旋转，大大削弱旋转磁场拖动转子的力，使转速下降。与此同时，转子在不规则力的作用下，将产生剧烈振动，并在转子中产生很大的附加电流，使电动机过热。

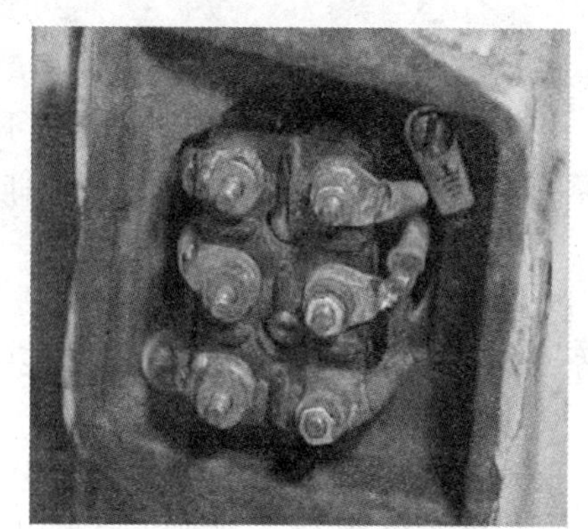

图 5-32 取下连接片

首尾接反的故障现象明显，又一般发生在新投入使用或经过修理后第一次使用时，比较容易判别。寻找首尾接反相可利用检查极性的原理进行。首先取下连接片，将三相绕组的六个首尾分开（如图 5-32 所示），找出三个绕组，然后按本章 5.3.6 节方法进行。

5.4.10 电源容量不足

电动机启动时会产生很大的启动电流。此电流，一方面使供电线路的电压损失加大，另一方面使电源设备输出电压下降。常用的电源，一是来自电网，经配电变压器供电；另一是自备柴油发电站供电。对变压器来说，大电流将使得内部压降加大，输出电压下降，导致断路器跳闸，熔丝熔断，电动机不能启动。对发电机来说，大电流使去磁作用增加，在励磁电流供不上的情况下，发电机输出电压也将大大降低，导致电动机不能启动。为了保证电动机的正常启动，一般来说，允许直接启动的单台电动机的容量不能超过变压器容量的 20% ~30%，不能超过发电机容量的 10% ~15%，否则需采用减压启动。

5.4.11 启动方式的选择或接线不正确

减压启动的基本出发点是降低启动电流，但使得启动转矩降低。如果启动电压过低（如△-Y启动），启动转矩降低了 1/3；自耦减压启动器抽头位置选择不合适，启动电压过低；起动器内部接线错误或者触头接触不良等，都有可能使电动机不能启动。

5.4.12 电动机控制线路有故障

用接触器、磁力启动器、断路器等开关直接启动的电动机，一般都是通过自控线路控制开关的电磁铁使开关动作的。如果控制线路有故障，开关合不上，则电动机也不能启动。

5.5 电动机振动和响声异常的故障诊断

电动机正常运转会产生轻微的振动和均匀的响声。如果振动强烈，声音偏大，并忽高忽低、嘈杂无章，就属于不正常了。这种现象多是前面叙述的各类故障的一种直观表现形式，但也有一部分是属于另外一个原因。

5.5.1 声音不正常

电动机发生的声音大致可分成电磁噪声、通风噪声、轴承噪声和其他接触声音等。监听这些噪声的变化，大多数能将事故在未形成前检查出来。

1. 轴承

必须特别注意滚动轴承声音的变化。如果经常监听轴承的声音，即使细微的声音变化也能判别出来。监听声音可以使用在市场购买的听音棒（棒的一端安装有共鸣器），也可以使用螺丝刀或单根金属棒来判断轴承的声音。

（1）正常声音。没有忽高忽低的金属性连续声音。

（2）护圈声音。由滚柱或滚珠与护圈旋转所产生轻的“唧哩唧哩”声，含有与转速无关的不规则金属声音。这种声音如在添加润滑脂后，变小或消失，对运行没有影响。

（3）滚柱落下的声音。这是卧式旋转电机中发生的、在正常运转时听不见的、转速低时可听得到的、在将要停止时特别清楚的声音。产生这种声音的原因是旋转在位于靠近顶部非负荷圈处的滚柱靠着本身重力比仍在旋转的护圈早落下来的缘故。“壳托”样声音对运转无妨碍。

（4）“嘎吱嘎吱”声。“嘎吱嘎吱”声多数是在滚柱轴承内发出的声音。这种声音同负荷无关，它是由于滚柱在非负荷圈内不规则运行所产生，并且与轴承的径向间隙，润滑脂的润滑状态等有关，长期不使用的电动机重新开始运转的阶段，特别是在冬季润滑脂凝固时容易出现。“嘎吱嘎吱”声多在添加润滑脂后就会消失。出现了“嘎吱嘎吱”声而没有同时出现异常的振动和温度时，机器仍可照常使用。

（5）裂纹声。这是轴承的滚道面，滚珠、滚柱的表面上出现裂纹时发出的声音，它的周期同转速成比例。裂纹声是由于轴承制造中的缺陷所造成的，在工厂装配时便产生了，或者由于运输中的撞击所产生等。轴承发生裂缝时，必须在发展到过热、烧结以前就迅速地更换。

（6）尘埃声。这是在滚道面和滚柱或滚珠间嵌入尘埃时发出的声音，声音大小无规则，也与转速无关。尘埃声发生后应把轴承部件拆开，清洗干净，同时清除润滑脂注入口的污垢、润滑脂注射仓的污垢等，如图 5－33 所示，以便消除再引起堵塞的原因，这是很重要的步骤。

2. 电磁噪声

一般的电动机内部总是或多或少地有电磁噪声，当切断电源时就会消失。电磁噪声多数是电磁振动与外、定子铁心共振发出的声音。当电磁噪声比平时大时，要考虑下述因素。

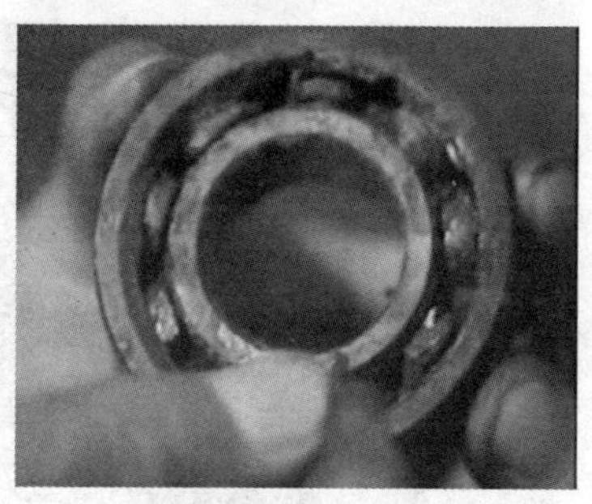

图 5－33　轴承上分润滑脂污垢

（1）气隙不均匀。因气隙不均匀产生的电磁噪声，它的频率为电源频率的 2 倍，应该从轴承架的偏移、基础地基下沉导致底座变形、轴承的磨损等方面去检查。

（2）铁心松动。运行中的振动、温度忽高忽低引起热胀冷缩等会使铁心的夹紧螺栓、直流电动机磁极的安装螺栓等松动，造成铁心容易振动，电磁噪声增加。检修的方法是用扳手查明各紧固部位的紧固状态，用手锤之类等敲击各有关部分发出的声音来查明各紧固部件的紧固状态。

（3）电流不平衡。三相感应电动机的电流不平衡与气隙不均匀的情况相同，发生频率为电源频率 2 倍的电磁噪声。电流不平衡的起因有电源电压不平衡，绕组的接地、断线、短路或者是转子回路阻抗不平衡，接触不良等。因此要对这些方面进行检查。

（4）高次谐波电流。近年来，应用晶闸管的电力电子产品（晶闸管调速装置等）增多。电流中含有的许多高次谐波分量，使电源波形畸变；感应电动机内有高次谐波电流流过，会使它的温度上升、发生磁噪声等。这种不正常的温度和磁噪声同时发生时，可用示波器测量电压、电流波形检查出故障。

3. 转子噪声

转子发生的噪声通常是风扇声、电刷摩擦声，偶尔会发生像敲鼓那样大的声音。这是在骤然启动、停止，特别是在频繁进行反接制动时容易产生这种声音。

4. 同工作机械的连接部分

（1）联轴节或带轮的轴瓦与轴的配合太松。如图 5－34 所示，如果同轴的配合太松，由于转矩的脉动使得联轴节或带轮与键严重擦碰而发出噪声。可测定轴和联轴节或带轮的直径尺寸来查明原因，尺寸精度测定到 0.01mm。

（2）联轴节螺栓的磨损、变形。一旦联轴节螺栓的套筒外表面被磨损而变形，或者联轴节螺栓和套筒间的间隙变大，就会在转矩脉动的影响下发出擦碰声。此时要拔出联轴节螺栓并进行检查。

（3）齿轮联轴节里的润滑油不足和牙齿磨损。由于漏油等原因造成润滑油不足时使牙齿磨损，啮合状态变差，就会发生擦碰等不正常声音。

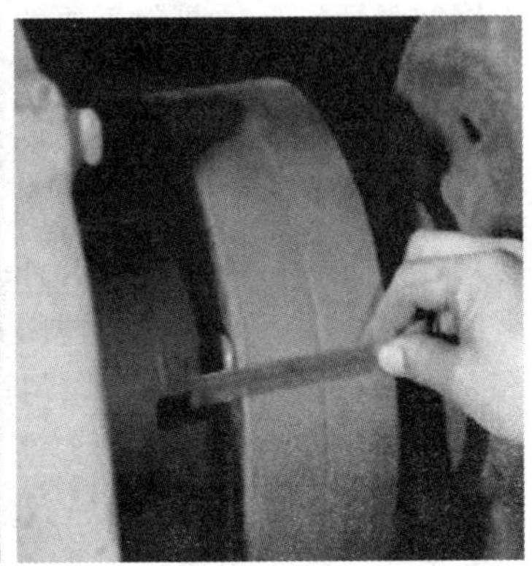

图 5－34 检查联轴节

（4）带松弛、磨损。带受张力小时容易被磨损，如果带与带轮之间出现打滑，就会发出不正常声音。应检查带的张力、磨损程度，然后采取必要措施，如更换带、调整其张力等。

5.5.2 振动异常诊断

噪声起因于振动，由于振动频率的不同，或让人觉得是噪声，或让人觉得只是振动。振动的起因有下述几种。

1. 电磁振动

如果切断电流，振动就消失，这是电磁振动。

2. 机械振动

即便断开电源，振动也不消失，这就是机械振动。可按下述顺序来查明原因。

（1）拆开与工作机械的连接。拆开与工作机械的连接后运转时，如果不正常振动消失，则原因是连接部分没有连接好。带套到带轮上时，要注意轴的平行度、带同轴的直角度、带的张力等，如图 5－35 所示，一定要把带与转轴的连接工作做好。带直接连接转轴时要对准中心。此时，还有必要充分调整好带、联轴节螺栓。

（2）检查底座和安装底脚。即使单独运转也查不出不正常振动的原因时，使用转矩扳手、扳手等检查基础螺栓、电动机安装螺栓有否松动，如有松动把它拧紧，如图 5－36 所示。

（3）转子没有平衡好。根据上述顺序查不出振动的原因，要考虑是否转子没有平衡好。经过长年累月运行后，由于绕组绝缘老化、绑带松弛等会造成转子平衡变差。假如振动的原因是由于转子不平衡，则振动状态随着转速而异，

图 5－35　检查带和带轮

而且它的振动值多半没有再现性。把转子拆卸下来用肉眼观察检查，并用检查手锤敲击绑带，听其声音辨别是否存在问题。

图 5－36　检查底座螺母

异常的振动与响声，一时也许对电动机并无严重的损害，但时间一长，将会产生严重恶果，因此，一定要及时找出原因，及时处理。首先应检查周围部件对电动机的影响，然后，解开传动装置（联轴器，传动带等），使电动机空转。如果空转时不振动，则振动的原因可能是传动装置安装不好，或电动机与工作机械的中心校准不好，也可能是工作机械不正常。如果空转时，振动与响声并未消除，则故障在电动机本身。这时，应切断电源，在惯性力的作用下电动机继续旋转，如果不正常的振动响声立即消失，则属于电磁性振动，应按上面叙述的原因一一查找，然后排除。

5.6　电动机过热的故障诊断

电动机正常运行时温升稳定，并在规定的允许范围内。如果温升过高，或与在同样工作条件下的同类电动机相比，温度明显偏高，就应视为故障，如图 5－37 所示。电动机过热往往是电动机故障的综合表现，也是造成电动机损坏的主要原因。电动机过热，首先要寻找热源，即是由哪一部件的发热造成的，进而找出引起这些部件过热的原因。

图 5－37　用手触摸电动机温度明显偏高

5.6.1　定子绕组过热

定子绕组存在电阻，通入电流后就会发热。对某一确定的电动机来说，绕组的电阻是基本不变的，所以绕组发热的多少主要决定于电流的大小。因此，定子绕组过热就是因为电流超过了允许值。定子绕组过热的原因有以下几种。

1. 负荷过重

由于各种原因使电动机负荷增加，电动机转速降低，转子、定子绕组中的电流增加，使电动机较长时间超负荷运行，绕组将过热。

图 5－38　电源电压低导致定子绕组发热

2. 电源电压低

电源电压降低，电动机的转矩将下降。在负荷不变的情况下，转速降低，电流增加，导致绕组过热，如图 5－38 所示。

3. 缺相启动和运行

三相电动机缺一相电源，无论是启动前缺相，还是运行中缺相，都将使电动机定子、转子绕组电流大大增加，时间稍长，电动机就会因过热而烧毁。据统计，因故障而损坏的电动机，60% 因缺相而造成。

(1) 启动前缺相。启动前缺相（含内部断相）时，电动机一般不能启动，转子不动，定、转子绕组相当于一台静止的变压器一次、二次绕组，而电动机转子绕组（如笼型绕组）是相互短接的，这样，未转动的电动机处于二次侧短路的变压器运行状态，定、转子绕组中流过很大的电流，电动机将严重过热。

（2）运行中缺相。运行中缺相（含内部断相）时，电动机虽然可以运转，但这时候的电动机变成了单相或两相运行，电动机的输出功率将大大下降，此时，流过绕组中电流将增大，电动机将严重过热，如图 5－39 所示。

图 5－39　电动机缺相运行

4. 匝间短路或绕组绝缘受潮

绕组内存在匝间短路，在短路线匝内流过很大的短路电流，使绕组过热，同时，由于短路线匝不做功，势必加重其他绕组的负担，使整个绕组过热。绝缘受潮后，定子绕组表面、绕组之间的泄漏电流增加，也会使电动机过热。

5. 接线错误

如果将△连接的电动机接成了Y连接，将使电动机转矩下降 1/3，电流大大增加；如果将Y连接接成了△连接，每相绕组电压升高了$\sqrt{3}$倍，铁心磁通严重饱和，还可能击穿匝间绝缘；如果三相绕组有一相首尾接反，电流也大大增加。这些都会使电动机绕组过热，但这些错误明显，易于发现，易于改正。

6. 启动频繁及力矩的影响

电动机频繁启动，或者启动时负荷阻力矩过大，或电动机启动转矩偏小，使电动机启动时间延长。很大的启动电流使电动机绕组过热。

5.6.2　铁心过热

当绕组接上交流电源后，在铁心内产生交变的磁通。这个交变的磁通使铁心交替磁化，需要消耗一部分能量，这叫磁滞损耗。磁滞损耗将使铁心发热。同时，铁心也是导体，在交变磁通作用下产生的感应电流在铁心内流通，也造成能量损耗，这叫涡流损耗，同样使铁心发热。但是，硅钢片磁导率很高，各片互相绝缘，因而使损耗限制在一定的范围内。如果铁心损耗增加，铁心将会过热，从这一点出发，可以找到铁心过热的原因。

1. 电压过高

铁心中的磁通与电压成正比，电压升高，励磁电流会急剧增加，都将使电动机发热严重。

2. 三相电压不平衡

由于三相电压不平衡，一方面使得电压偏高的一相电流增加，该相绕组过热；另一方面，由于三相电流的不平衡，三相电流之和不等于 0，就存在一个零序电流；零序电流产生的零序磁通，使铁心损耗增加，发热增加，如图 5－40 所示。

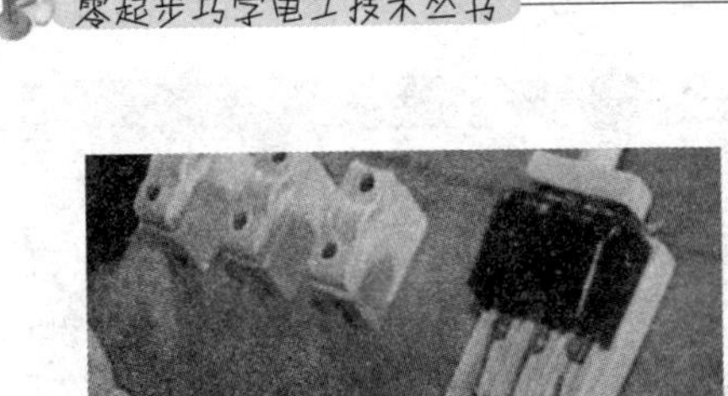

图 5－40　三相电压不平衡

3. 铁心短路

铁心的硅钢片之间短路以后，涡流大大增加，这是使铁心过热的主要原因。

造成铁心短路的原因是：拉紧螺栓与铁心间的绝缘损坏，使铁心各片通过螺栓形成短路；绕组故障产生的高温电弧，使铁心槽齿烧坏或熔化，形成短路；硅钢片表面存在毛刺、凹陷等引起短路。铁心短路以后，空负荷电流大大增加，这也是判断其故障的主要依据之一。如发现铁心短路，首先应把铁心表面清扫干净，对于表面存在的毛刺、凹陷，可用细钢锉轻轻锉平，然后用毛刷蘸上汽油清刷干净，再涂一层绝缘漆。铁片如有松动，应拧紧穿心螺栓，亦可在铁心片间插入硬质绝缘材料，如胶纸、云母片等。

5.6.3　轴承过热

中小型电动机的轴承多采用滚动轴承。滚动轴承的发热是由于滚珠与内外圈的摩擦产生的。引起轴承过热的原因有：

（1）缺油。

（2）加油过多或油质过稠。

（3）油脏污，混入了小颗粒杂质。

（4）轴弯曲。按规定，轴的弯曲不应超过 2mm。

（5）转动装置校正不正确，如偏心、传动带过紧等，使轴承受到的压力增大，摩擦力增加。

（6）端盖或轴承安装不好，配合得太紧或太松。

（7）轴电流的影响。由于电动机制造上的原因，磁路不对称，在轴上感应了轴电流而引起涡流发热。

5.6.4　散热不良

（1）环境温度偏高。当环境温度偏高（一般超过 35℃）时，电动机散热效率降低，这时若不降低电动机的输出功率，电动机的温度将升高。

（2）电动机内部与外壳灰尘过多，影响了散热。

（3）风扇损坏或风扇装反了，冷却风量减少。

（4）电动机排出的热风不能很快地散开、冷却，又立即被电动机风扇吸入内部，造成热循环使电动机过热。

电工技术中将这种不良的热循环称为热短路。热短路是导致电器及其他设备散热不良的重要原因，在任何情况下都是应当防止的。

三相异步电动机温升过高的分析程序如图 5－41 所示。

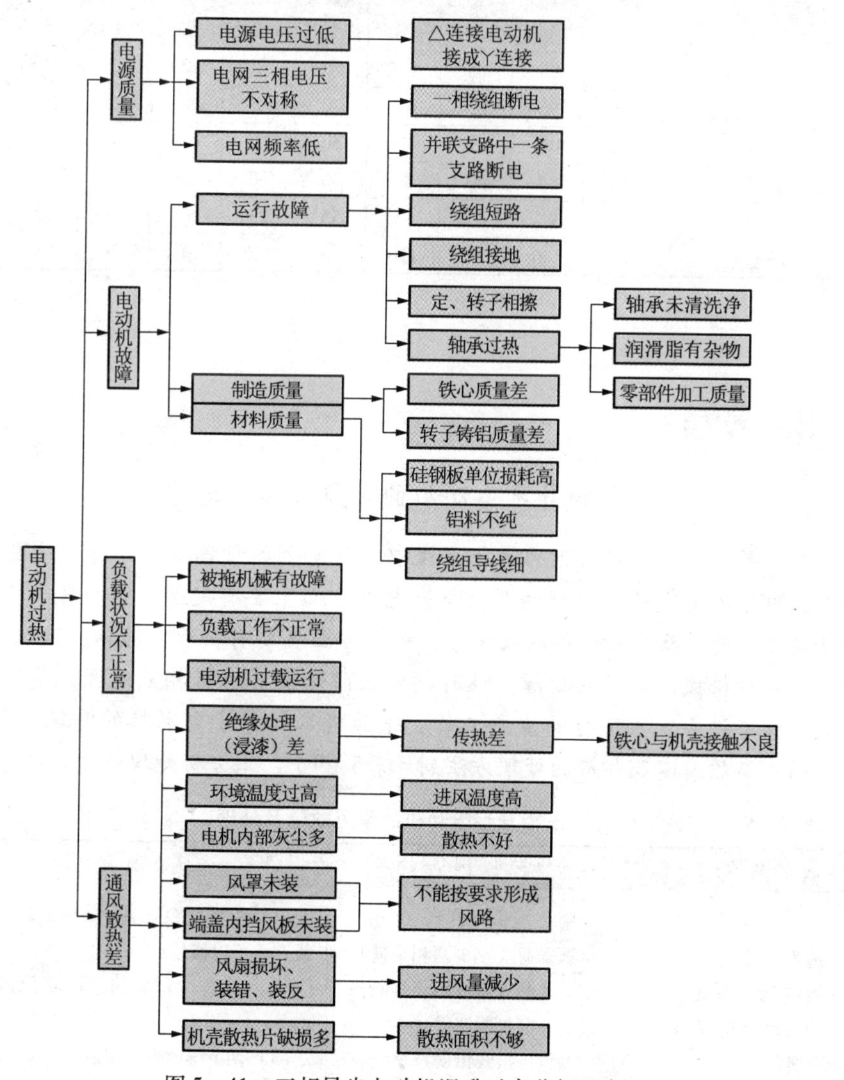

图 5－41　三相异步电动机温升过高分析程序

【知识链接】

三相异步电动机的最大允许温升和最高允许温度见表5－8。

表5－8 三相异步电动机最大允许温升和最高允许温度（温度计法，环境温度为40℃） （℃）

电动机部位	绝缘等级									
	A		E		B		F		H	
	最大允许温升	最高允许温度	最大允许温升	最高允许温度	最大允许温升	最高允许温度	最大允许温升	最高允许温度	最大允许温升	最高允许温度
定子绕组	55	95	65	105	70	110	85	125	105	145
绕线转子绕组	55	95	65	105	70	110	85	125	105	145
定子铁心	60	100	75	115	80	120	100	140	125	165
滑动轴承	40	80	40	80	40	80	40	80	40	80
滚动轴承	55	95	55	95	55	95	55	95	55	95
集电环	60	100	70	110	80	120	90	130	100	140

【技能提高】

三相异步电动机的常见故障及处理

三相异步电动机在长期的运行过程中，会发生各种各样的故障，这些故障综合起来可分为电气的和机械的两大类。电气方面主要有定子绕组、转子绕组、定转子铁心、开关及启动设备的故障等；机械方面主要有轴承、转轴、风扇、机座、端盖、负荷机械设备等的故障。及时判断故障原因并进行相应处理，是防止故障扩大、保证设备正常运行的重要工作。下面将三相异步电动机的常见故障现象、故障的可能原因以及相应的处理方法列于表5－9中，供分析处理故障时参考。

表5－9 三相异步电动机的常见故障及处理

故障现象	故障原因	处理方法
通电后电动机不能启动，但无异响，也无异味和冒烟	（1）电源未通（至少两相未通）； （2）熔丝熔断（至少两相熔断）； （3）过电流继电器调得过小； （4）控制设备接线错误	（1）检查电源开关、接线盒处是否有断线，并予以修复； （2）检查熔丝规格、熔断原因，换新熔丝； （3）调节继电器整定值与电动机配合； （4）改正接线

续表

故障现象	故障原因	处理方法
通电后电动机转不动，然后熔丝熔断	（1）缺一相电源； （2）定子绕组相间短路； （3）定子绕组接地； （4）定子绕组接线错误； （5）熔丝截面过小	（1）找出电源回路断线处并连接好； （2）查出短路点，予以修复； （3）查出接地点，予以消除； （4）查出错接处，并改接正确； （5）更换熔丝
通电后电动机转不启动，但有嗡嗡声	（1）定、转子绕组或电源有一相断路； （2）绕组引出线或绕组内部接错； （3）电源回路接点松动，接触电阻大； （4）电动机负荷过大或转子发卡； （5）电源电压过低； （6）轴承卡住	（1）查明断路点，予以修复； （2）判断绕组首尾端是否正确，将错接处改正； （3）紧固松动的接线螺钉，用万用表判断各接点是否假接，予以修复； （4）减负荷或查出并消除机械故障； （5）检查三相绕组接线是否把△接法误接为Y接法，若误接应更正； （6）更换合格油脂或修复轴承
电动机启动困难，带额定负荷时的转速低于额定值较多	（1）电源电压过低； （2）△接法电机误接为Y接法； （3）笼型转子开焊或断裂； （4）定子绕组局部线圈错接； （5）电动机过负荷	（1）测量电源电压，设法改善； （2）纠正接法； （3）检查开焊和断点并修复； （4）查出错接处，予以改正； （5）减小负荷
电动机空负荷电流不平衡，三相相差较大	（1）定子绕组匝间短路； （2）重绕时，三相绕组匝数不相等； （3）电源电压不平衡； （4）定子绕组部分线圈接线错误	（1）检修定子绕组，消除短路故障； （2）严重时重新绕制定子线圈； （3）测量电源电压，设法消除不平衡； （4）查出错接处，予以改正
电动机空负荷或负荷时电流表指针不稳，摆动	（1）笼型转子导条开焊或断条； （2）绕线型转子一相断路，或电刷、集电环短路装置接触不良	（1）查出断条或开焊处，予以修复； （2）检查绕线型转子回路并加以修复

续表

故障现象	故障原因	处理方法
电动机过热甚至冒烟	(1) 电动机过负荷或频繁启动； (2) 电源电压过高或过低； (3) 电动机缺相运行； (4) 定子绕组匝间或相间短路； (5) 定、转子铁心相擦（扫膛）； (6) 笼型转子断条，或绕线型转子绕组的焊点开焊； (7) 电机通风不良； (8) 定子铁心硅钢片之间绝缘不良或有毛刺	(1) 减小负荷，按规定次数控制启动； (2) 调整电源电压； (3) 查出断路处，予以修复； (4) 检修或更换定子绕组； (5) 查明原因，消除摩擦； (6) 查明原因，重新焊好转子绕组； (7) 检查风扇，疏通风道； (8) 检修定子铁心，处理铁心绝缘
电动机运行时响声不正常，有异响	(1) 定、转子铁心松动； (2) 定、转子铁心相擦（扫膛）； (3) 轴承缺油； (4) 轴承磨损或油内有异物； (5) 风扇与风罩相擦	(1) 检修定、转子铁心，重新压紧； (2) 消除摩擦，必要时车小转子； (3) 加润滑油； (4) 更换或清洗轴承； (5) 重新安装风扇或风罩
电动机在运行中振动较大	(1) 电动机地脚螺栓松动； (2) 电动机地基不平或不牢固； (3) 转子弯曲或不平衡； (4) 联轴器中心未校正； (5) 风扇不平衡； (6) 轴承磨损间隙过大； (7) 转轴上所带负荷机械的转动部分不平衡； (8) 定子绕组局部短路或接地； (9) 绕线转子局部短路	(1) 拧紧地脚螺栓； (2) 重新加固地基并整平； (3) 校直转轴并做转子动平衡； (4) 重新校正，使之符合规定； (5) 检修风扇，校正平衡； (6) 检修轴承，必要时更换； (7) 做静平衡或动平衡试验，调整平衡； (8) 寻找短路或接地点，进行局部修理或更换绕组； (9) 修复转子绕组

续表

故障现象	故障原因	处理方法
轴承过热	（1）滚动轴承中润滑脂过多； （2）润滑脂变质或含杂质； （3）轴承与轴颈或端盖配合不当（过紧或过松）； （4）轴承盖内孔偏心，与轴相擦； （5）带张力太紧或联轴器装配不正； （6）轴承间隙过大或过小； （7）转轴弯曲； （8）电动机搁置太久	（1）按规定加润滑脂； （2）清洗轴承后换洁净润滑脂； （3）过紧应车、磨轴颈或端盖内孔，过松可用黏结剂修复； （4）修理轴承盖，消除摩擦； （5）适当调整带张力，校正联轴器； （6）调整间隙或更换新轴承； （7）校正转轴或更换转子； （8）空负荷运转，过热时停车，冷却后再走，反复走几次，若仍不行，拆开检修
空负荷电流偏大（正常空负荷电流为额定电流的20%～50%）	（1）电源电压过高； （2）将Y接法错接成△接法； （3）修理时绕组内部接线有误，如将串联绕组并联； （4）装配质量问题，轴承缺油或损坏，使电动机机械损耗增加； （5）检修后定、转子铁心不齐； （6）修理时定子绕组线径取得偏小； （7）修理时匝数不足或内部极性接错； （8）绕组内部有短路、断线或接地故障； （9）修理时铁心与电动机不相配	（1）若电源电压值超出电网额定值的5%，可向供电部门反映，调节变压器上的分接开关； （2）改正接线； （3）纠正内部绕组接线； （4）拆开检查，重新装配，加润滑油或更换轴承； （5）打开端盖检查，并予以调整； （6）选用规定的线径重绕； （7）按规定匝数重绕绕组，或核对绕组极性； （8）查出故障点，处理故障处的绝缘。若无法恢复，则应更换绕组； （9）更换成原来的铁心
空负荷电流偏小（小于额定电流的20%）	（1）将△接法错接成Y接法； （2）修理时定子绕组线径取得偏小； （3）修理时绕组内部接线有误，如将并联绕组串联	（1）改正接线； （2）选用规定的线径重绕； （3）纠正内部绕组接线

续表

<table>
<tr><th>故障现象</th><th>故障原因</th><th>处理方法</th></tr>
<tr><td>Y－△开关启动，Y位置时正常，△位置时电动机停转或三相电流不平衡</td><td>（1）开关接错，处于△位置时的三相不通；
（2）处于△位置时开关接触不良，成V连接</td><td>（1）改正接线；
（2）将接触不良的接头修好</td></tr>
<tr><td>电动机外壳带电</td><td>（1）接地电阻不合格或保护接地线断路；
（2）绕组绝缘损坏；
（3）接线盒绝缘损坏或灰尘太多；
（4）绕组受潮</td><td>（1）测量接地电阻，接地线必须良好，接地应可靠；
（2）修补绝缘，再经浸漆烘干；
（3）更换或清扫接线盒；
（4）干燥处理</td></tr>
<tr><td>绝缘电阻只有数十千欧到数百欧，但绕组良好</td><td>（1）电动机受潮；
（2）绕组等处有电刷粉末（绕线型电动机）、灰尘及油污进入；
（3）绕组本身绝缘不良</td><td>（1）干燥处理；
（2）加强维护，及时除去积存的粉尘及油污，对较脏的电动机可用汽油冲洗，待汽油挥发后，进行浸漆及干燥处理，使其恢复良好的绝缘状态；
（3）拆开检修，加强绝缘，并作浸漆及干燥处理，无法修理时，重绕绕组</td></tr>
<tr><td>电刷火花太大</td><td>（1）电刷牌号或尺寸不符合规定要求；
（2）集电环或整流子有污垢；
（3）电刷压力不当；
（4）电刷在刷握内有卡涩现象；
（5）集电环或整流子呈椭圆形或有沟槽</td><td>（1）更换合适的电刷；
（2）清洗集电环或整流子；
（3）调整各组电刷压力；
（4）打磨电刷，使其在刷握内能自由上下移动；
（5）上车床车光、车圆</td></tr>
<tr><td>电动机轴向窜动</td><td>使用滚动轴承的电动机为装配不良</td><td>拆下检修，电动机轴向允许窜动量如下
<table>
<tr><th rowspan="2">容量（kW）</th><th colspan="2">轴向允许窜动量（mm）</th></tr>
<tr><th>向一侧</th><th>向两侧</th></tr>
<tr><td>≤10</td><td>0.50</td><td>1.00</td></tr>
<tr><td>10～22</td><td>0.75</td><td>1.50</td></tr>
<tr><td>30～70</td><td>1.00</td><td>2.00</td></tr>
<tr><td>75～125</td><td>1.50</td><td>3.00</td></tr>
<tr><td>>125</td><td>2.00</td><td>4.00</td></tr>
</table></td></tr>
</table>

绕线转子异步电动机最容易出故障的部位就是集电环与电刷。现将集电环与电刷的常见故障及处理方法列于表5-10中。

表5-10　绕线转子异步电动机集电环、电刷常见故障及处理方法

故障现象	故障原因	处理方法
集电环表面轻微损伤，如有刷痕、斑点、细小凹痕	电刷与集电环接触轻度不均匀	调整电刷与集电环的接触面，使两者接触均匀；转动集电环，用油石或细锉轻轻研磨，直至平整，再用0号砂皮在集电环高速旋转的情况下进行抛光，直到集电环表面呈现金属光泽为止
集电环表面严重损伤，如表面凹凸度、槽纹深度超过1mm，损伤面积超过集电环表面面积的20%～30%	（1）电刷型号不对，硬度太高，尺寸不合适，长期使用造成集电环损伤； （2）电刷中有金刚砂等硬质颗粒，使集电环表面出现粗细、长短不一的线状痕迹； （3）火花太大，烧伤集电环表面	首先需检修集电环，拆下转子进行车修。注意尽量少旋去金属。集电环车修后，须进行抛光，并用压缩空气将金属粉末吹净。 （1）更换成规定型号和尺寸的电刷； （2）使用质量合格的电刷； （3）找出火花大的原因并排除
集电环呈椭圆形（严重时会烧毁集电环）	运行时产生机械振动所致。 （1）电动机未安装稳固； （2）集电环的内套与电动机轴的配合间隙过大，运行时产生不规则的摆动	首先车修滑环，方法同上。 （1）紧固底脚螺钉； （2）检查并固定牢集电环在轴上的位置

续表

故障现象	故障原因	处理方法
电刷冒火	(1) 维护不力，集电环表面粗糙，造成恶性循环，加重火花； (2) 电刷型号、尺寸不合适，或电刷因长期使用而磨损、过短； (3) 电刷在刷握内卡住； (4) 电刷研磨不良，接触面不平，与集电环接触不良； (5) 电刷压簧压力不均匀或压力不够； (6) 集电环不平或不圆； (7) 油污或杂物落入集电环与电刷之间，造成两者接触不良； (8) 空气中有腐蚀性介质存在	(1) 加强巡视、维护，发现问题时及时处理； (2) 更换成规定型号和尺寸的电刷，更换过短的电刷； (3) 查出原因，使电刷能在刷握内上下自由移动，但也不能过松； (4) 用细砂布研磨接触面，并保证接触面不小于 80%，或换上新电刷（新电刷接触面也需打磨）； (5) 调整压簧压力，弹性达不到要求时，更换压簧（压力应保证有 15 ~ 20kPa）； (6) 用砂布将集电环磨平，严重时需车圆； (7) 用干净的棉布蘸汽油将电刷和集电环擦拭干净，除去周围和轴承上的油污，并采取防污措施； (8) 改善使用环境，加强维护
电刷或集电环间弧光短路	(1) 电刷上脱下来的导电粉末覆盖绝缘部分，或在电刷架与集电环之间的空间内飞扬，形成导电通路； (2) 胶木垫圈或环氧树脂绝缘垫圈破裂； (3) 环境恶劣，有腐蚀性介质或导电粉尘	(1) 加强维护，及时用压缩空气或吸尘器除去积存的电刷粉末；可在电刷架旁加一隔离板（2mm 厚的绝缘层压板），用一只平头螺钉将其固定在刷架上，把电刷与电刷架隔开； (2) 更换集电环上各绝缘垫圈； (3) 改善环境条件

思 考 题

1. 电动机的常见故障类型有哪些？

2. 造成电动机故障的直接原因和间接原因各有哪些？

3. 电动机故障的常用诊断检测方法有哪些？请举一二例说明如何应用这些方法诊断电动机的故障。

4. 用于电动机诊断的技术有哪些？

5. 如何诊断电动机的绝缘故障？

6. 怎样诊断电动机绕组接地故障和短路故障？

7. 怎样用万用表诊断电动机绕组断路故障？

8. 怎样用万用表诊断电动机绕组接线错误故障？

9. 电动机不能启动的故障原因主要有哪些？

10. 如何通过电动机异常声音来判定故障的大致部位？

11. 电动机定子绕组过热的原因有哪些？

第6章 心灵手巧修理电动机机械故障

电动机上的一些零部件，如铁心、机座、端盖、转子、电刷、集电环、轴承和离心开关等出现机械故障，常常会导致电动机不能工作或工作不正常。对于这些零部件的某些故障，如一时无配件可换，动动脑筋是完全可修旧如新的。

6.1 铁心故障维修

定、转子铁心的损坏和变形主要由以下几个方面原因造成。

（1）轴承过度磨损或装配不良，造成定、转子相擦，使铁心表面损伤，进而造成硅钢片间短路，电动机铁损增加，使电动机温升过高。

（2）拆除旧绕组时用力过大，使线槽歪斜和向外张开。

（3）因受潮等原因造成铁心表面锈蚀。

（4）因绕组接地产生高热烧毁铁心糟或齿部。

（5）铁心与机座间结合松动，

电动机铁心常见故障有铁心松动、铁心扇张、铁心表面擦伤、铁心局部烧毁、铁心齿部弯曲和断折等。

6.1.1 铁心松动故障修理

1. 松动原因

铁心冲片在电动机运行时受热膨胀，受到附加压力，使冲片两面的漆膜被压平、压薄，片间密合度降低，使铁心冲片之间产生松动。铁心松动后冲片之间将会产生振动，将冲片绝缘层进一步磨损，使铁心冲片更加松动。引起铁心冲片松动的原因还有铁心两端的齿压板欠缺或折断、通风沟支撑条变形或开焊、脱落等。铁心松动的位置多发生在铁心两端和通风沟两侧，如图6－1所示。

检查铁心冲片松动的简单方法是用锤子轻轻敲击铁心两端的齿部和齿压板，如有松动，会发出哑声，并会有由冲片缝隙向外喷出的红锈和灰尘。

2. 修理方法

（1）对于铁心两端部冲片松动的修理，可用铁板做成楔条插入齿压板和铁心缝内，压紧后再用电焊焊牢。也可用中性洗涤剂除去油垢和锈迹，晾干后涂上环氧胶，在压力下室温固化8～12h。

图6－1　定子铁心

（2）铁心中间部分松动的修理，应先拆除线圈，根据电动机结构的不同，采取不同的措施。

1）对外压装的小型电动机，应先将定子铁心压出，松开铁心扣片和拉钩，然后根据铁心内圆制作一个胀胎，将铁心套入胀胎内。校正槽样棒，使槽内铁片对齐。最后在压力机上压紧铁心，在压力下扣好铁心扣片和拉钩，用电焊焊牢，再将整体铁心压入机壳内，如果是用螺栓拉紧的铁心结构，则应使拉紧螺栓对称均匀地拧紧螺母，压紧铁心。

2）对于内压装结构的铁心，应根据松动程度采用不同的修理方法。若铁心局部松动较轻微，用汽油将松动部分消除锈迹和油污，再用布擦拭干净，然后用尖刀片胀开冲片，插入云母片，然后塞牢，最后涂环氧树脂胶固化。如果铁心松动严重，则应将冲片拆开重新叠压，压力为2～3MPa。

（3）定子铁心整体在机座内转动，严重时会把线圈引线拉断，造成断路。其修理方法是将机座上定位螺钉拧紧，如果已脱扣，可在机座上重新开定位螺孔。如果铁心转动严重，用定位螺钉固定无效时，可将铁心压圈或铁心外圆与机座用电焊点焊牢。或将定子铁心压出，在其外表面均匀涂刷环氧胶，再压入机座，经室温固化粘牢，这对电动机散热也有好处。

6.1.2　铁心扇张故障修理

1. 扇张原因

所谓扇张，就是铁心两端的硅钢片翘起。在拆除旧线圈时，如果拆除工艺不当，将齿部冲片压倒、弯曲、变形或用喷灯烧除旧线圈绝缘时，使齿端部过热变形，铁心冲片向外翘曲，片间绝缘被烧焦，形成扇张现象以及端部压紧装置不完善甚至根本没有，都会造成扇张现象。由于这种现象比较普遍，又不会立刻使电动机造成事故，所以检修时一般不容易引起重视。

扇张现象危害很大。向外扇张的齿部冲片在电磁力作用下，会产生振动，使电动机噪声加大，同时由于长期振动，严重时磨损线圈绝缘，容易产生线圈接地故障。齿部冲片经受长期振动，引起疲劳而折断，断下的齿片也会刮伤端部线圈绝缘。

2. 修理方法

中小型电动机齿部扇张允许值见表 6－1，当齿部扇张超过允许值时，可用以下方法进行修理：如果端口个别槽齿外张松弛，可用小锤敲平复位。若松弛的槽齿较多，则把外张片间清理干净，用两块厚度约为 10～16mm 的钢板，做成外径略大于槽底部的圆压板，中心开孔穿入双头螺杆，可将其夹紧复原。如仍不能恢复，则卸开压板后将外张的槽齿间涂刷 LT－325 型黏结胶，然后再压紧，待固化后卸开即可复原。

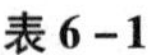

表 6－1　　中小型电动机齿部扇张允许值　　(mm)

定子铁心长度	<100	101～200	>200
齿部扇张允许值	3	4	5

6.1.3　铁心表面擦伤故障修理

1. 擦伤原因

机械零部件加工精度不够、轴承磨损、转轴弯曲、电动机振动、装配工艺不当、气隙不均以及电动机内部掉入异物等，都会造成定转子铁心相擦，使铁心表面损伤，造成冲片之间短路。

2. 修理方法

(1) 铁心表面片间短路的修理方法。

1) 将硝酸溶液稀释到 37% （浓度）。

2) 在相擦部位的整片光滑面上用手提砂轮（或粗砂布）顺叠片纹路轻度打磨，使之略可看出片间纹路。

3) 用压缩空气吹扫干净。

4) 用毛刷蘸上原配好的硝酸溶液涂刷到铁心短路部位，待铁心表面呈现深褐色生成物后，再用清水将其清洗抹干。

5) 用空气吹干后再涂刷硝酸溶液，如此反复多次，使片间短路毛刺被腐蚀消除而呈现出清晰的片间纹路为止。

6) 最后用清水洗刷、吹干后，将 1611 号绝缘漆涂抹在铁心表面，干后即可。

必须注意，要掌握好硝酸的浓度，浓度过大或过小都影响其腐蚀质量。

(2) 槽内烧结短路点的修理方法。

1) 用钢凿将槽内烧结块凿去，再用锉刀把槽内凸出点修整齐平。

2) 将铁心杂物清除干净后，撬开齿部冲片，用稀释的绝缘漆涂刷一遍。

3）对槽底部的凹坑用环氧树脂与云母粉（或其他良好绝缘物）调和后充填。

4）待环氧树脂固化后，用锉刀修齐，并用压缩空气吹扫干净即可。

（3）注意事项　在用腐蚀法修理铁心表面擦伤故障时，应注意以下几点。

1）用手砂轮打磨短路处的硅钢片，打磨时要顺铁心纹路方向打磨，不要连续打磨，以防将铁心短路深度扩大。

2）将铁心段间的通风沟用湿石棉布或玻璃丝布堵塞好，防止酸液浸入线圈绝缘内部和腐蚀通风沟撑条。将施工附近的线圈和槽楔表面以及铁心间缝隙处用油灰堵严，防止酸液流入腐蚀绝缘。

3）硝酸溶液配制的体积分数比为37%。

4）操作时要戴好护目镜、手套及多层口罩，并在通风良好处进行。

6.1.4　铁心短路故障修理

1. 产生原因

冲片短路发热是烧毁铁心齿、槽部分绝缘的直接原因。造成冲片短路的原因有：冲片绝缘老化或过热炭化；锉铁心槽时存在大量毛刺；叠压铁心时压力过大，破坏漆膜；叠压铁心将金属物压入铁心内；嵌线时落入金属物，引起冲片短路等。

2. 修理方法

（1）将烧损区域内的线圈起出来。

（2）用扁凿或风铲清除烧熔硅钢片上的黏结块。

（3）用小直径的风砂轮打磨铁心伤疤和凸凹不平的表面。并可根据铁心烧结区大小和形状选用不同规格和材质的风砂轮。

（4）铁心清理干净后，用专用工具（如刀片之类）将齿部冲片一片一片撬开，用刮刀刮除毛刺，再涂入硅钢片绝缘漆。

（5）对于槽内硅钢片烧结区的清除，仍要用前面介绍的酸液腐蚀法。

（6）嵌线前需做铁损试验，确无局部过热，方能嵌线。

（7）为防止线圈绝缘在烧损的熔坑或缺齿部位膨胀损伤，需用新的绝缘物填塞。

6.1.5　槽齿歪斜修理

由于拆线方法不当往往会造成槽齿变形，若歪斜的槽齿在端口，可用尖嘴钳修正复原；若在铁心中间，则用一块薄钢板，一端磨平直，从槽口伸到移位的槽齿，钢板的槽外端用小锤轻敲，从齿的根部逐渐修向槽口，可将其复位。

6.2 电动机转子故障修理

电动机转子故障主要有铁心松动、笼型转子断条，如图 6－2 所示。

(a)

(b)

图 6－2 电动机的转子

（a）绕线式；（b）鼠笼式

6.2.1 转子铁心松动故障修理

转子铁心与轴的公差配合如果不当，或电动机过于频繁正反转运行等都会引起转子松动，产生移位。常用的修理方法有：粘胶固持修复法、滚花修复法、环氧玻璃钢套修复法。

1. 粘胶固持修复法

粘胶固持修复法简易方便，适用于磨损间隙较小的小型电动机铁心松动修复。其操作方法是：检查调整好定子、转子相对位置，在铁心上做好记号，压出铁心。用清洁剂将转子铁心内孔与轴的配合段清洗干净；晾干后将 LT－680 固持胶涂抹在铁心内孔和轴的配合面上。将铁心上压床压入到轴的正确配合位置，固化后即可使用。

2. 滚花修复法

滚花修复法工艺简便、经济，对于小型电动机修复的效果较好。其方法是：检查并调整好定、转子相对位置后，在转轴上做好记号或测量并记录好尺寸；在压床上将铁心从轴上退出；将轴上车床，将铁心的配合段进行滚花处理；最后把转子铁心压到轴的正确装配位置上。

3. 环氧玻璃钢套修复法

如果转轴磨损较大，用上述方法修复不能保证质量，对小型转子铁心松动可用环氧玻璃钢套修复法进行修复。其工艺要求是：测量并记录铁心在转轴上的位置，将铁心退出；在轴上将铁心配合段表面车去 2mm，如图 6－3 所示加工表面纹路应较为粗糙；用环氧胶涂玻璃丝布着力包扎，包时要求分布均匀，包扎到所需厚度后，再用热收缩带包扎 2 层；然后在 135℃ 环境下固化 24h；拆去热收缩层，冷却后进行车削加工到配合尺寸；最后将转子铁心按记录尺寸压入轴上正确位置即可。

图 6-3 车削转子

6.2.2 笼型转子断条故障修理

笼型转子笼条断裂称为断条，端环断裂称为断环，断条和断环合称为断笼。断笼是笼型电动机的常见故障。

电动机发生断笼故障后，转速将明显下降，转子严重发热，定子三相电流不平衡，呈时高时低现象，并且有异常的噪声。

断环故障，一般直接观察就可以发现故障点。断条故障可以用断条侦察器进行检查，如图 6-4 所示，断条侦察器接通 36V 交流电源，放在转子铁心槽口上沿转子圆周逐槽移动，如导条完整，毫伏表指示的是正常短路电流。若某一槽口电流有明显下降，则该处导条断裂。如果断条严重，电动机运行时间又较长，断条处也会有烧黑的痕迹。

对小型异步电动机转子一般均采用笼型铸铝转子，对铝质断条故障的修理方法一般分两种情况。

1. 个别断条的局部修理

查出断条槽，在两端把该槽口的端环锯断，如图 6-5 所示，然后用钢凿沿铁心端面与槽口齐平，将槽口的端环凿去；将转子夹住，用加长钻头将断条沿槽钻通，注意不要损及铁心；清除槽内残余的铸铝；根据转子槽形尺寸做一根铝质笼条，打入槽内，其长度约与端环齐平；将 4% 的铝、63% 的锡和 33% 的锌混合在容器中，加热熔化后倒在略倾斜的角铁上，凝成约 8mm 的长条形铝焊条；利用气焊将焊接缝处加热，加铝焊药把铝焊条烧熔，将笼条与端环焊接；如有端环风叶也随之在原位焊上；最后将多余部分修去。

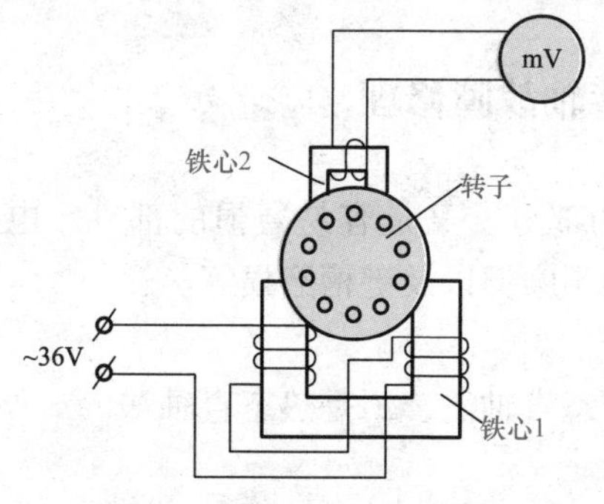

图 6-4 用侦察器检查断条

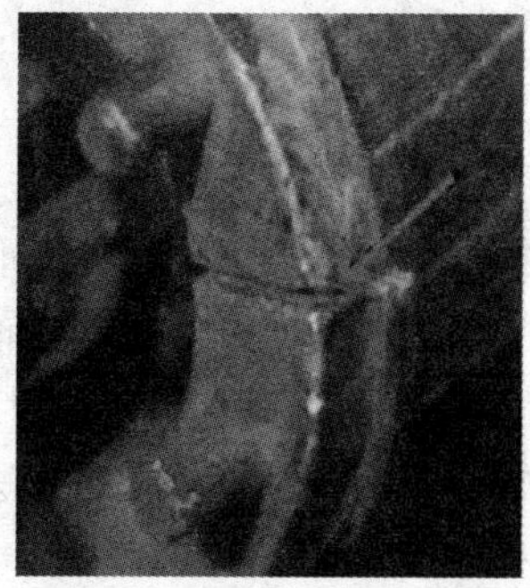

图 6-5 转子端环断裂

2. 换笼修理

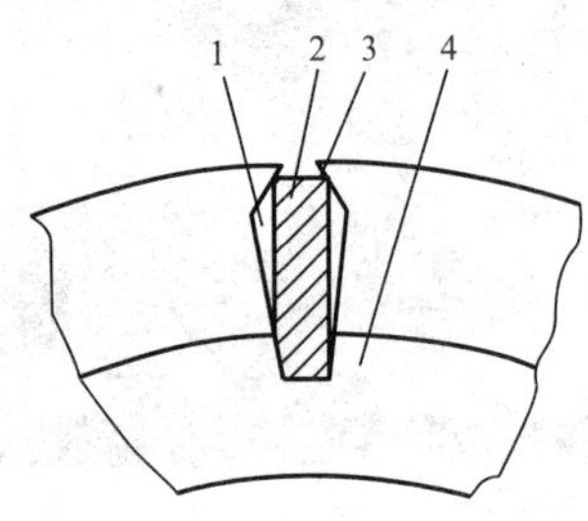

图6－6　新换笼条在转子槽中的放置

1—转子槽；2—换用铜笼条；3—笼条倒角；4—转子端环

如果断条较多，局部修理无效时应换笼处理。换笼可重铸铝笼或更换铜笼，重铸铝笼工艺复杂，要在专用设备上进行，因此一般采用铜笼进行替代。其方法是：将转子在炉上加热到650～700℃（铁心呈暗红色），使铸铝熔化脱落；取出转子趁热用挠钩和小铲将残存在槽内的铝渣清除干净；按图6－6所示选用笼条并焊接。

对笼条的处理方法如下。

（1）对一般电动机可选用矩形紫铜条并将上端倒角（铜条截面积为转子槽面积的70%左右），打入槽内。

（2）笼条全部插入后，将与笼条对应位置开槽的端环（端环截面积为原铝环的0.7～0.8倍、端环开槽深度约为笼条高度的1/3）嵌入端部。

（3）用气焊将接触部位焊牢。采用这种结构的笼条端部可兼作转子风叶，有利于电动机冷却，但工艺要求较高。

对小型电动机转子，由于笼条截面积较小，不便焊接端环，因此可将笼条加长，伸出铁心20～30mm，然后向一边敲弯，使各槽笼条顺势搭接，再用气焊将其焊成整体。

最后上车床，将转子端环车削整齐。

6.2.3　铸铝端环开裂的修理

将转子平置于滚架上，使开裂处向上；清理转子并擦去油污后，用钢凿沿表面裂纹凿出V形槽；用喷灯或气焊将补焊处加热到400～500℃；加铝焊药将烧熔的铝焊条熔注入V形槽并渗入裂缝中；完成后自然冷却，修整齐平，并将杂物清除干净即可。

6.3　电动机转轴故障修理

转轴通过轴承支撑转动，是负荷最重的部分，又是容易磨损的部件。电动机转轴常见故障有转轴弯曲、转轴断裂、轴颈磨损以及键槽磨损等。

6.3.1　转轴弯曲故障修理

转轴弯曲一般有两种修理方法：一是冷态直轴法，二是热态直轴法。

1. 冷态直轴法

对于小型电动机转轴弯曲，可采用冷态直轴法。这种方法通常采用油压机或螺旋压力机对轴进行矫正。直轴过程中，不必压出转子铁心：首先将弯曲的转子放置在两个等高的 V 形铁块上，然后将转子转动 360°，用千分表找出铁心或轴的凸出面，将凸出面朝上，使压力机的压杆对此凸面施加压力，一直将轴校直为止，如图 6－7 所示。在直轴过程中，要随时用千分表检测转子铁心或转轴的弯曲度。

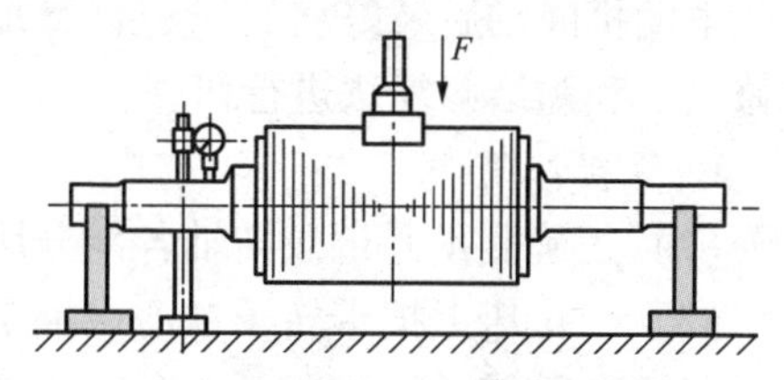

图 6－7　用冷态直轴法矫正转轴弯曲示意

对弯曲程度轻微的转轴，要求校直后的精确度不低于 0.05mm/m；对于严重弯曲的转轴，要求校直后的精确度不低于 0.2mm/m。

检查合格后，取下转轴，再复查一次。

2. 热态直轴法

绕线式电动机或直流电动机，由于转子上有铁心及绕组，在采用加热法直轴时，需要加热至 600～700℃，这样会烧损绝缘，所以直轴前，应把铁心压出来。

热态直轴有两种方法：一是先加压后加热；二是先加热后加压。

（1）先加压后加热的方法是：将轴凸起部位朝上放置，将轴两端在支架上放稳，然后在弯曲点附近施加压力（压力要逐渐加大），并用千分表随时检查变形程度，再用石棉布把不需加热的部位包好，露出需加热的部位，在压力下用焊枪开始均匀加热。当加热直轴符合要求后，立即将加热部位用于石棉布盖上保温，使轴自然冷却至室温，取消压力，用千分表测量。如果轴尚未矫正到理想程度，可按上述方法重复矫正一次。根据修理经验，在矫轴时可以矫过头 0.05～0.07mm，但在直轴结束后要进行局部或全部退火处理，退火后，这个过矫的数值会自动消失，使直轴效果恰到好处。

图 6－8　转轴矫直

（2）先加热后加压的方法是：先在轴弯曲处的整个圆周上均匀加热至 600～650℃，随即用压力机加压，将转轴矫直过来，如图 6－8 所示。在直轴过程中，用装在轴端的千分表检查，当检查合格后，在压力保持不变的条件下，用干石棉布包好加热处，一直保持冷却到室温。这种直轴方法对于轴弯曲度大的校直效果显著，并且直轴后运行稳定性较高。

6.3.2 转轴断裂故障修理

电动机断轴后最好将转子退出，加工一条新轴换上。如需修复，可采用焊接修复法和黏结修复法进行修理。

1. 焊接修复法

(1) 正确测量并记录转轴各部分尺寸。

(2) 在车床上把带转子铁心的断裂面车平，然后在轴断面上钻一攻丝坯孔（孔径约为断面轴径的1/3），并车（或攻）制内螺纹。

(3) 用一根45号钢坯料（直径大于断面）一端车配螺纹，螺纹长度大于螺孔深度5～10mm。

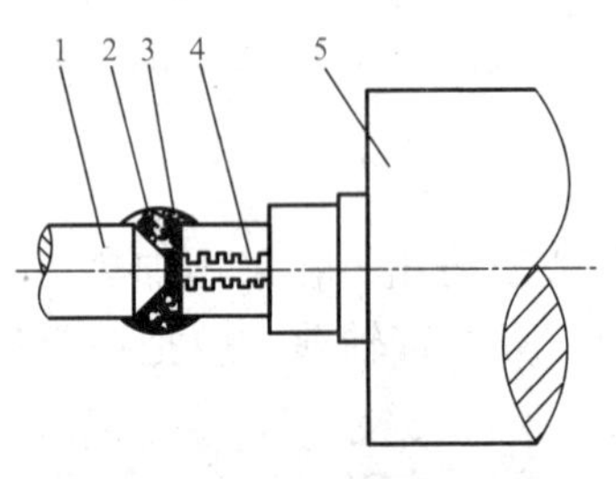

图6－9 断轴的焊接修复

1—断轴接长坯料部分；2—堆焊部位；3—环焊部位；4—接长坯料的旋入螺杆；5—转子铁心

(4) 将车好的钢坯旋入螺孔后，如图6－9所示。

(5) 用力拧紧后先在交界处环焊一周，除焊渣后采用环绕堆焊，并注意随时将焊渣清理干净，以保证焊接质量。

(6) 焊接完毕，将焊接部位进行退火处理，以消除焊接内应力的影响。

(7) 根据原始记录车出各部分尺寸及加工键槽。

由于焊接后的内应力很难完全消除，而且焊接质量也不够稳定，采用焊接修复的轴比较容易再次折断。所以当轴径较大时不宜采用此法修复，还是更换新轴为妥。

2. 黏结修复法

(1) 测量断轴直径等尺寸，用45号钢车制一只钢套，内径公差为0.08～0.11mm，厚度约为直径的1/3，长度以不妨碍装配为宜。

(2) 将断轴端面和黏结表面用清洁剂或丙酮清洗干净。

(3) 干燥后在钢套内侧及轴的表面和两断面上均匀涂刷LT－609固持胶。

(4) 将钢套一半长度套入转子断轴，再把断开部分插入钢套，并使断口纹路对接整齐。

(5) 固化1～6h后，可组装使用。

此法用于断裂点在无直径变化的直轴上的修复，不宜用于轴肩部位断裂的轴。

6.3.3 轴颈磨损故障修理

轴颈是转轴与轴承的配合部分，是转轴最重要而又最易磨损的部位，它的强度和几何尺寸决定电动机能否正常运行。

轴颈最常见的故障是轴颈与滚动轴承配合表面的磨损。由于磨损，轴颈呈现的椭圆度远远超出了标准，轴颈椭圆度公差允许值见表 6－2。

表 6－2　轴颈椭圆度公差允许值

项　　目	新加工品		旧加工品	
轴颈（mm）	>1000r/min	<1000r/min	>1000r/min	<1000r/min
50～70	0.01	0.03	0.03	0.05
70～150	0.02	0.04	0.04	0.06

轴颈磨损的检修方法如下。

1. 补焊法

将转轴轴颈打磨干净，用中碳钢条（如 T506）对轴颈进行补焊，边焊边转动转子，一圈一圈地补焊，直至把轴颈全部补焊完毕。冷却后，在车床上加工到所需尺寸。加工时一定要注意保证两轴颈与转子外圆的同轴度。

2. 锡焊法

从轴上退出轴承后，把轴颈清洗干净，用砂布打磨焊接段；然后用大功率电烙铁在磨损的轴颈上加热，并涂抹焊锡膏，将轴承挡搪上一层薄锡；待冷却后再将轴承内圈抹上机油压入轴承挡。该方法工艺简单、成本低廉，适用于磨损程度较轻的小型电动机轴颈的修复。

3. 粘胶修理法

退出轴承后，用砂布把轴颈的锈蚀部分打光，用煤油把轴颈的油污清洗干净再用丙酮清洗晾干；然后用 LT－609 固持胶涂抹在轴承内圆和轴的装配段；约 10min 后将轴承装入挡位，固化后即可用。

4. 镶套法

如果轴颈磨损较严重，且电动机轴径较大并且轴的机械强度裕量足够时，可采用镶套法修理，如图 6－10 所示。镶套法是把磨损的轴颈直径沿挡位车去 6～8mm；然后用 45 号钢加工一钢套（外径约大于配合尺寸 0.5～1mm），采用过盈配合，配合公差见表 6－3；钢套车好后用热套镶入配合段，待冷却后再上车床，以转子外径为基准校正，精车钢套外径，其配合公差见表 6－4；最后将轴承用加热法压装到轴颈位置即可。

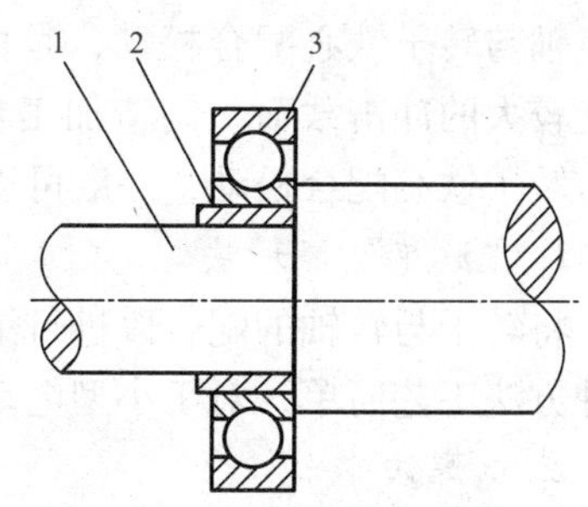

图 6－10　轴承镶套修复

1—电动机轴；2—镶入套筒；3—轴承

表 6－3　　镶套（内径）与轴的过盈配合公差　　（mm）

轴标称尺寸		>6 ~10	>10 ~18	>18 ~30	>30 ~50	>50 ~80	>80 ~120	>120 ~160	>160 ~220
钢套内径公差	上偏差	-0.028	-0.033	-0.041	-0.060	-0.087	-0.124	-0.170	-0.210
	下偏差	-0.050	-0.060	-0.081	-0.109	-0.148	-0.198	-0.253	-0.308

表 6－4　　电动机轴颈与滚动轴承内套的配合公差　　（mm）

轴　径	向心滚珠轴承		短圆柱滚柱轴承	
	上偏差	下偏差	上偏差	下偏差
6 ~ 10	-0.004	-0.003	—	—
11 ~ 18	+0.005	-0.003	—	—
19 ~ 30	+0.012	+0.002	—	—
31 ~ 50	+0.014	+0.002	+0.001 4	+0.002
51 ~ 80	+0.016	+0.003	+0.028	+0.012
81 ~ 120	+0.028	+0.012	+0.040	+0.013
121 ~ 180	+0.040	+0.013	+0.045	+0.026

6.3.4　键槽磨损故障修理

键槽磨损故障大多发生在重负荷、正反转的电动机上，俗称“滚键”。一般键槽磨损的修复方法是：如果键槽损伤严重，可将旧键槽堆焊补平，离旧键槽90°位置处新铣出键槽。加工精度应符合3级精度。键槽损伤不大时，可采用二氧化碳保护焊进行堆焊，然后再铣出所需键槽尺寸。也可加宽旧键槽，配制一个梯形键，但增加的宽度不应大于原键槽宽度的15%。配键时键与键槽两侧的加工精度应符合要求，配合紧密。键在键槽内上下间隙应适当，一般为0.1 ~0.5mm。

6.3.5　转轴与转子铁心配合松动故障修理

轴与转子铁心配合松动，是由于电动机因频繁启动、制动和反转，使转轴承受较大的冲击载荷、制造加工精度不够或公差配合选择不当引起的。解决转轴与转子铁心配合松动，一般可以采用以下几种方法进行修理。

1. “滚花”修理法

将转子与转轴的配合段进行滚花处理，其目的是增加转子与转轴的接合面，这种方法工艺简单，对于小型电动机的修复效果更好。

2. 电焊法

采用电焊的方法将铁心两端与转轴电焊一圈，但应用细焊条，注意不要将铁心或转轴焊变形。

3. 粘胶固持法

将转轴从铁心中压出，将轴孔内壁和转轴的配合段清洗干净并晾干，在轴孔内壁和转轴的配合段涂上固持胶，然后将转轴压入轴孔，待胶固化后就可使用。

4. 环氧玻璃钢套修理法

这种修理方法是在转轴上将铁心配合段表面车去2mm，注意只能粗车，然后用玻璃丝布涂环氧胶用力包扎，包扎时要求分布均匀，包扎到所需厚度后，再用热收缩带包扎2层，然后在135℃固化24h，最后拆下收缩层，车削加工到配合尺寸。

6.4 电动机集电环故障修理

6.4.1 集电环工作表面故障修理

集电环如图6-11所示，其工作表面上常见故障有凹痕、条痕、急剧磨损、印迹、烧伤等。

集电环工作表面应光滑，无烧痕、无条痕等缺陷，表面粗糙度达1.6~0.8μm。集电环与轴配合和各环与绝缘套的配合应牢固。绝缘套管应无裂纹、无松动。引线连接应牢固。绝缘电阻值在75℃时应不低于0.5MΩ。

图6-11 集电环

绝缘外部可采用合成树脂浸渍的无纬玻璃丝带绑扎，以防运转时外露云母片飞散。对于集电环表面轻微烧痕、麻点等可用油石、细锉打磨，最后用00号砂布打光。

如果出现下列情况下，应考虑车削修理。

(1) 集电环径向偏摆量超差：电动机转速在1000r/min及以上时超过0.05mm；在1000r/min以下时超过0.08mm。

(2) 铜环表面损伤深度超过1mm，损伤面积占总面积的20%~30%。

车削后的集电环工作面偏摆不应超过0.03~0.05mm。轴颈径向跳动不大于0.1%，各环直径之差不应超过外径的1%。

当集电环的厚度磨损超过规定值时，应更换新的集电环。

6.4.2 集电环短路故障修理

塑料换向器易发生塑料变脆开裂现象。当外界导电粉尘和油污浸入裂缝后会造成铜环间击穿和对地击穿。同时，当引接线焊接处接触不良时，还会出现局部过热，使焊接线的根部烧断。此外，由于采用布质胶木板制作绝缘垫圈，常会吸潮变形，失去绝缘强度。有些紧固式集电环在套筒外表面未经密封处理，也会使引接线焊接的根部打火烧伤。

集电环短路故障的检修可按下述步骤进行。

（1）将烧毁部分清除并擦洗干净。

（2）用绝缘电阻表检查短路点，处理至无短路点为止。

（3）将6101环氧树脂胶和650固化剂混合后（各一半），填平故障点的空穴。

（4）在室温下干燥固化6～8h便可。

（5）对于烧毁严重和裂纹较大的情况，可采用无纬玻璃丝带（或玻璃丝布）涂敷上述配料，在集电环周围缠绕和加固。这种处理只适合于相间短路故障。

（6）如果铜环对地击穿，则应将铜环取下，用配料将故障点空穴填好，并将铜环套入一起固化。

6.4.3 集电环松动故障修理

由于集电环与轴配合公差过盈不够，以及塑料经一段时间运行后收缩和开裂，易使塑料集电环产生配合松动；同时塑料集电环内孔若直接与轴配合，经过几次拆装也会产生配合松动现象。

紧固式集电环主要在环与套之间产生松动。这是因为集电环绝缘套筒配合过盈不够，尤其是采用冷配合时松动现象更甚。集电环经100～200℃热套配合后，就不易松散，也避免了因层间绝缘漆老化或绝缘收缩等原因造成松动的现象。

6.4.4 集电环温度过高故障修理

引起集电环温度过高的原因是电刷电流密度过大、电刷压力过大或过小，如果电刷压力过大则机械磨损加剧，而压力过小则电气损耗增大；机组振动使得电刷与集电环工作面接触不稳定，损耗增大，也会使集电环温度增高；更换电刷时，若选择的电刷牌号不对，如选用了允许电流密度较小的电刷，则会因电流密度偏高而发热。在检修当中，有时增设一排电刷会解决火花和过热问题。

电刷表面与集电环工作面有油污和杂物时，也会使集电环温度过高。通常电刷与集电环工作表面接触要在80%左右，否则会由于电流密度增大而造成集电环温度过高。

6.5 电刷故障修理

电动机在正常运行时，一般普通电刷运行1000h，能磨损4～6mm。因此经过长期运行的电刷刷体、导线和其他金属附件，常常会出现氧化、腐蚀、刷体磨耗长短不一等现象。

电刷宜一次全部更新。如果新旧电刷混用，会出现电流分布不均的现象。

对中小型电动机，在更换电刷前，应先将换向器磨光研平，并检查换向器的偏摆度，使之达到要求。用细玻璃砂纸，沿电动机运转的方向研磨电刷，如图6－12所示。注意不可采用金刚砂纸研磨，以防止金刚砂粒嵌入换向器槽中，在电动机运转时，擦伤电刷和换向器的磨面。

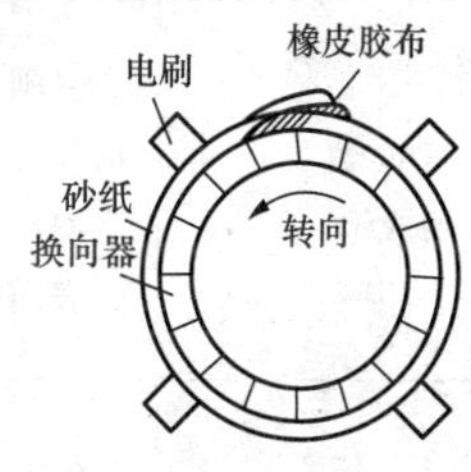

图6－12 研磨电刷的方法

电刷研磨后，应先以20%～30%的负荷运转数小时，使电刷与换向器表面磨合，并形成适宜的表面薄膜，再逐步提高电流至额定负荷。

对于大型机组，停机更换电刷会影响生产。因此可以不停机，每次更换20%的电刷（即每台电动机每个刷杆的20%），每次时间间隔1～2周，待磨合后，再逐步更新其余电刷，以保证机组正常连续运行。

【知识链接】

电刷运行中常见故障及处理方法见表6－5。

表6－5 电刷运行中常见故障及处理方法

故障现象	故障原因	处理方法
电刷磨损异常	电刷选型不当；换向器偏摆、偏心；换向片、绝缘云母凸起等	应根据电机的运行条件选配合适的电刷，或排除偏摆、凸起故障
电刷磨损不均匀	电刷质量不均匀或弹簧压力不均匀	更换电刷或调整弹簧压力
电刷下出现有害火花	（1）机械原因，如换向器偏摆、偏心；换向器片、绝缘云母凸起和振动等； （2）电气原因，如负荷变化迅速，电机换向困难，换向极磁场太强或太弱	（1）排除外部机械故障； （2）选用换向性能好的电刷； （3）调整气隙，移动换向极位置等

续表

故障现象	故障原因	处理方法
电刷导线烧坏或变色	(1) 电刷导线装配不良； (2) 弹簧压力不均	(1) 更换电刷； (2) 调整弹簧压力
电刷导线松脱	(1) 振动大； (2) 电刷导线装备不良	(1) 排除振动源； (2) 更换电刷
换向器工作面拉槽成沟	电刷工作表面有研磨性颗粒，包括外部混入杂质，长期轻负荷，严重油污，有害气体等损害接触点之间表面的薄膜	清扫电刷，更换电刷，排除故障
电刷或刷握过热	(1) 弹簧压力太大或不均匀； (2) 通风不良或电机过负荷； (3) 电刷的摩擦系数大； (4) 电刷型号混用； (5) 电刷安装不当	(1) 降低或调整弹簧压力； (2) 改善通风或减小电机负荷； (3) 选用摩擦系数小的电刷； (4) 换用同一型号的电刷； (5) 正确安装电刷
刷体破损，边缘碎裂	(1) 振动大； (2) 电刷材质软、脆	(1) 排除振动源； (2) 选用韧性好的电刷； (3) 采取加缓冲压板等防振措施
电机运行中出现噪声	电刷的摩擦系数大；电机极握振动大；空气温度低	选用摩擦系数小的电刷，排除振动源，调整湿度
电刷表面“镀钢”	(1) 由于电刷与换向器间接触不好而产生电镀作用，在电刷表面粘附铜粒； (2) 由于产生花火，使铜粒脱落，并聚积在电刷面上； (3) 局部电流密度过高	(1) 排除换向器偏摆，电刷跳动，弹簧压力低而不均等故障； (2) 排除产生火花的原因； (3) 排除电流密度不均的故障

【技能提高】

直流电动机电刷中心线位置的调整

为保证电动机运行性能良好，电动机的电刷必须放在中性线位置上。电刷的中性线位置是指电动机为空负荷发电机运转，其励磁电流和转速不变时，在换向器上测得最大感应电动势时的电刷位置。

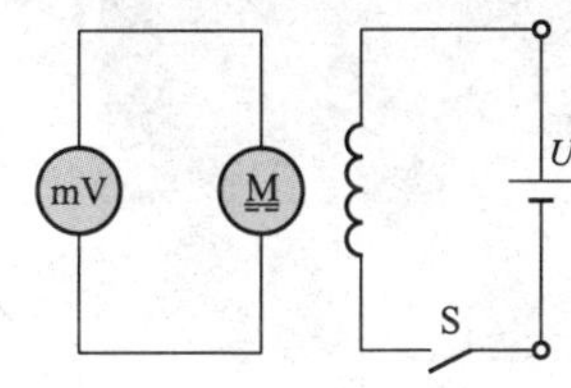

图 6－13　感应法测电刷中性线位置接线图

确定电刷中性线位置的方法有感应法、正/反转发电机法和正/反转电动机法。一般采用感应法，因为此法简单，电动机不需转动，且准确性较高。感应法接线图如图 6－13所示，在被测试电动机相邻的电刷上接一个毫伏表，电枢静止不动，此时在电动机主极绕组上交替接通或断开一个低压直流电源，当电刷不在中性线位置时，毫伏表上将有读数。此时移动电刷位置，直到毫伏表上读数为零，即为电刷中性线位置。

6.6　电动机轴承故障修理

6.6.1　轴承故障检查

轴承清洗干净后，要进行质量和磨损情况检查，检查方法如下。

1. 外观检查

轴承洗干净之后，可将一手穿入内孔并外张，另一手转动外圈，如图 6－14所示，细心听其滚动声音，应是灵活、均匀、圆滑、平稳而无卡滞现象，否则说明轴承有缺陷。然后再观察轴承滚珠（柱）及内、外滚道是否有裂纹、锈蚀、凹坑、脱皮和变色等。此外，还要检查保持架有无变形、铆钉是否脱落或松动；防尘罩是否变形、是否装配牢靠等。

2. 径向间隙检查

（1）转动检查法。检查轴承径向间隙的简单方法是用手转动轴承外围。间隙正常的轴承，其外圈转动平稳、无杂声、转速均匀，并缓慢地停止转动；否则说明轴承间隙有缺陷；这种方法对于单列向心球轴承间隙的检查效果较好。

另外，用左手握住轴承外圈，用右手的食指和拇指捏住内圈用力向各方向推动，感到很松时，说明间隙过大。检查小型电动机的轴承也可以采用如

图 6－15 所示的方法直接检查，不需要将轴承拆下来。

图 6－14　轴承旋转检查

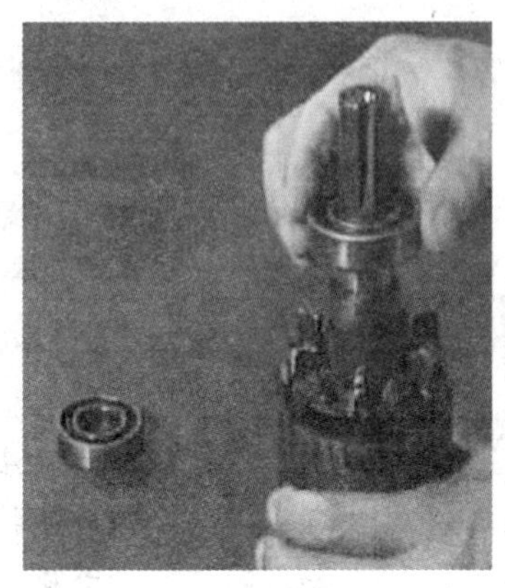

图 6－15　轴承间隙检查

（2）百分表检查法。将轴承的外圈顶起来，用百分表测量其顶起值，用顶起值减去未顶起时的数值差，就是径向间隙。

（3）塞尺检查法。对于圆柱滚珠（柱）轴承，可用塞尺测量径向间隙。测量时，先将轴承内圈固定，再将轴承外圈用 50N 左右的力推向一边；然后将塞尺插入滚动体和滚道的间隙内，调整塞尺厚度使松紧适度。这时塞尺的实际探测厚度便是径向间隙。用塞尺测量径向间隙时，要求从轴承两端分别测量一次，插入的深度对于滚柱体要超过其长度的 1/4，对于滚珠体要求超过其圆心。

如果测量的径向间隙大于表 6－6 中的值，则应更换新轴承。

表 6－6　　滚动轴承的径向间隙　　（mm）

轴承内径		20～30	35～50	55～80	85～120	125～150
径向间隙	新滚珠轴承	0.01～0.02	0.01～0.02	0.01～0.02	0.02～0.04	0.02～0.05
	新滚柱轴承	0.03～0.05	0.05～0.07	0.06～0.08	0.08～0.10	0.10～0.12
	磨损最大允许值	0.10	0.20	0.25	0.30	0.35

（4）压丝测量间隙。先将轴承内圈固定，取直径 1mm 左右的铅保险丝从滚珠（柱）之间穿过轴承；将轴承外圈慢慢转动，并使保险丝靠近滚珠（柱）；均匀用力转动外圈，使保险丝进入并滚过滚珠（柱）与外圈滚道间隙后停止；取出滚压过的保险丝，用千分尺测量保险丝碾扁的最薄部位；为了保证准确性，用该方法时应在轴承圆周上分 3 个等分部位进行压丝检查，然后取其平均厚度即为轴承的径向间隙。

6.6.2 轴承常见故障及修理

轴承常见故障及处理方法见表6－7。

表6－7 轴承常见故障及处理方法

故障现象	故障原因	处理方法
轴承破裂，运行时可听到“咕噜”和“梗、梗”声音，轴承发热严重，甚至使转子相摩擦	（1）轴承与转轴或与轴承室配合不当，安装时用力过大； （2）拆卸轴承方法不正确，如硬敲轴承外圈	更换已经损坏的轴承
轴承变成蓝紫色	（1）轴承盖与轴相摩擦； （2）轴承与转轴配合过松； （3）运转时带过紧，或者联轴器不同轴； （4）润滑脂干枯	查明原因在轴颈处喷涂金属或在端盖轴承室镶套；调节带松紧或校正联轴器，使实际配合公差达到要求
珠痕：轴承滚道上产生与滚珠形状相同的凹痕	（1）安装方法不正确； （2）传动带拉得过松	更换轴承，调节皮带松紧
震痕：类似于珠痕，但痕迹较广，程度较浅	电机定子与转子相擦	检查电机定子与转子是否相擦，排除故障
麻点	轴承使用期过长或润滑脂混入金属屑之类的杂质，电动机的噪声和振动增大	更换轴承
锈蚀	清洗不当或密封不合要求，电动机的噪声和振动增大	更换轴承

6.6.3 轴承的更换与代用

在下述情况下，轴承应更换或用其他轴承代用：轴承损坏或磨损过量；为了改善运行性能，降低运行噪声；修理国外引进设备的电动机；没有同型号的轴承等情形时，可用其他轴承代用。

1. 轴承的更换

（1）更换新轴承必须选用同型号、同精度等级的轴承，最好选用同一厂家的产品，防止各厂家因各自标准不同而影响运行质量。

（2）更换前应对新轴承进行各项检查，并测量径向间隙，间隙必须符合表6－6的要求。

（3）更换前应查阅产品说明，以了解轴承原用防锈剂性质，以便清洗干净（180000系列防护式轴承除外）。

（4）清洗后的新轴承应根据电动机的形式、工作条件等添加合适的润滑脂。目前中小型电动机常用的滚动轴承润滑脂见表6－8。

表6－8　　电动机常用滚动轴承润滑脂的性能

名称	钙基润滑脂				钠基润滑脂		钙钠基润滑脂	
牌号	YB 1401－62				SYB 1402－62		SYB 1403－59	
序号	1	2	3	4	1	2	1	2
最低工作温度（℃）	≥－10				≥－10		≥－10	
最高工作温度（℃）	70	75	80	85	120	140	110	125
性状	黄色到暗褐色软膏状				深黄色到暗褐色软膏状		黄色到深棕色软膏状	
抗水性	不易溶于水，抗水性较强				亲水性强，易溶于水		抗水性较差	
适用范围	适用于温度较低和有水分或在与水接触条件下工作的封闭式电动机				适用于干燥、无水、高温环境下运行的开启式电动机		适用于有水蒸气的环境或工作在高温条件下的电动机	
名称	复合钙基脂				二硫化钼润滑脂		复合铝基脂	
牌号	SYB1407－59				HSY－101/103		SHY－101/103	
序号	1	2	3	4	1	2		
最低工作温度（℃）	≥－40				≥－40		—	
最高工作温度（℃）	170	180	190	200	≥100	≥140	≥100	≥100
性状	淡黄色到暗褐色光滑透明油膏状				深灰色或灰褐色光泽软膏状		黄褐色软膏状	
抗水性	抗水性强				抗水性强		抗水性强	
适用范围	适用于高温运行，有水接触或存在严重水分的场合中使用的封闭式电动机				适用于高温工作条件，也用于潮湿工作环境，是湿热带电机应用的润滑脂		适用于高温工作条件，有水接触及严重水分的场合中使用的电动机	

2. 代换轴承的选用

按基本尺寸选择代用轴承。如果所选新轴承的内径、外径和宽度与原轴承相同，则装配时无须改装轴承室结构。但轴承的使用寿命与承载能力有关，生产厂家不同或结构形式不同的轴承的承载能力也不相同，如果新轴承的承载能力较原轴承小，则其代用后的使用寿命将缩短。

3. 规格不同的轴承代用

如果没有同型号或同规格的新轴承更换，为了应付生产急需则可选用相同结构形式而不同基本尺寸的代用轴承，但代用后的轴承装配要采取加垫措施。

(1) 代用轴承内、外径相同但宽度比原轴承窄。这种代用要将垫圈加在轴承室外圈位置，如图 6－16（a）所示。这种形式的代用，新轴承的工作能力系数降低，使用寿命较短。

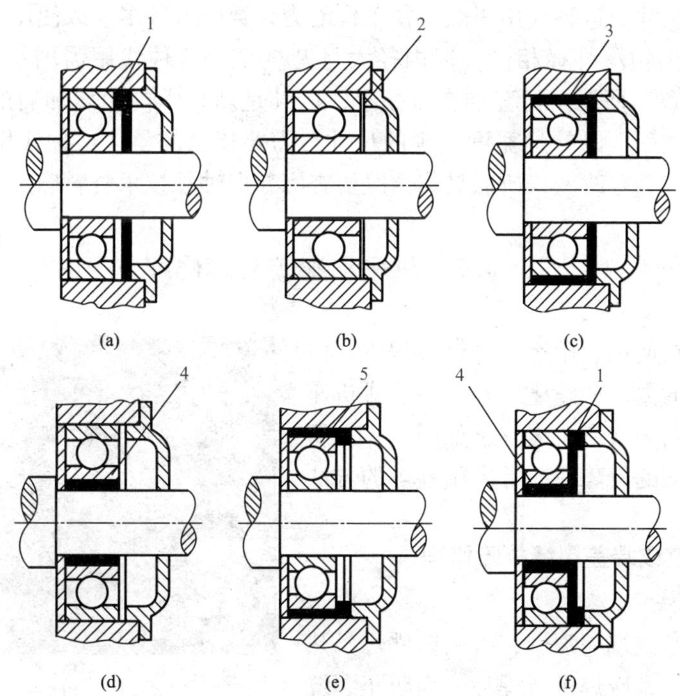

图 6－16 不同规格轴承代换的加垫措施

(a) 代用轴承内、外径相同但宽度比原轴承窄；(b) 代用轴承内、外径相同但宽度比原轴承宽；(c) 代用轴承宽度、内径相同，但外径比原轴承小；(d) 代用轴承宽度、外径相同，但内径比原轴承大；(e) 代用轴承内径相同，但外径小且宽度窄；(f) 代用轴承外径相同，但内径大且宽度窄

1—加宽垫圈；2—车去轴承部分止口长度；3—轴承外围衬套；4—轴承内圈衬套；5—异型衬套

(2) 代用轴承内、外径相同，但宽度比原轴承宽。这种代用将受到轴承室尺寸的限制，只有新轴承增加的宽度小于轴承盖止口长度才能实现，这时需车去轴承盖的部分止口，如图6－16（b）所示，车去长度等于轴承增宽尺寸。代用后，轴承的工作能力系数提高，使用寿命可延长。

(3) 代用轴承宽度、内径相同，但外径比原轴承小。这时应在轴承外圈加衬套，如图6－16（c）所示。不过这种代用在同类型、同宽度、同内径的轴承较为少见。

(4) 代用轴承宽度、外径相同，但内径比原轴承大。代用时可在轴颈处加一衬套，如图6－16（d）所示。

(5) 代用轴承内径相同，但外径小且宽度窄。这种代用如图6－16（e）所示，在外圈上加一个异形衬套，套的径向厚度补足外径尺寸，侧面厚度则补足原轴承宽度尺寸。这种代用一般会使工作能力系数降低较多，故使用寿命较短。

(6) 代用轴承外径相同，但内径大且宽度窄。这种代用需增加一套一垫，如图6－16（f）所示。衬套加在轴颈上，以补足新轴承内径增加后的尺寸；垫圈加在外圈侧面，以补足宽度减少的尺寸。需要指出的是，这种代用后轴承的工作能力系数会有改变，所以具体情况要查阅新旧轴承技术资料确定。

6.7 机座和端盖故障修理

电动机在使用、搬运和拆修过程中，由于受到强烈的振动或磕碰，有时会造成机座或端盖局部断裂或产生裂纹，如图6－17所示。对于这样的故障，通常采用补焊的方法进行修理。

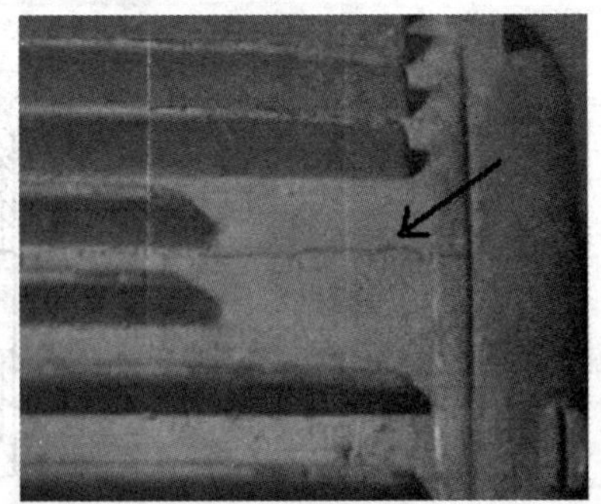

图6－17 机座裂纹

6.7.1 机座或端盖裂缝故障修理

1. 焊接法

对于机座或端盖裂缝，可用铸铁焊条热焊，或用铜焊条冷焊进行焊补。为防止裂缝继续扩大和保证焊接质量，在焊接前，为防止裂纹延伸，应在裂纹两端各钻一个ϕ3～6mm小孔，孔的深度不超过裂纹深度，但不能钻穿。然后用手动砂轮或錾子把裂缝两端好的地方磨出或錾出一条6～10mm长的浅沟，并沿着裂缝磨成或錾出90°的V形坡口。在采用铸铁焊条焊接时，必须将被焊的工件加热到600℃左右，然后用直流弧焊机进行补焊。采用铜焊时，要用硼砂做助焊剂。焊好后放到保温炉内逐渐冷却，以消除被焊工件的内应力，防止变形。但用铜焊条冷焊法的强度不如铸铁焊条热焊法，因此当机座脚等受力很大的部位发生断裂现象时，一般不采用铜焊条冷焊法。

对于铸铁件的裂纹，还可用锡铝合金进行补焊。其工艺过程是将质量分数分别为27%的铝和73%的锡放在铁勺或坩埚中加热熔化，待混合均匀后，将锡铝合金溶液慢慢倒在砖面上，并让其拉成一条线，冷却后即成为细长条的焊料，然后在铸铁裂缝处用錾子錾出90°的V形坡口，清除铁屑和油污（用浓硫酸或其他强氧化剂除去沟内铁屑等氧化物更好）。再用喷灯加热到100℃左右，即可进行焊补。也可先用少量铝合金打底，待合金与坡口处的铸铁材料紧密结合时，再堆焊直至焊平。

焊接机座和端盖时，要注意保护好精加工的端面，补焊后需保持端盖与机座的同轴度，防止被焊工件变形，以免装配时发生困难，同时保证铁心在机座内的稳固性。当电动机机座底脚发生断裂时，只有在焊接后仍能保持原来电动机底面的平整，并保持原来电动机底脚在导轨或基础上的螺栓孔中距离不发生改变的情况下，才能进行铸铁焊条热焊。

2. 粘接法

采用铁锚牌101聚氨酯胶粘接。其工艺过程是：

（1）用汽油洗净裂纹线，找出始末端，在裂缝两端各钻一个$\phi3\sim6$mm的孔，防止裂口延伸。

（2）用錾子沿裂纹线开90°的V形槽到止裂孔，槽深约为端盖厚度的40%。

（3）先用酒精擦洗V形槽（包括四周30mm宽），然后用丙酮彻底擦净黏合面并晾干。

（4）将AB胶按A∶B＝2∶1的体积比取出，放在玻璃板上调匀，倒入V形槽内，胶液略高出端盖表面，并用塑料铲压平、压实。

（5）加热到100℃，2h即完全固化。用铲刀、砂布将高于端盖表面的胶黏剂磨平，便可装配使用。

6.7.2 机壳端口磨损变形故障修理

定子机壳端口与端盖的配合要求既可卸、又紧密，从而保证定子、转子的同轴度。若端盖变形或磨损松动，就会使气隙不均匀，造成电动机振动和噪声，严重时发生定子、转子相擦的“扫膛”故障。修理方法如下。

1. 缩端修理法

检查绕组端部与端盖的轴向距离，如有足够的空间，将定子上车床“找正”后，把磨损的外壳端口车去1/2～2/3止口长度（在端盖止口上测量），然后按照配合公差（见表6－9）加工止口内径（止口长度应大于端盖止口长度）。此外，还需将加工端转子轴的轴承挡位车进去相应的长度，使转子轴承挡与端盖轴承室挡位保持原有的轴向配合。

表 6-9　　电动机端盖止口配合公差参考值　　(mm)

止口直径	300	500	800	1000
配合间隙	0.04	0.08～0.10	0.12～0.15	0.18～0.21

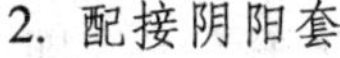

2. 配接阴阳套

对定子绕组端部与端盖之间没有多余空间的电机，可采用此法修理，其工序如下。

(1) 将定子在车床上找正，车去损坏端口约两倍止口长度 L。

(2) 在端口内径车出长度略大于 H 的止口尺寸 ϕA 后，取下工件。

(3) 按图 6-18 所示形状及相应的配合尺寸车制阴阳钢套。

(4) 将车好的阴阳套压入定子端口结合部即可。

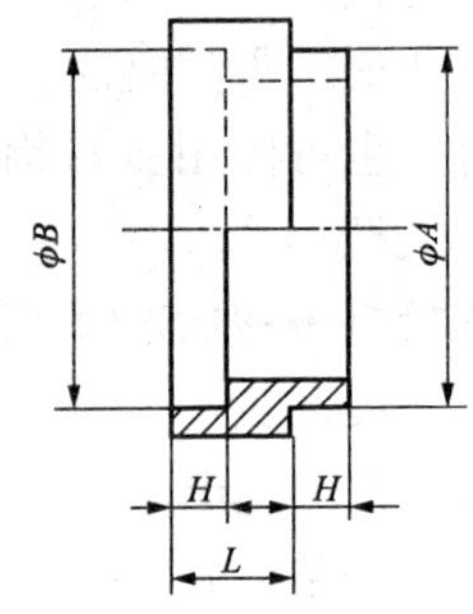

图 6-18　端盖止口配接阴阳套

ϕA—与缩短后新车削的外壳端口配合部位；ϕB—与原端盖止口配合部位；H—原配止口长度；L—车去外壳配合断口长度

6.7.3　端盖螺孔凸缘断裂故障修理

小型电动机的端盖是由 3 只或 4 只螺钉来固定的，若其中一个螺孔凸缘断裂，便会使端盖受力失衡而影响定子、转子的同心度，所以必须进行修理。通常的修理方法是焊接，但由于铸铁的焊接质量不够理想，其强度难以满足凸缘悬空紧固的要求。所以主要采用加衬粘接法进行修理。

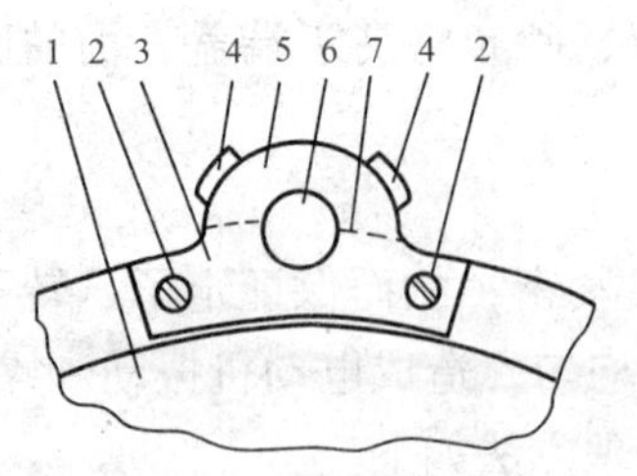

图 6-19　端盖凸缘螺孔断裂的修补

1—端盖（局部）；2—沉头螺钉；3—衬垫；4—衬垫的定位包摺边；5—凸缘断开部分；6—端盖孔；7—断裂线

(1) 用丙酮或 LT-755 清洁剂将凸缘的断口清洗干净、晾干。

(2) 用 AB 胶黏剂或 LT-660 固持胶将凸缘断开部分按断纹对合粘接、固化。

(3) 用一块厚度为 3～6mm 的钢板做一个与端盖凸缘形状相切的定位包摺衬垫，如图 6-19 所示。

(4) 衬垫平面应与端盖凸缘部分密合，并使两个定位包摺边紧紧扣住凸缘的断开部分。定好位置后钻出沉头螺钉坯孔（螺钉视情况选用 M4 ~ M8），然后攻螺纹。

（5）将凸缘部位及衬垫用清洁剂洗净晾干，再用 LT－660 固持胶涂抹在端盖凸缘与衬垫的接触部位（包括包褶边）以及沉头螺钉上。

（6）将衬垫置于凸缘正确位置，使包褶边紧扣凸缘，用沉头螺钉将其固定，然后用一与孔径相应的螺钉再通过大直径的平垫将衬垫压紧，再拧紧埋头螺钉。

（7）固化后将埋头螺钉突出平面部分锉平，卸开压紧螺钉即可。

6.7.4 轴承室磨损故障修理

由于电动机的频繁启动或正反转，可能使安装轴承的端盖轴承室与轴承外圈的配合出现松动，形成轴承走外圈而使端盖轴承室磨损，如不及时修理，将严重影响电动机的正常运行，如图 6－20 所示。端盖轴承室磨损的修补方法有以下几种。

图 6－20 端盖轴承室磨损检查

1. 滚花法

用高硬度的尖冲头，在轴承室内表面打出均匀的凹凸点，目的是缩小轴承室内径，使它与轴承外圈配合较紧。此法适用于小型电动机端盖内圆的轻微磨损，是一种临时的应急处理办法。

2. 喷镀法

利用专门的设备把金属镀在磨损的端盖轴承室内表面上，恢复原来的直径。此法适用于磨损深度不超过 0.2mm 的场合。

3. 镶套法

将端盖轴承室内圆车大 6 ~ 10mm，采用过渡配合的公差，再车一个钢套镶入，但钢套内径应满足轴承外圈的配合公差。滚动轴承外套与轴承室的配合公差见表 6－10。

表 6－10 滚动轴承外套与轴承室的配合公差 (mm)

轴承外径		<18	18 ~ 30	31 ~ 50	51 ~ 80	81 ~ 120	121 ~ 180	181 ~ 260	261 ~ 360
过渡配合	上偏差	+0.013	+0.016	+0.018	+0.020	+0.023	+0.027	+0.030	+0.035
	下偏差	-0.006	-0.007	-0.008	-0.010	-0.012	-0.014	-0.016	-0.018

4. AR－5 粘接法

将轴承室内径车扩 0.8～1.0mm（车削面要粗糙），用汽油或酒精将轴承室清洗干净，然后用丙酮再细擦车削面并晾干。将 AR－5 耐磨胶按甲∶乙＝1∶1 的体积比挤出，放在玻璃板上调匀，将调好的 AR－5 胶涂在轴承室的车削面上，涂层要均匀，厚度不小于 1mm。在室温下固化 24h 后，用车床将轴承室车至公差配合尺寸，即可进行装配。

5. 锡焊法

用锡焊法修理端盖轴承室磨损是一种简单易行的方法，不但坚固耐用，而且可保证与止口的同轴度。操作时，先用汽油清洗轴承及端盖轴承室，用布擦干净。将轴承外圆的三等分处用细砂布磨去亮层表面后擦干净，然后在各等分处涂上少许盐酸，用紫铜电烙铁头在其上平整地焊上一层薄锡，再用细砂布磨平，清擦干净。把焊好锡的轴承压入轴承室，多余的焊锡会自动挤压出来。该方法可修复间隙不大于 0.3mm 的端盖轴承室磨损故障。

6.7.5 机座底脚断裂故障修理

电动机底脚是受力的支承部位，因此电动机安装不平是造成底脚断裂的主要原因。铸铁焊接的质量很难满足正常的使用要求，所以一般采用加衬黏合修理工艺。

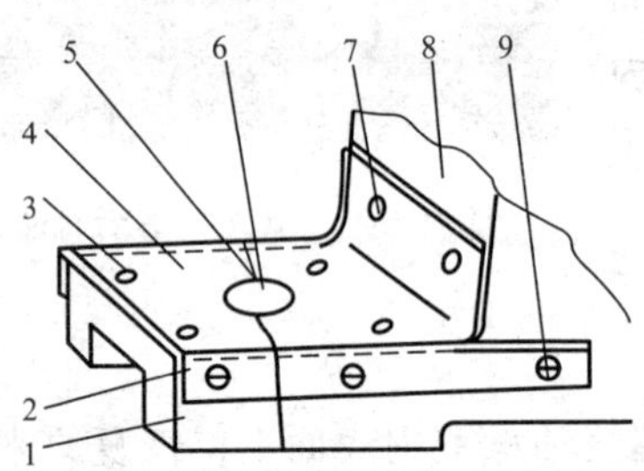

图 6－21 机座底脚断裂的修理

1—底脚侧面；2—衬板侧面；3—衬板平面沉头螺钉；4—衬板平面；5—断裂纹路；6—电动机底脚孔；7—转角直面衬板及沉头螺钉；8—底脚转角面；9—衬板侧面沉头螺钉

（1）将底脚断裂部分与断纹密切接合，如图 6－21 所示。用厚度为 3～6mm 的钢板做一块固定衬板，其形状视断裂底脚的具体情况而定，一般应包住能连接平面的断裂部分和未断的基准部分；能连接侧面断裂和未断基准部分；以及平面的转角定位面部分，使之紧密包持底脚。

（2）将底脚上平面、转角面和侧面等被包持部分的油漆及杂物清除干净后，把衬板夹持在断脚相应部位，并调整使其紧密贴合，再在各面上适当位置钻出螺纹坯孔，取下衬板后在电动机上的孔处攻制螺纹。

（3）将衬板与底脚用螺钉固定后，应检查裂纹衔接是否密合，如位置不正，应进行调整，到正确为止。

（4）卸下衬板，将电动机底脚与衬板接触部位和断口表面及衬板内侧各面用清洁剂洗干净后晾干。

（5）将电动机放在平台上，用 LT－660 机械零件固持胶涂抹在底脚断口两面，并将其密合，在室温下固化 12h。

（6）清除缝口多余的固持胶，将衬板和底脚接合面上涂刷 LT－660 固持胶，并用螺钉固定。10min 后卸下一个螺钉，在换上的沉头螺钉上涂抹 LT－660 固持胶后旋入原位拧紧，逐一进行更换。

（7）完成后固化 12h，再将沉头螺钉突出部分锉平后即可使用。

6.8 离心开关故障修理

在单相异步电动机中，除了电容运转电动机外，在启动过程中，当转子转速达到同步转速的 70% 左右时，常借助于离心开关来切除单相电阻启动异步电动机和电容启动异步电动机的启动绕组，或切除电容启动及运转异步电动机的启动电容器。

启动型单相异步电动机，当电动机的启动转速达到额定转速的 70%～80% 时，离心开关能自动切断辅助绕组电源，由主绕组单独进入运行工作。因此，当离心开关出现故障时，电动机就不能正常工作。

离心开关的常见故障主要有开路、短路、接地，其故障原因见表 6－11。

表 6－11　　离心开关常见故障现象及原因

故障现象	故障原因	
电动机无法启动	离心开关开路	（1）弹簧失效，无足够的张力使触头闭合； （2）机械机构卡死； （3）触头烧坏脱落； （4）触头簧片过热失效； （5）接线螺钉松脱或线头断开； （6）动静触头间有杂物、油垢使接触不良； （7）触头绝缘板断裂使触头不能闭合
电动机辅绕组过热烧坏	离心开关短路	（1）弹簧过硬，使电动机达到预定转速时仍不能断开辅绕组电源； （2）机械构件磨损、变形，导致触头不能断开辅绕组电源； （3）簧片式离心开关的簧片过热失效； （4）动静触头烧熔黏结； （5）甩臂式离心开关的铜环极间绝缘击穿

图 6 - 22　离心式开关的铜触点磨损

离心开关一般安装在轴承端盖的内侧，若其铜触片（点）磨损或粘连，会造成辅助绕组回路不通或无法断开，如图 6 - 22 所示。由于电动机的启动电流较大，因此通断时开关触点间产生的火花会烧坏开关触点，使触点接触不良或粘连在一起。维修时拆开电动机，将离心开关的铜触片或触点用什锦锉锉平、金相砂纸或油石磨光，或予以更换。

【技能提高】

离心式开关的应急维修

离心式开关一旦损坏，若买不到相同规格的产品时，可用按钮开关代替。将按钮开关与副绕组串联后，串接于主绕组的电源端，通过此按钮开关通断副绕组的电源。电动机启动时，按下该按钮开关，接通副绕组电源，电动机启动运转达到 70% ~80% 额定转速时，松开按钮开关，切断副绕组电源，使主绕组单独进行运行。

例如：某脱粒机单相电动机出现负荷稍大就不能启动的故障，据用户讲，该脱粒机一直使用很好，近期在带动稍大的负荷时不能启动，电动机发出“嗡嗡”声。

从维修经验分析，导致该故障的原因一般是由于离心开关开路损坏引起的。该单相电动机离心开关电路接线图如图 6 - 23（a）所示，其外部引脚排列方式如图 6 - 23（b）所示。检修时，只要通过测量电动机的接线柱⑤脚与⑥脚之间是否连通就可确认无误；如不通，则就说明离心开关开路。

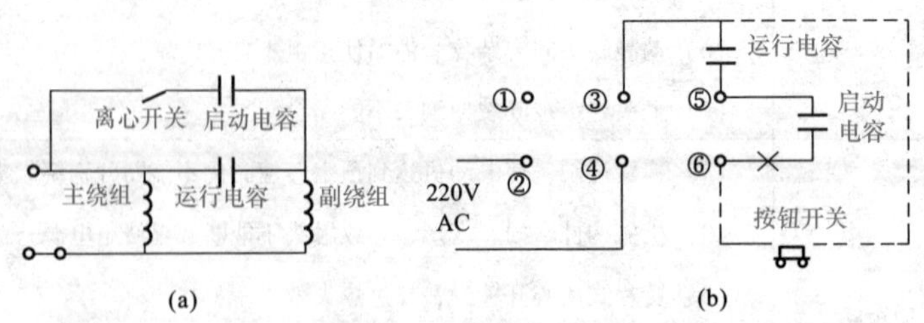

图 6 - 23　脱粒机电动机离心开关接线图和引脚排列方式

（a）电路接线图；（b）引脚排列方式

用万用表R×100挡测电动机的接线柱头⑤与⑥间不通，证明离心开关确实已开路。断开接线柱头⑥的启动电容引线，串联一只按钮开关（平时为常开状态），并按图中所示改接到接线柱③脚上，即用按钮开关代替电动机内开路损坏的离心开关。在启动时，按下按钮开关数秒钟，待电动机正常启动以后，再松开手即可。

本例经采用上述方法进行修理后，故障排除。

思考题

1. 引起电动机铁心故障的主要原因有哪些？
2. 轴承室磨损后的修理方法有哪些？
3. 造成电动机铁心松动的主要原因有哪些？
4. 引起电动机铁心故障的主要原因有哪些？
5. 在什么情况下，应对集电环工作表面进行车削处理？
6. 怎样检查轴承？轴承的更换或代用应注意哪些问题？
7. 电刷故障的常见原因有哪些？如何快速排除这些故障？
8. 简述离心开关常见故障现象及原因。

第7章

得心应手修理电动机绕组故障

绕组是电动机电气部分的核心，是电动机进行电磁能量转换和功率传递的关键部件，也是电动机最容易出现故障的部分。实际上电动机的修理工作遇到的故障大多是绕组故障，所以，电动机修理主要是对绕组的修理。其修理质量的好坏直接影响电动机的安全运行。

7.1 电动机绕组基础知识

7.1.1 线圈和线圈组

1. 线圈

组成定子绕组的基本单元是线圈，小型电动机的线圈一般采用高强度漆包圆铜线通过线模绕制而成；而大、中型电动机的线圈可用绝缘扁铜线通过专用线圈成型机械制成。嵌放在定子槽中的直线部分称为线圈的“有效边”，“有效边”是能量转换的部分。连接两个有效边的部分称为线圈的端部（俗称“过桥”），端部起到连接两“有效边”使之形成一个完整线圈的作用，但它不能进行能量转换，而且还对电动机性能产生负面影响。线圈的头、尾引线则是引入电流的连接线，如图7－1所示。

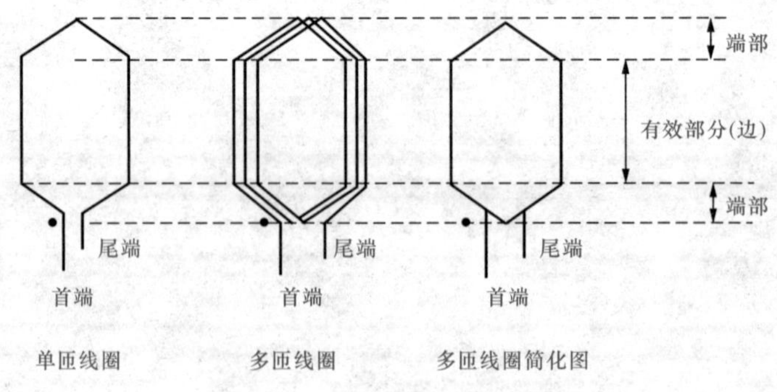

图7－1　线圈并绕根数及简化图

2. 线圈匝数

电磁线在绕线模中绕过一圈称为一线匝，也就是一匝线，如图7－2所示。如用单根导线绕制线圈，那么线圈总的根数就是线圈的匝数。容量较大的电动机采用多根导线并绕，这时槽内的总导线根数不是线圈匝数。线圈的匝数应该用槽内线圈的总根数除以并绕根数。

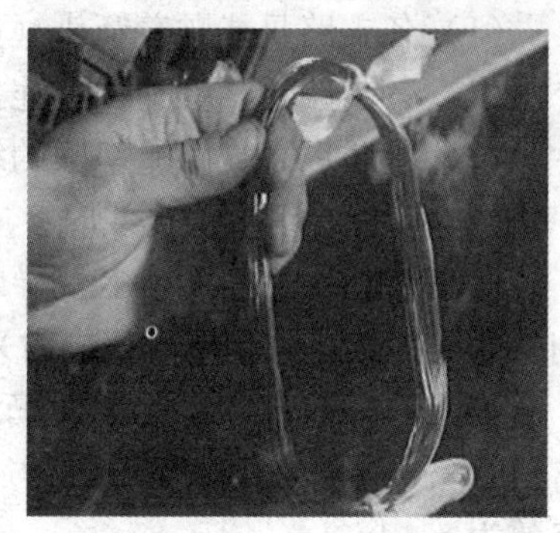

图7－2 线圈匝数

3. 线圈组

把几个线圈串联起来（接每极每相槽数 q 串联，如 $q=2$，则串联二个线圈）构成线圈组（也叫极相组）；将许多线圈组（每相线圈组数等于极数）串联或并联则构成相绕组。如三个相绕组可以构成星接或角接，构成三相绕组。

【知识点拨】

线圈、线圈组和绕组是不同的概念。绕组能够进行能量转换，而线圈或线圈组只是构成绕组的元件，本身不能起到能量转换作用。

4. 线圈总数

在单层绕组中，线圈总数等于铁心总槽数的一半（线圈每个有效边占一槽）；在双层绕组中，线圈总数与铁心总槽数相等（线圈每个有效边占0.5槽）。例如24槽的铁心，用于单层绕组时，线圈总数为12，用于双层绕组时，线圈总数为24。

7.1.2 并绕根数和并联路数

1. 并绕根数

为了便于线圈的绕制及嵌线，通常不采用单根大截面的导线，而用截面较小的多根导线合并在一起绕制线圈。合并在一起的导线根数即为并绕根数。在拆除铁芯中的旧线圈时，应当注意该线圈是否由多根导线并绕，并查清其并绕根数。

2. 并联路数

电动机每相所有的线圈可以串联成一条支路，也可以并联成多条支路。每相绕组中并联的路数，称为并联支路数，用 α 表示。

单层绕组的最大并联支路数 α_{max} 等于极对数；双层绕组的最大并联支路数

α_{max}等于极数。电动机每相绕组多为一路连接，对每相并联支路数 $\alpha>1$ 的电动机，支路之间并联连接的原则是：

（1）各支路只能顺着箭头（电流）方向连接。

（2）各支路的相首与相首连接，相尾与相尾连接，不可颠倒。

（3）并联后各支路所串联的线圈数应相等。

当电动机绕组重绕拆线时，应弄清楚该绕组的并联支路数。

对小型电动机多采用多根导线并绕，少采用并联支路数；中型电动机多采用并联支路数；大型电动机同时采用两种方法。

如图 7－3（a）所示是 24 槽 4 极三相异步电动机 U 相绕组的一种连接方法，U 相的 4 个线圈采用显极法进行反串联连接。此时，该绕组是一路串联，并联支路数为 $\alpha=1$。

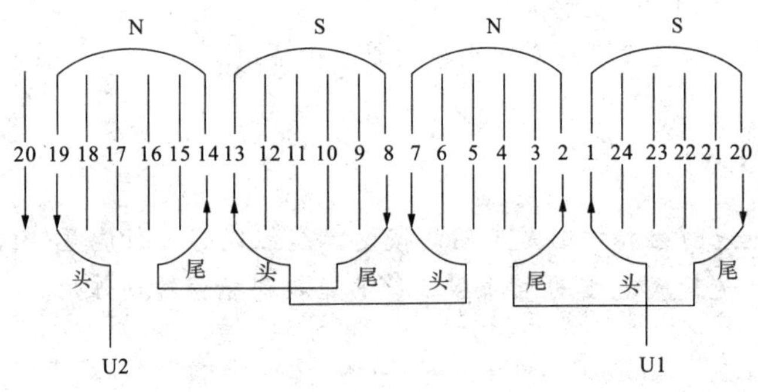

(a)

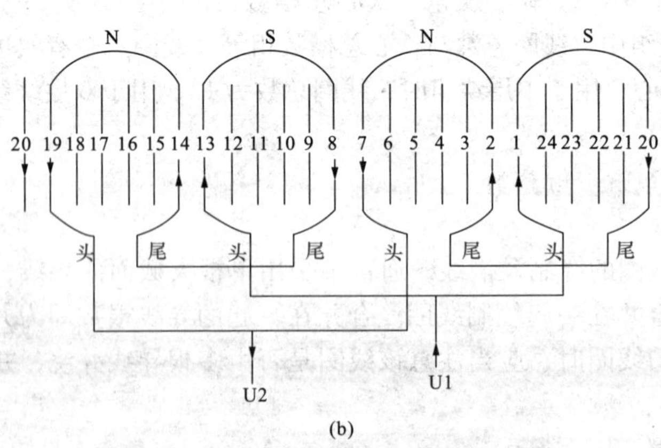

(b)

图 7－3　并联支路数

（a）一路串联；（b）两路串联

如果将4个线圈反串联连接改为两路并联，如图7－3（b）所示，此时，该绕组的并联支路数为$\alpha=2$。应注意的是，槽内电流方向应该与一路串联完全一致，并且每槽导线根数为单路串联时的2倍，而导线截面积则减小为一路串联时的1/2，以使总的电气性能保持不变。

7.1.3 每槽导体数

每槽导体数即铁心每个槽中所嵌入的导体根数。对于单层绕组而言，每槽导体数即一只线圈的匝数。对于双层绕组而言，每槽导体数的一半才是一只线圈的匝数。

上面已经提及，在拆铁心中的线圈时，不能忽视线圈的并绕根数。如果有一个铁心，每槽内可数出的导体数为48，但经查明该线圈为三根导线并绕，故每槽导体的有效数应是48/3＝16根，而不是48根。在电动机参数中列出的每槽导体数，均是指每槽导体的有效数。

7.1.4 极距和节距

1. 极距

极距是指沿定子铁心内圆每个磁极所占的距离称为极距，用τ表示，如图7－4所示。极距有槽数和长度两种表示方法。

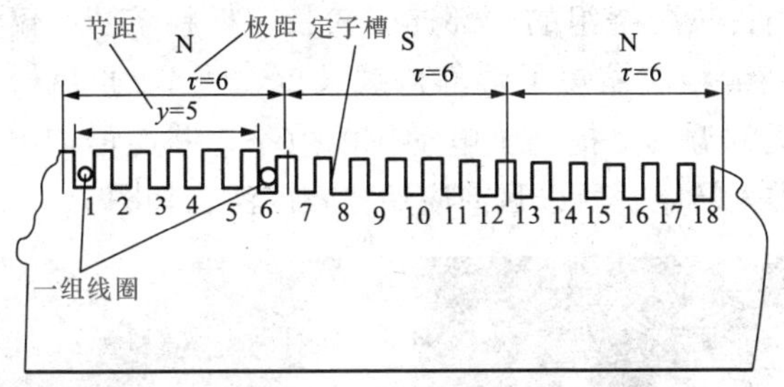

图7－4 线圈的极距和节距

（1）用电动机槽数表示

$$\tau=\frac{Z}{2p}$$

式中 Z——定子槽数；

p——电动机磁极对数。

（2）用长度表示

$$\tau=\frac{\pi D}{2p}$$

式中 D——交流电动机定子内径，直流电动机转子外径，mm。

例：有 4 极、36 槽的三相异步电动机 1 台，该电动机一个磁极在定子内所占的范围为 1/4 圆周，用槽数表示时，极距

$$\tau = \frac{Z}{2p} = \frac{36}{4} = 9\ (\text{槽})$$

这表示该电动机有 4 个磁极，每个磁极占 9 槽。

2. 节距

节距俗称跨距，是指一个线圈的两条有效边之间相隔的槽数，用 y 表示，其数值以槽数来表示。

例如图 7－3 所示的 24 槽 4 极（$p=2$）电动机，其极距为 6 槽；若嵌线时，把一只线圈的一条边嵌在第 1 槽，另一条边嵌在第 7 槽，则节距 $y=6$，此时，$y=\tau$，称这个线圈为整距线圈。嵌线时，若一只线圈的一条边在第 1 槽，另一条边在第 6 槽，中间相隔 5 槽（节距 $y=5$），由于 $y<\tau$，则这个线圈为短距线圈。同理，若一只线圈的一条边在第 1 槽，另一条边在第 8 槽，中间相隔 7 槽（节距 $y=7$），即节距 $y>\tau$，则这个线圈为长距线圈。

为了使线圈的两条边获得大小相等、方向相反的电势，线圈的两条边应分别处于相邻磁极的对应位置上，故线圈的节距总是近似等于极距。

整距绕组可以产生较大的电动势，但存在温升高、效率低、费材料等缺点，因而一般很少采用；长距绕组的端部连线较长，材料较费，仅在一些特殊电动机上采用；短距绕组相应缩短了端部连线长度，可节约线材，减少绕组电阻，从而降低了电动机的温升，提高了电动机的效率，并能增加绕组机械强度，改善电动机性能和增大转矩，所以目前应用比较广泛，如图 7－5 所示。

图 7－5 短距绕组

7.1.5 电角度、机械角度、槽距角和相带

1. 电角度和机械角度

电动机绕组在铁心槽内时必须按一定的规律嵌放与连接，才能输出对称的

正弦交流电（发电机）或产生旋转磁场（电动机）。除与其他一些参数有关外，反映各线圈和绕组间相对位置的规律，还要用到电角度这个概念。

电角度是为了对不同极数的电动机绕组分析研究方便而定义的一种空间角度。一台电动机无论有几对磁极，它的一个圆周总是360°。把一个圆周所对应的几何角度为360°，称为机械角度或几何角度。但是，从电磁的观点去看，电动机内一对磁极就对应绕组内感应电动势、电流等电量的一个交变周期（电量相位角交变360°），整个电动机圆周上的 p 对磁极对应绕组的电量的 p 个交变角周期。

而从电磁方面来看，导体每经过一对磁极N、S，电动势就完成一个交变周期。若磁场在空间按正弦波分布，则经过N、S一对磁极，恰好相当于正弦曲线的一个周期，若有导体去切割这种磁场，经过N、S一对磁极，导体中所感生的正弦电动势的变化也为一个周期，变化一个周期即经过360°电角度，一对磁极占有的空间是360°电角度，若电动机有 p 对磁极，电动机圆周按电角度计算就为 $p\times360°$。即电动机圆周空间上任意两点间相距的电角度与这两点间相距的机械角度（几何角度）的关系为

$$电角度数=p\times机械角度$$

图7-6所示为电角度和机械角度的关系示意。

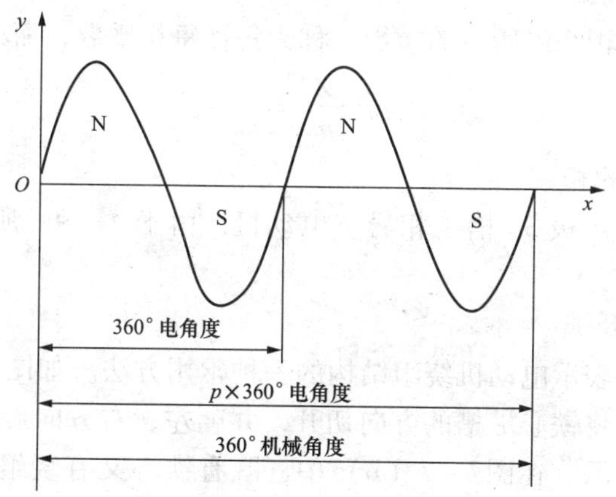

图7-6　电角度和机械角度关系示意

定义电角度后，无论电动机极数多少，它每对极下均为360°电角度。考虑到一对极下的导体中电量相位角也是交变360°，所以，对电动机圆周上任意两根导体来说，它们在圆周上相距的电角度正好是导体中流过电流的相位差角。

2. 槽距角

槽距角和相带都是用电角度表示的绕组参数。槽距角是指相邻两槽之间所间隔的电角度，用 α 表示。由于定子槽在定子内圆上是均匀分布的，所以槽距角也可以理解为一个槽在定子内圆上所占的电角度，即

$$\alpha = \frac{p \times 360°}{Z}$$

对于三相电动机，由于三相电流在相位上彼此相差 120°电角度，故布线时三相首尾应彼此相隔 $120°/\alpha$ 槽。如 36 槽 4 极电动机，槽距角为 20°，故布线时三相首尾应彼此隔 6 槽。同理，可以算出其他三相电动机的布线方法。

3. 相带

每个磁极下每相绕组所占的槽数，称为极相槽，如果用电角度表示，则称为相带。相带是指一个极相组在电动机圆周上占的电角度数，也就是每极下一相所占的宽度。由于每极对应 180°，若每极下 U、V、W 三相均分，则每相占 180°/3 =60°，即相带为 60°。60°相带的电动机使用很广，这种电动机每对极下的绕组可分为 6 个相带。对于正弦绕组，每一相带内又分成星接和角接，所以对于每种接法有 60°/2 =30°电角度，称为 30°相带绕组。有些电动机还采用 120°相带。

7.1.6 每极每相槽数

每个磁极下每相绕组所占的槽数，称为每极每相槽数，简称极相槽 q。即

$$q = \frac{Z}{2pm} = \frac{\tau}{m}$$

式中 m——绕组的相数。

例如，有一台 4 极 36 槽三相异步电动机，由于 $\tau = 9$，所以每极每相槽数 $q = 9/3 = 3$。

7.1.7 绕组的展开图

绕组展开图是表示电动机绕组结构的一种常用方法。如图7 –7（a）表示电动机的定子铁心，将铁心沿槽的方向切开，并朝左、右方向展开在一个平面上，如图 7 –7（b）所示。在图7 –7（b）中，既有铁心又有绕组，如果将图 7 –7（b）中的铁芯移去，就只剩下绕组，如图 7 –7（c）所示，这就是一台三相四极电动机定子单层绕组的展开图。图 7 –7（c）中用粗实线、细实线和细虚线三种线条表示 U、V、W 三相绕组。在绕组展开图上可以看出三相中任一相线圈分布在哪几个槽中，并可看出线圈的节距以及各相的线圈是怎样连接的。

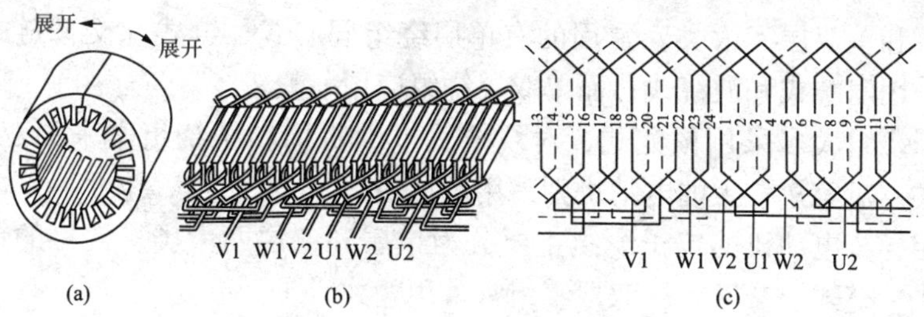

图 7－7　绕组展开图

（a）将铁心沿槽面切开；（b）铁心展开图；（c）移去铁心的绕组展开图

7.2　三相异步电动机绕组的嵌线方法

三相异步电动机定子绕组通过三相对称交流电流时产生旋转磁场，在转子绕组中产生感应电动势，该电动势在已成闭合回路的转子绕组中产生电流，转子电流与旋转磁场相互作用产生电磁转矩，使转子驱动机械负荷旋转，将电能转变成机械能。

7.2.1　三相绕组排列的基本原则与绕组连接方式

1. 对称三相绕组

所谓对称三相绕组，即三相绕组必须满足以下 3 个条件。

（1）三相绕组在定子内圆的空间位置上互差一个相同的角度，使三相绕组的电动势在相位上互差 120°。

（2）每相绕组的导线规格、导体数、并联支路数均相同，保证各相的直流电阻值相同。

（3）每相线圈节距相同、匝数相等，在空间分布规律相同。

因此，当了解其中一相绕组的分布后，就能推断出另外两相的分布情况。

2. 三相绕组的连接方法

三相异步电动机三相绕组的连接有两种方法，一种为星形（Y）接法；另一种为三角形（△）接法。图 7－8 为这两种接法的示意。

对Y系列三相异步电动机，功率在 3kW 及以下的，采用星形接法；功率在 4kW 及以上的，采用三角形接法。

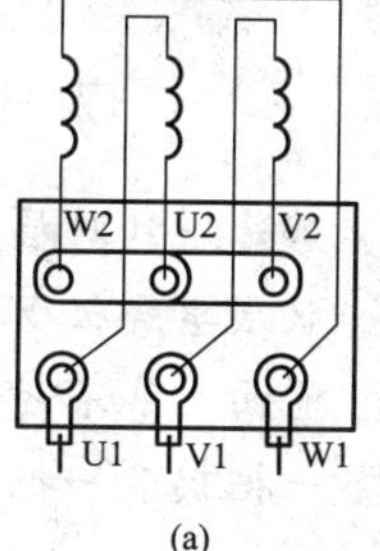

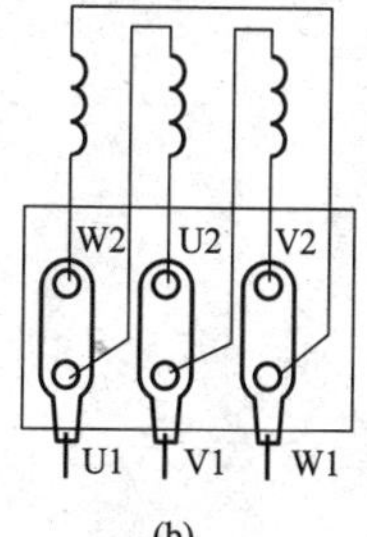

图 7－8　三相异步电动机接线示意

（a）Y连接；（b）△连接

3. 绕组形式

三相异步电动机定子绕组分为单

层、双层和单双层三大类。常用的有单层绕组同心式、链式和交叉链式；双层绕组常采用双叠式和波绕式；而单双层绕组应用一般较少。

转子绕组大多采用鼠笼式，对绕线式电动机的转子绕组常采用双层叠式、单层链式，对容量较大的电动机则采用波形绕组。

三相异步电动机的定子绕组主要分为单层和双层两大类。常见的单层绕组有同心式、链式、交叉式；双层绕组常采用叠式。

【技能提高】

三相电动机定子绕组嵌线虽然复杂，但仍然有一定的规律，记住三相电机嵌线 24 句口诀，对嵌线工作必有帮助。

三相电机嵌线口诀

单层链式绕组

先数总共多少槽，再数节距心记牢，
若是单层单链组，每把线前空一槽，
不到节距要悬空，到了节距便封槽。

单层同心式绕组

若是单层多圈组，二空二来三空三，
不到节距不封口，到了节距就封槽。

单层交叉式绕组

交叉双线和单线，节距长者可在前，
双线前面空一对，单线前面空一槽，
不到节距不封口，节距到了要封槽。

双层叠绕组

若是遇到双层组，千万牢记不空槽，
双层单绕极少见，双层叠绕常见到，
前面下线不封口，到了节距再封槽，
一把挨着一把下，槽数线圈相等调。

7.2.2 单层绕组的嵌线方法

单层绕组是在每槽中只放线圈的一个有效边，每个线圈的两个有效边要分别占一槽，故单层绕组中线圈数目为槽数的一半。常用的单层绕组有同心式、链式和交叉链式等。

与双层绕组比较，单层绕组具有如下特点：① 线圈数量少，绕制和嵌线方便省时。② 槽内只有一个有效边，无须层间绝缘，在槽内不存在相间击穿的问题。③ 槽的利用率较高。④ 线圈端部不易理齐，整形较为困难。⑤ 电气性能较差。

一般小功率的异步电动机均采用单层绕组。

1. 单层同心式绕组的嵌线方法

单层同心式绕组由几个宽度不同的线圈一只套一只同心串联而成。大线圈总是套在小线圈外边，线圈轴线重合，故称为同心式绕组，即这种绕组的极相组是由节距不等、大小不同但中心线重合的线圈组成，如图7－9所示。

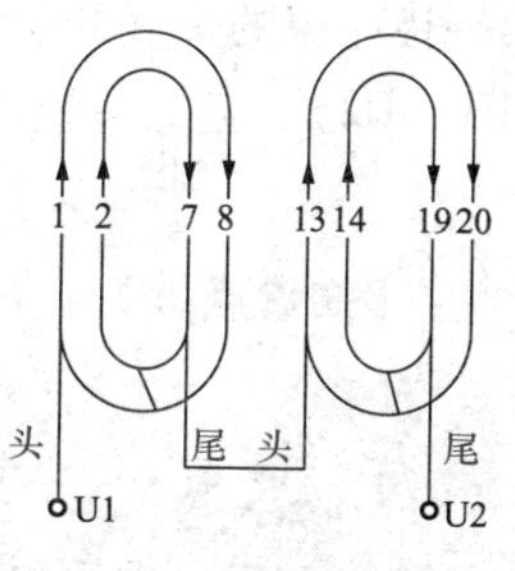

图7－9 单层同心式绕组示例

同心式绕组的特点是线圈组中各线圈节距（y）不等，优点是端接部分互相错开，重叠层数较少，便于布置，散热较好；缺点是线圈大小不等，绕线不便。单层同心式绕组主要用于每极每相槽数较多的2极小型电动机。

下面以某2极24槽三相异步电动机为例进行说明，其绕组展开图如图7－10所示。在实际操作时，可按下述方法进行嵌线。

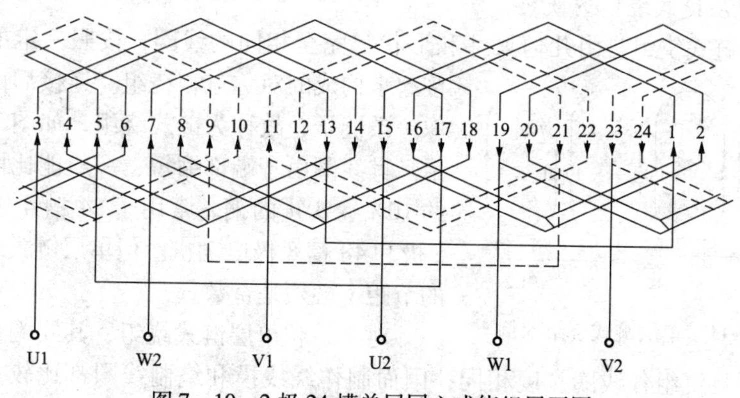

图7－10 2极24槽单层同心式绕组展开图

（1）设定铁心上某槽为1号，将U相第一组小线圈的一边（下边）嵌入13

号槽中，另一边（上边）不嵌，紧接着将大线圈的下边嵌入14号槽，上边不嵌，“吊起”。

（2）空两个槽（15、16号槽），把第二组线圈的两条边（先小后大）嵌入17、18号槽，另两条边“吊起”。

（3）再空两个槽，将第三组线圈的两条边嵌入21、22号槽，将另两边嵌入12、11号槽中。

（4）按空两槽嵌两槽的规则，依次将所有线圈边嵌完，最后将第一线圈组及第二线圈组的“吊把线圈”的一边嵌入4、3号槽及8、7号槽中。

（5）按照“头接头，尾接尾”的方法，将U、V、W各相的两个线圈连接好。例如，U相第一极相组的尾（13号槽）与第二极相组的尾（1号槽）相连，第一极相组的头（3号槽）与第二极相组的头（15号槽）引出为U相的头与尾（U1、U2）。

【知识点拨】

单层同心式绕组嵌线规律

单层同心式绕组的嵌线规律是“嵌2、空2、吊4”。也就是说，先嵌两个线圈的一边，再空两个槽嵌两个线圈的一边，并将这4个线圈的另一边“吊起”，然后，再嵌其他线圈的两边（不用），最后，将“吊起”的边嵌上。

2. 单层链式绕组的嵌线方法

单层链式绕组是由几何尺寸和形状都完全相同的线圈，按照一定的规律连接起来构成的对称三相绕组。连接后的相绕组像一条链子，故称为链式绕组，如图7－11所示。其线圈由于端部缩短，一般能比同心式节约10%～20%的铜，常用于24槽4极、36槽6极和48槽8极电动机。但单层链式绕组线圈的节距y必须是奇数。

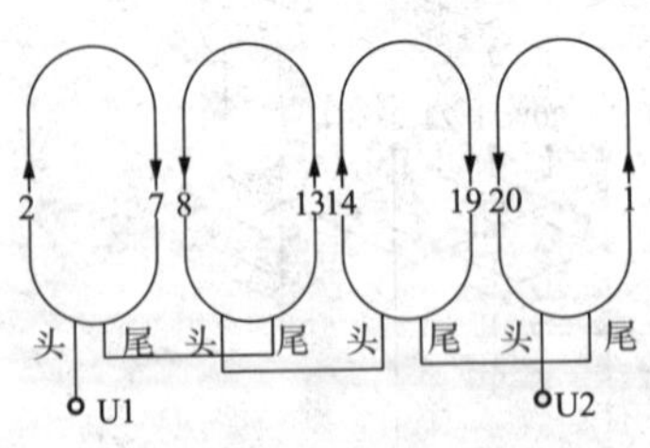

图7－11 单层链式绕组示例

对于三相单层链式绕组，其线圈端部彼此重叠，并且绕组各线圈宽度相同，因而制作绕线模和绕制线圈都比较方便。此外，绕组是对称的，相与相平衡，可构成并联支路。

链式绕组在4极或6极小型异步电动机中得到了广泛应用。下面以国产

Y90L－4 型三相异步电动机（4 极 24 槽）为例进行说明，其绕组展开图如图 7－12 所示。

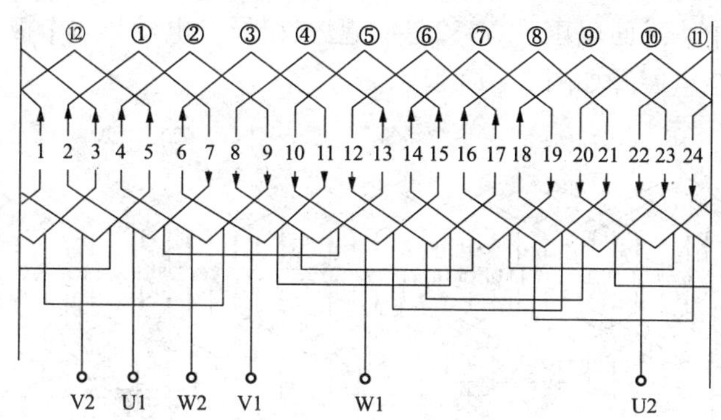

图 7－12 4 极 24 槽链式绕组展开图

为便于说明，将图中的端部标号①～⑫（下文同）。

（1）设定任一槽号为 1 号槽，将线圈①的一边（下边）嵌入 7 号槽，因另一边（上边）要压着线圈⑪及⑫，要等线圈⑪及⑫的下边嵌入 3 号槽及 5 号槽后，线圈①的上边才能嵌入 2 号槽中，所以要把线圈①的上边用白布带暂时“吊起”，俗称“吊把线圈”。

（2）空一个槽（8 号槽），将线圈②的下边嵌入 9 号槽，其上边也要等线圈⑫嵌入 5 号槽后才能嵌入 4 号槽中，所以也要暂时“吊起”。

（3）再空一个槽（10 号槽），将线圈③的下边嵌入 11 号槽，因 7、9 号槽已嵌入线圈①、②，所以可将线圈③的上边嵌入 6 号槽中。

（4）按照线圈③的嵌法，依次把所有线圈嵌完，然后将各相的 4 个极相组按“头接头，尾接尾”连接起来。从结构上看即面线接面线，底线接底线。三相引线的首端（或末端）在空间互隔 120°电角度，即四个槽。

【知识点拨】

单层链式绕组嵌线规律

该电动机绕组的嵌线规律是“嵌 1、空 1、吊 2”，即先嵌线圈①的一边，空一个槽，再嵌线圈②的一边，并将线圈②的另一边“吊起”；然后，再嵌其他线圈的两边；最后，将线圈①和线圈②“吊起”的两个边嵌上。也就是说，单层链式绕组的嵌线特点是隔槽嵌线，其吊把线圈边数为 q（本例等于 2）。

3. 单层交叉链式绕组的嵌线方法

单层交叉链式绕组主要用于每极每相槽数 q 为奇数的 4 极或 2 极三相异步电动机定子绕组中。下面以国产 Y132S－4 型三相异步电动机（4 极 36 槽）为例进行说明，其绕组展开如图 7－13 所示。

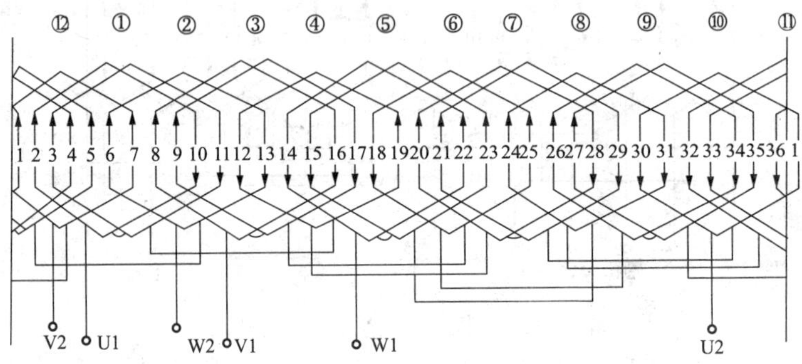

图 7－13 4 极 36 槽单层交叉链式绕组展开图

（1）先将 U 相线圈①的两个大线圈（称为双联）的下边嵌入 10、11 号槽，两条上边暂时“吊起”不嵌。

（2）空一个槽（12 号槽），将单线圈②（单联）的下边嵌入 13 号槽，上边“吊起”不嵌。

（3）空两个槽（14、15 号槽），将双联线圈③的两条下边嵌入 16、17 号槽，并按 $y=8$ 将它的两条上边嵌入 8、9 号槽中。

（4）再空一个槽（18 号槽），将单联线圈④的下边嵌入 19 号槽，然后按照小线圈节距 $y=7$ 将上边嵌入 12 号槽中。

（5）再空两个槽（20、21 号槽），将双联线圈⑤的两条下边嵌入 22、23 号槽，两条上边嵌入 14、15 号槽中。

（6）按照嵌双联线圈后空一槽，嵌单联线圈后空两槽的规则嵌下去，直至全部嵌完为止。

【知识点拨】

单层交叉链式绕组嵌线规律

单层交叉链式绕组的嵌线规律是“嵌 2、空 1、嵌 1、空 2、吊 3”，即先嵌双联，空一槽，嵌单联；空两槽，嵌双联；再空一槽，嵌单联；再空两槽，嵌双联，直至全部嵌完。其吊把线圈边数为 q（本例为 3）。

【技能提高】

无论是单层链式绕组、同心式绕组，还是交叉链式绕组，在更换绕组前，一定要查看电动机原绕组“嵌几、空几、吊几”的情况，然后按这个规律去嵌线即可。这种方法对其他槽数的电动机也同样适用。需要说明的是，一台电动机的嵌线方法可能有多种，这是由电动机绕组的结构形式决定的。

7.2.3 双层绕组的嵌线方法

双层绕组是在每槽中用绝缘隔成上、下两层，分别嵌放不同线圈的各一个有效边，某个线圈的一个有效边位于某槽上层，它的另一个有效边则位于节距 y 的另一槽下层。这时，线圈的每个有效边都占 1/2 槽，线圈个数与槽数相等。图 7－14 所示是双层绕组在一槽内上下层边的布置情况。

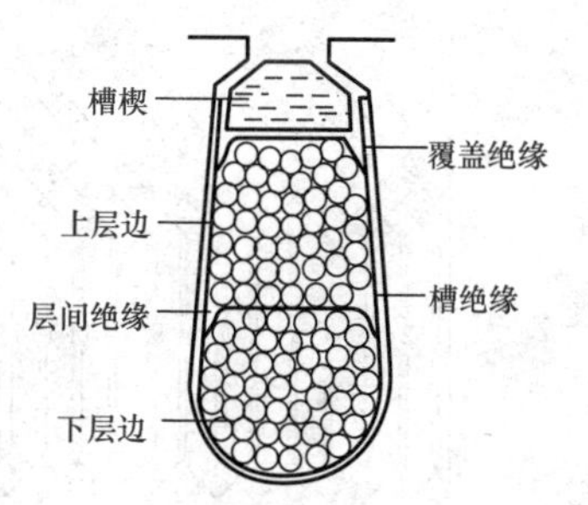

图 7－14 双层绕组在槽内的分布

1. 双层绕组的特点

双层绕组主要应用于容量较大的电动机中，一般中心高为 160mm 及以上的电动机均采用双层绕组。常用的双层绕组有整数槽双层绕组和分数槽双层绕组。双层绕组具有以下特点。

（1）每槽分上、下两层，因此嵌线比较麻烦。

（2）槽内上、下层线圈之间须加层间绝缘，所以槽的利用率相对较低。

（3）比单层绕组容易发生相间短路故障。

（4）可选择最有利的节距，以改善电势与磁场波形，提高电动机的电气性能。

（5）线圈端部较整齐美观。

2. 双层叠绕组的嵌线特点

每槽分上下两层，下层放入一个线圈的有效边，上层放入另一个线圈的有效边，中间用层间绝缘隔开。每个线圈的一个有效边嵌在某一槽的下层，另一有效边则嵌在另一槽的上层。

现以三相 4 极 36 槽双层叠绕组（$y=7$）为例，说明它的嵌线顺序。

如图 7－15 所示，先将 U 相第一个线圈组的 3 个下层边（$q=3$）8、9、10 依次嵌入第 8、9、10 槽，它们的上层边本应按节距 $y=7$ 依次嵌入第 1、2、3 槽，但因为它们所压的其他线圈都还未入槽，所以只能吊把。接着嵌入 W 相第一个线圈组的 3 个下层边到第 11、12、13 槽，同样地将这三个线圈的上层边 4、5、6 也作吊把。然后将 V 相第一个线圈组的第一个线圈的下层边嵌入第 14 槽，其上层边仍作吊把。此时，一个节距内的 7 个线圈的上层边均作吊把。接着再将 V 相第一线圈组的第二个线圈的下层边嵌入第 15 槽，因该线圈的上层边所占的第 8 槽中已嵌好下层边，故在第 8 槽放好层间绝缘后即可将这个槽的上层边嵌入。此后，就可依次将各线圈的下层边和上层边分别嵌入相应的槽里，一直到最后对第 1 至 7 槽收把为止。

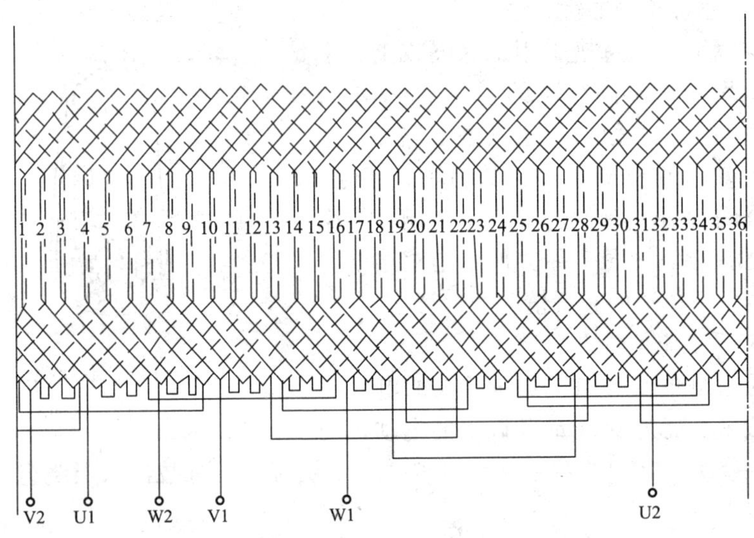

图 7-15　4 极 36 槽双层叠绕组展开图

3. 过桥线连接顺序

过桥线按反串规则，即上层边引线接上层边引线（又称面线接面线），下层边引线接下层边引线（又称底线接底线）。在本例中，每相的四个极相组是全部串联起来的，每相电流只有一条通路，其支路数 $\alpha=1$。极相组之间也可以并联，若两路并联，则支路数 $\alpha=2$；四路并联时，$\alpha=4$。并联的原则是将同一相的极相组顺电流方向（箭头方向）连接起来。

以 U 相为例，一路串联连接顺序如图 7-16（a）所示；两条支路连接顺序如图 7-16（b）所示；四条支路连接顺序如图 7-16（c）所示。

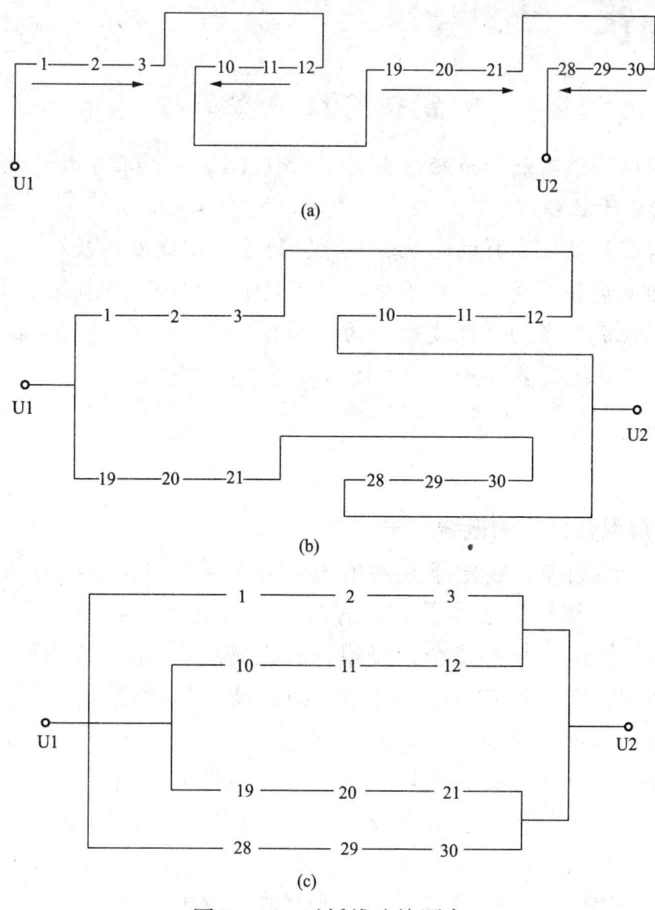

图 7－16　过桥线连接顺序

（a）一路串联连接；（b）两条支路连接；（c）四条支路连接

【知识点拨】

双层叠绕组嵌线规律

双层叠绕组的嵌线规律为“一槽挨着一槽下，吊把等于节距数”。即

（1）先嵌下层边，后嵌上层边，各线圈的嵌线方向按顺时针转。

（2）一槽挨着一槽嵌入，中间不空槽。所有的线圈是一个叠着一个地分布在定子内圆上，每个槽中均有两条线圈边。

（3）嵌入下层边后，若绕组另一边所对应的槽内已嵌入下层边，则把该边嵌入槽内，若为空槽，应吊把。

（4）吊把数等于节距数。本例节距 $y=7$，故吊把数为 7。

【知识链接】

双层叠绕组的优点

(1) 可以选择最有利的节距（如选 $y=5\tau/6$），来改善磁动势或电动势的波形，使其更接近于正弦波。

(2) 所有线圈具有同样的形状和尺寸，便于绕制线圈和嵌线。

(3) 绕组端部排列整齐，便于整形，有利于散热和增加机械强度。

(4) 可以组成较多的并联支路。为了便于嵌线和端部整形，容量较大的电动机常采用多根并绕或多路并联的方法来减小导线直径。

7.2.4 单双层混合绕组的嵌线方法

单双层混合绕组就是在定子某些槽内嵌以单层绕组，而在另一些槽内则嵌以双层绕组。单层绕组的优点是：嵌线方便，没有层间绝缘，槽的利用率高。其缺点是：单层绕组一般都是全距绕组，其磁场波形较差，因而对电动机的启动性能、损耗和噪声等都有一定的影响。双层绕组的优点是：可以采用适合的短距来改善磁场波形，从而使电动机的性能有所改善。而单双层混合绕组，兼有上述两者的优点，既能改善磁场波形和电动机性能，同时在工艺上嵌线也比双层绕组方便，上端部较短，节省导线。尤其是对于2极电动机，单双层混合绕组可以比双层绕组采用更合适的绕组节距，从而提高绕组系数。

单双层混合绕组是在双层短距绕组的基础上演变过来的。双层绕组由于采用短距，使某些槽内上层导体及下层导体不属于同一相，但仍有一些槽内上层和下层导体边属于同一相。这样，就可以把属于同一相绕组的上层和下层导体归结在一起，用单层绕组来代替，不属于同一相的上、下层导体，仍保留其原来的双层，这就是单双层混合绕组。

下面以2极18槽的单双层混合短距绕组为例来说明，其绕组展开如图7-17所示。

单双层混合绕组每相由一个或多个外面为单层的大线圈、里面为双层小线圈的线圈组构成，相邻大线圈在端部不互相交叉，比单层绕组排列更方便。单双层混合绕组的嵌线方法如下。

(1) 设定铁心某槽为1号，将U相第一极相组小线圈的一边（下边）嵌入9号槽中，另一边（上边）“吊起”，再将大线圈的下边嵌入10号槽中，另一边（上边）“吊起”。

（2）空一个槽（11 号槽），将第二组线圈的两条下边（先小后大）分别嵌入12、13号槽，另两边“吊起”。

（3）再空一个槽（14 号槽），将第三组线圈的两条边嵌入15、16 号槽，并根据节距 $y=6$ 及 8，将另两条边嵌入 9、8 号槽。

（4）按空一槽、嵌两槽的规则，依次将全部线圈嵌完，最后将第一及第二组线圈的吊把边嵌入 3、2 号槽及 6、5 号槽。

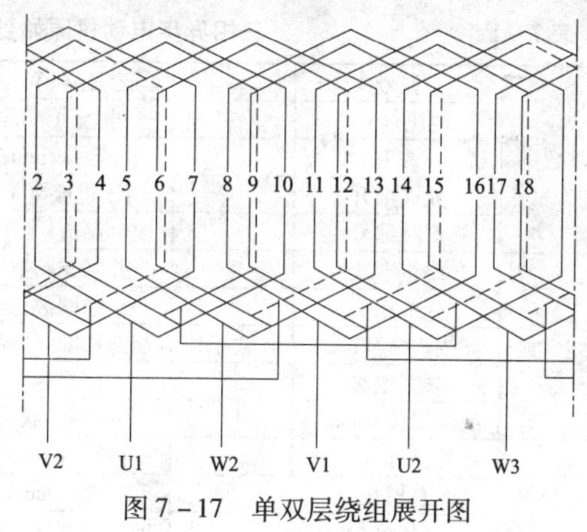

图 7－17　单双层绕组展开图

【知识点拨】

单双层混合绕组嵌线规律

单双层混合绕组的嵌线规律是：先嵌小线圈边，后嵌大线圈边，嵌两个槽，空一个槽，直至全部嵌完。吊把线圈边数为 $q+1=4$。

7.3　三相异步电动机绕组的重绕

当定子绕组已损坏且无法使用时，且无法用第 6 章介绍的方法维修时，就需要将定子铁心的旧绕组拆除，并重嵌新绕组。绕组重绕修理包括了解电动机的故障情况、填写原始记录卡、拆除旧绕组、制作绕线模、嵌线、绕组连接、浸漆和烘干等环节。

7.3.1　记录原始数据

拆除旧绕组之前，必须详细记录有关电动机的原始数据，否则，将给重绕定子绕组造成困难。电动机的原始数据包括铭牌数据、绕组数据和铁心数据及其运行和检查内容等，表 7－1、表 7－2 为直流电动机电枢绕组的原始数据记录卡。

填表时，有些数据可直接从电动机上查出，而有的数据则必须通过测定和计算才能得出，其内容可视实际情况增删。记录卡经检验员检查无误后作为正式原始记录放入技术档案中保存。

表 7-1　三相异步电动机原始数据记录卡

铭牌数据	型号		容量（kW）		相数	
	电压（V）		电流（A）		接法	
	效率		转速（r/min）		绝缘等级	
	允许温升		转子电流（A）		质量	
	产品编号		制造厂		制造日期	
绕组数据	绕组形式		并联支路数		并绕根数	
	节距		线圈数		线圈匝数	
	导线规格（mm）		端部长度（mm）		槽楔尺寸（mm）	
	端部绝缘		槽绝缘		绕组重量（kg）	
	线圈周长（mm）		线圈形状			
铁心数据	外径（mm）		内径（mm）		铁心总长（mm）	
	总槽数		气隙（mm）		铁心净长（mm）	
	通风槽数		通风槽宽（mm）		槽形尺寸（mm）	
绕组接线草图						
故障原因及拟改进措施						
备　注						

表 7-2　直流电动机电枢绕组的原始数据记录卡

电动机型号			制造厂家			出厂日期	
额定容量		电压		电流		转速	
电枢直径		电枢槽数		槽节距		铁心长度	
绕组形式		电枢线规		均压线形式		均压线规	
均压线节距		换向片节距		换向器直径		换向片数	

电枢绕组焊接方式		绑扎钢丝直径		绑扎钢丝匝数	
绑扎钢丝性质	有（无）磁性	绑扎无纬带型号		无纬带宽度和厚度	
电枢图号		电枢绕组图号		修理绝缘规范	

下面就填表时的几个重要数据予以说明。

1. 铭牌数据

铭牌数据是指电机铭牌上所标记的数据，它简要地说明了电机的规格、型号和工作条件。一般包括有型号、功率、频率、转速、电压、电流、效率、功率因数、绝缘等级、允许温升、出厂编号及制造厂等。这些技术数据可供验算绕组时参考。若不涉及铭牌损坏处理，这些数据也可以不记录，需要时直接查取。

2. 铁心数据和转子数据

定转子铁心的这些技术数据是电机绕组重绕、改绕时极为重要的依据。

铁心数据是指电机的定转子铁心的内径、外径、长度、槽数、通风道等。测量定子铁心和转子外径时，可分别用内卡钳和外卡钳测量，其方法如图 7－18 所示。测量时，卡钳的两脚一定要卡在铁心直径上，卡钳测量脚与铁心表面接触的松紧程度要适当，卡钳测后的两脚在钢直尺上量出数据。

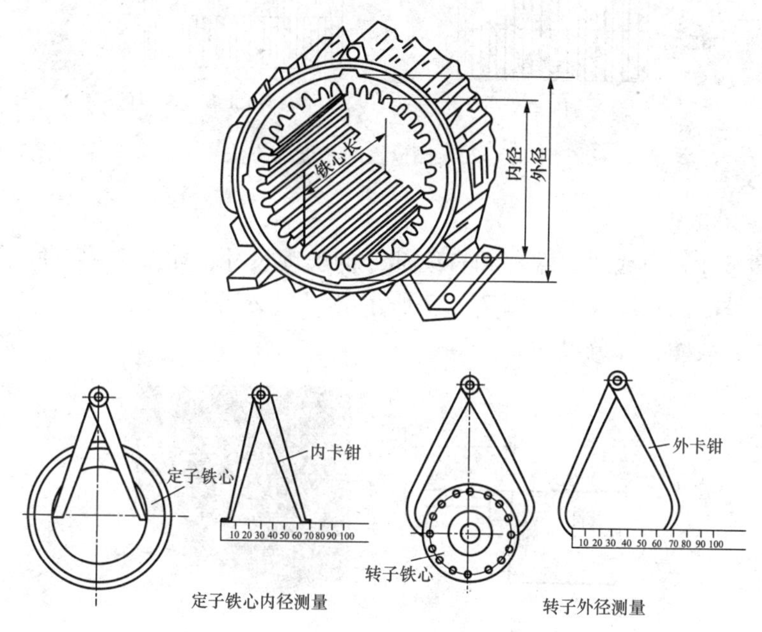

图 7－18　铁心尺寸和转子外径的测量方法

如果要精确测量时，可用内径千分表和外径千分表测量。对一般精度要求用卡钳就行。

如图 7－19 所示为槽形尺寸的测量方法。

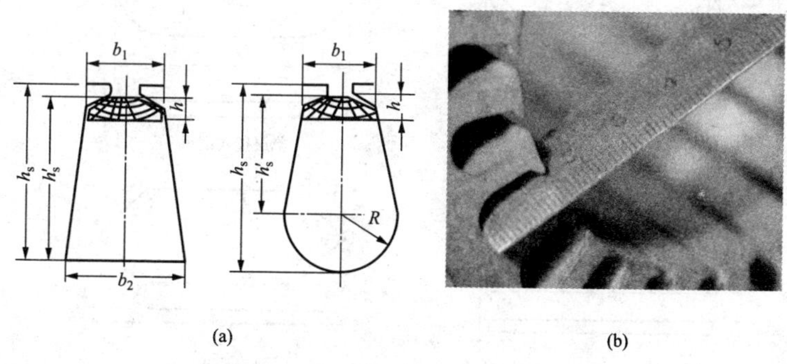

图 7－19　槽形尺寸测量方法

（a）示意图；（b）实物图

测量铁心长度时，要注意铁心两端的扇形现象，为了测量准确，应在槽底处测量铁心长度，沿圆周对称多测几点，取平均值，如图 7－20 所示。

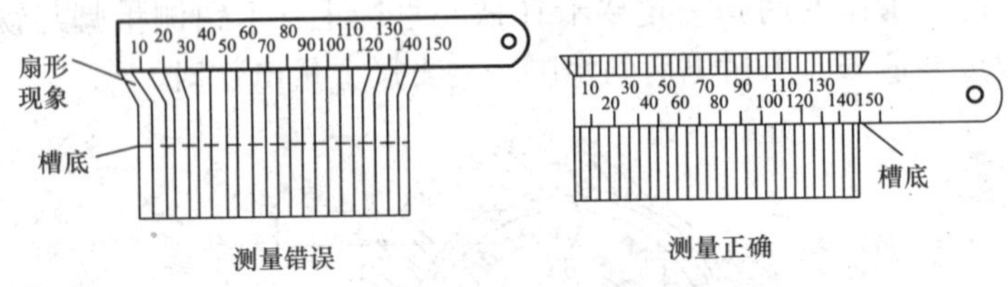

图 7－20 测量铁心长度的方法

3. 线圈尺寸

线圈尺寸是指线圈的端部和直线部分的长度尺寸，如图 7－21 所示为电机绕组伸出铁心的长度尺寸，图 7－22 所示为三相交流电机定子绕组，几种常用绕组形式的线圈各部分尺寸。

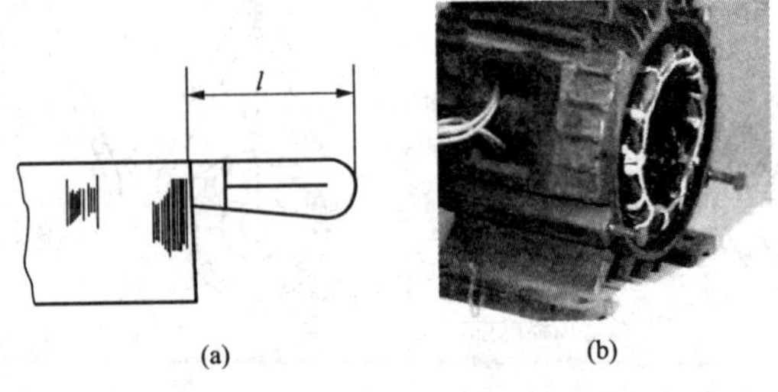

图 7－21 绕组端部伸出铁心的长度
（a）示意图；（b）实物图

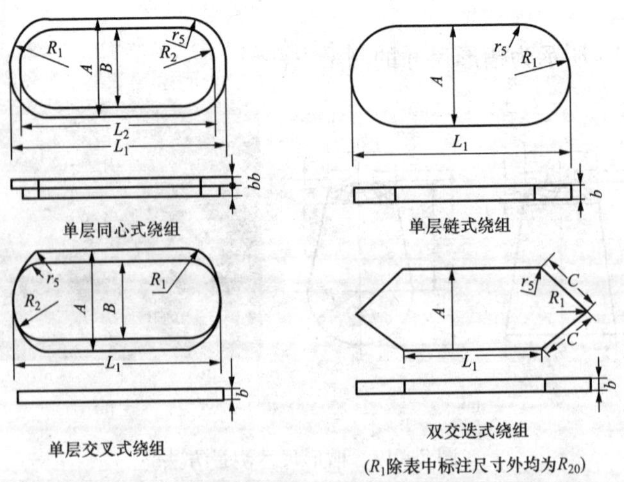

图 7－22 常用绕组形式的线圈各部分尺寸

4. 查测极数

有铭牌的电动机，可从型号的规格代号中直接得出极数，也可由额定转速推算出电动机的极数。如果铭牌失落或铭牌数据已看不出，就要根据绕组的结构尺寸来判断极数。

绕组极数的判定有两种方法。

（1）对于单层绕组，可数出一个线圈所跨的槽数即节距 y，并数出总槽数 z，计算出 z/y 的值。考虑到 y 接近且小于极距 τ，可知 z/y 必定大于 z/τ，同时，电动机的极数必定为偶数。故可取小于 z/y 且接近于它的偶数，即为所求极数。例如：$y=7$，$z=36$，则 $z/y=5.1$，电动机的极数应取 4。

一般来说，电动机在设计时，极数总是选择接近或等于节距。例如 2 极电动机，线圈节距大致等于圆周的一半；8 极电动机，线圈节距大致等于定子圆周的 1/8，如图 7－23 所示。

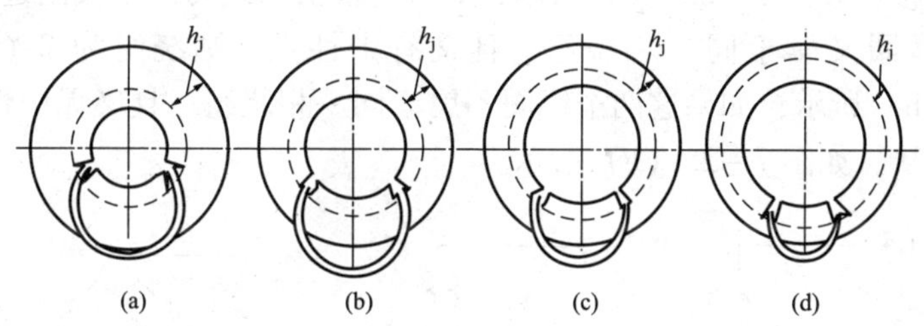

图 7－23　绕组极数的判定方法

（a）2 极；（b）4 极；（c）6 极；（d）8 极

（2）对于双层绕组，上述方法不一定适用。如总槽数 $z=36$，节距 $y=6$ 的双层绕组，可能是 4 极，也可能是 6 极。这就要从每极相组的线圈数和槽数来推导。每极相组的线圈数就是相邻二层隔相纸间所夹的线圈数，查明每极相组的线圈数后，根据 $q=z/2pm$，就能推导出极数。例如：$z=36$ 的双层绕组，查出相邻二层隔相纸之间夹着 2 个线圈，即 $q=2$，则极数 $2p=z/mq=36/(3\times2)=6$（极）。如果查出相邻二层隔相纸间夹着 3 个线圈，即 $q=3$，则极数 $2p=36/(3\times3)=4$（极）。

5. 绕组数据

正确判定并记录绕组数据，是重绕线圈的关键。

（1）绕组连接形式的判定。如果在绕组接线中，查到有中性点，则绕组是Y连接；否则是△连接。或根据接线盒内连接片的连接情况来判定，若三相绕组的首端（或尾端）连接在一起，则绕组为Y接法；若相邻两个绕组头尾连接在一起，则绕组为△接法，如图 7－24 所示。

(a)　　(b)

图 7-24　从接线盒上连接片看绕组连接形式
（a）Y连接；（b）△连接

（2）查看绕组的并绕根数。将同一极相组内的两线圈间跨接线的套管划破，或剪断跨接线，数得里面的导线根数即为并绕根数。但必须注意，此时每个线圈的匝数应等于每个线圈导线根数除以并绕根数。

（3）查看绕组的并联路数。功率在 4kW 以上的电动机绕组常采用多路并联，拆除绕组时，务必查清并联支路数。

1）如果绕组有 3 根引出线，且每根引出线只与一个线圈相连，则 1Y（一路Y形）连接，如图 7-25（a）所示；如果每根引出线与两个线圈连接在一起，而这两个线圈又属于同一相绕组，且又有中性点，则绕组为 2Y 连接，如图 7-25（b）所示；如果这两个线圈不属于同一相绕组，且又无中性点，则绕组为 1△连接，如图 7-25（c）所示。

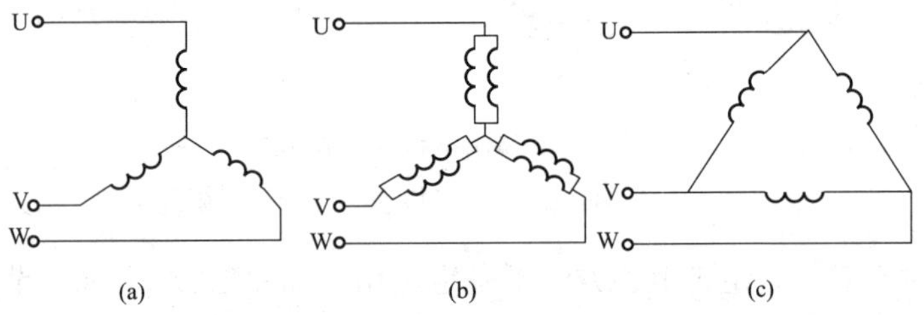

(a)　　(b)　　(c)

图 7-25　3 根引出线的连接形式之一
（a）1Y连接；（b）2Y连接；（c）1△连接

2）如果绕组只有 3 根引出线，且每根引出线与 4 个线圈相连，则绕组可能是 4Y接法（这 4 个线圈属于同一相），也可能是 2△接法（这 4 个线圈分属于两相），如图 7-26 所示。由图可知，每根引出线与偶数线圈连接时，有两种连接形式，与奇数个线圈连接时，一定是Y接。

3）如果绕组有 6 根引出线，则 3 根引出线一定分别连接三相绕组的首端，另 3 根引出线分别间接三相绕组的末端，所以每根引出线与几个线圈连接，绕组就有几条并联支路。例如每根引出线和两个线圈相连，绕组即为 2 路并联，如图 7-27 所示。

绕组并联路数与电动机的极数有关，判定时也可以参考表 7-3。

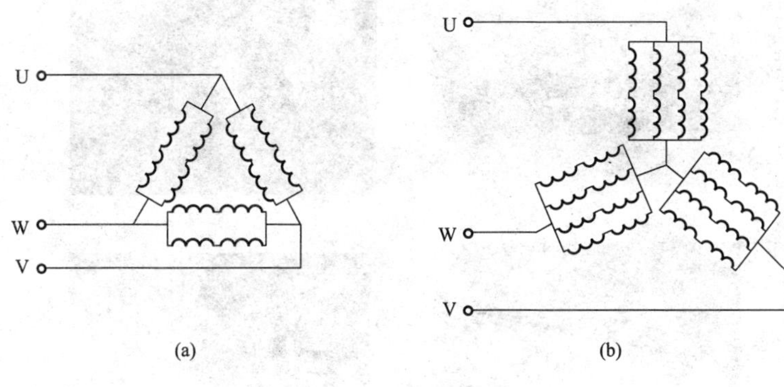

图 7－26　3 根引出线的连接形式之二

（a）2△连接；（b）4丫连接

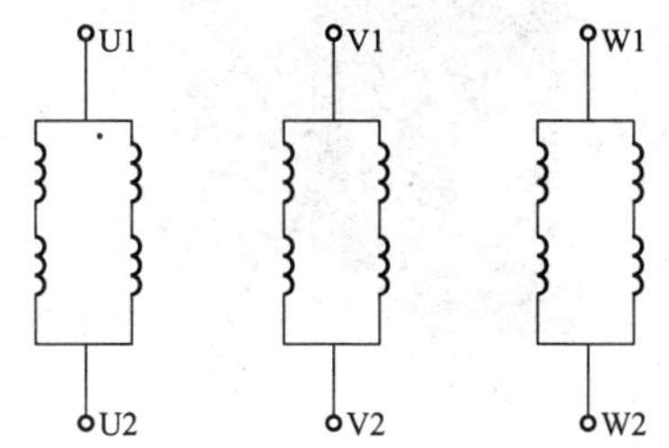

图 7－27　6 根引出线的连接形式之三

表 7－3　　电动机最大可能的极数与并联路数的关系

电动机极数	2	4	6	8	10	12	14	16
可能的并联路数	1、2	1、2、3、6	1、2、4、8	1、2、5、10	1、2、3、4、6、12	1、2、7、14	1、2、7、14	1、2、4、8、16

（4）查看绕组的节距。绕组的节距可在拆除绕组前直接数出，但要注意绕组有等节距和不等节距之分。如单层交叉式绕组和单层同心式绕组就不是等节距，应仔细查看清楚，最好在线圈拆去一半时复查一次，既明显又可靠。

（5）查测线圈匝数和导线直径。在拆除绕组时，最好能有几个线圈整股地拆下来，以便核查线圈匝数。通常应保留 1 ~2 个比较完整的样品线圈，并选出样品线圈内层最短的几匝，测取其周长平均值，作为选用或制作绕线模板的参考数据，如图 7－28 所示。

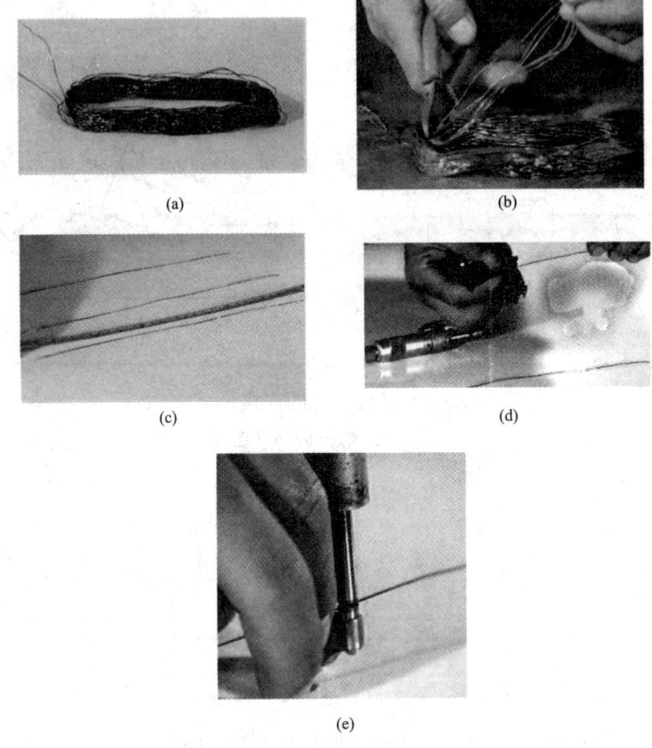

图 7－28　查测线圈匝数和导线直径

（a）完整的一个线圈；（b）剪断最短的几匝；（c）测取周长平均值；（d）擦去漆皮；（e）用千分尺测量导线直径

测量漆包线直径时，也可在电动机旧绕组上直接测量并做好记录，如图 7－29 所示。

图 7－29　在旧绕组上直接测量漆包线直径表做好记录

7.3.2 定子绕组的拆除

电动机的定子绕组经过浸漆与烘干，已经固化成一个质地坚硬的整体，拆除比较困难。通常采用冷拆法或热拆法来拆除旧绕组。冷拆能保证定子铁心的电磁性能不变，但比较费力。热拆虽比较容易，但铁心受热后会影响电磁性能。在具体应用时就根据实际条件选择。

1. 冷拆法

冷拆法适用于绕组全部烧坏或槽满率不高的电动机，在日常维修时应用最多。拆卸时，需要用不同规格的錾子和手锤，拆卸大型电动机时需要大型的錾子，拆卸小型电动机需要小型的錾子，如图 7-30 所示。

冷拆法可分为冷拉法、冷冲法和溶剂法三种。

图 7-30 拆卸绕组的常用工具

（1）冷拉法。先用废锯条制成的刀片或其他刀具将槽楔破开，将槽楔从槽中取出。如果槽楔比较坚实，可用扁铁棒顶住槽楔的一端，用铁锤敲打铁棒使槽楔从另一端敲出。再将导线分成数组，一根一根地从槽口拉出。若是闭口槽或半开口槽，可用斜口钳将线圈端部逐根剪断，或用钢凿沿铁心端面将导线凿断，如图 7-31 所示，在另一端用螺丝刀配合用钢丝钳逐根拉出导线。如果线圈嵌得太紧，用钢丝钳不易拉出，可将定子竖直放置，线圈不剪断的一端朝上。在定子膛口上横一根铁棒，用一根一端有弯钩的撬棍将弯钩勾住线圈的端部，以铁棒作为支点，利用杠杆作用把整股线圈从槽里撬出来。如果有专用的电动拉线机，拆除绕组就更为方便，效率可提高几十倍。

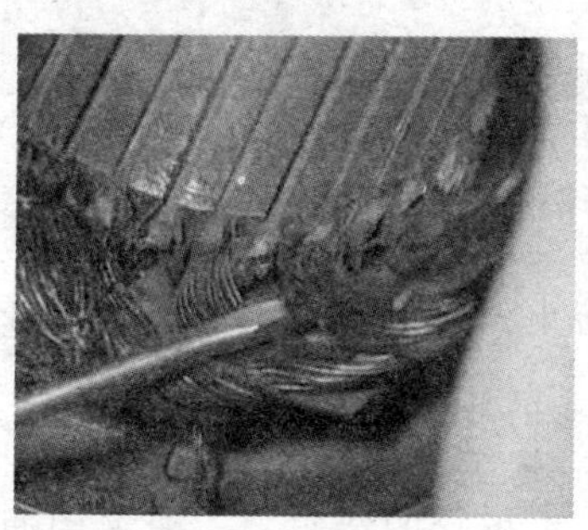

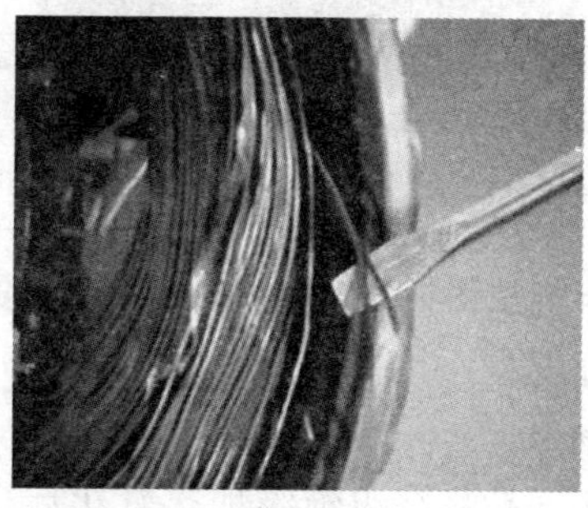

图 7-31 将导线凿断

图 7－32 用冷冲法凿断线圈

（2）冷冲法。对导线较细的绕组，其机械强度较低，容易拉断。可先用钢凿在槽口两端把整个线圈逐槽凿断，然后用一根横截面与槽形相似，但尺寸比槽口截面略小的铁棒，在被凿断线圈的断面上顶住，用铁锤用力敲打铁棒，逐槽将线圈从另一端槽口处冲出，如图 7－32 所示。对槽满率高、线圈嵌得特别紧的绕组，用此法拆除更为奏效，可节省较多的时间。有时还可将槽绝缘一齐冲出，减少了清槽工作量。

（3）溶剂法。此法一般用于拆除 1kW 小型电动机的定子绕组。常用的溶剂配方为丙酮 50%、甲苯 45%、石蜡 5% 配制溶液时，先将石蜡加热熔化，再注入甲苯，最后加进丙酮搅拌。溶解绕组绝缘时，把电动机定子放在有盖的铁箱内，用毛刷将溶剂刷在绕组上（如图 7－33 所示），然后加盖密封，保持 2～3min，待绝缘软化后，即可拆除绕组。

图 7－33 用毛刷将溶剂刷在绕组上

使用溶剂法拆除旧绕组时，要注意防止火灾，防止苯中毒，最好在通风的场地进行施工。

2. 热拆法

热拆法即是将绕组绝缘加热软化后，再拆除旧绕组。一般采用通电加热和烘箱加热，切忌采用火烧绕组的方法。加热前必须将接线板等易损件拆下，以防烤坏。

（1）通电加热法。用三相调压器或电焊变压器二次绕组给定子绕组通入低压大电流，如图 7－34 所示。电流的大小可调到额定电流的 3 倍左右，使绕组温度逐渐升高，待绕组绝缘软化时，停止通电，迅速退出槽楔，拆除旧绕组。这种方法最适宜大、中型电动机的绕组拆除，小型电动机亦可采用。但对绕组内部断路或严重短路的电动机，不能采用此法。

（2）烘箱加热法。用电烘箱对定子绕组加热，待绝缘软化后迅速拆除旧绕组，如图 7－35 所示。在加热过程中，应注意掌握火候，防止烤坏铁心，使硅钢片性能变坏。

(a)

(b)

图 7－34　通电加热法
（a）通电加热；（b）拆除旧绕组

图 7－35　用电烘箱对绕组加热

【知识点拨】

拆除绕组不能用火烧

在拆除电动机绕组（线圈）时，千万不能用喷灯、木材等烧绕组，否则会将铁心片间的绝缘也烧坏，影响维修后的电机质量，如图7－36所示。

图7－36　拆除绕组不能用火烧

3. 铁心槽的清理与整形

拆除定子绕组时，无论是冷拆或热拆，在拆除旧绕组的过程中，都应力求保留1～2个完整的线圈样品。

在绕组拆完后，线槽里会有一些残留物，需要进行清理，否则会给后面的嵌线工作带来麻烦，而且也会影响电动机的绝缘性能。清理电动机定子槽常用的工具是钢齿刷和清槽片，选择这些工具时应根据定子槽的大小来决定，较大的定子槽应选择较大的钢齿刷，较小的定子槽应选择较小的钢齿刷。将钢齿刷插入定子槽中，上下插动，依次将所有定子槽中的残留物、铜线、漆锈斑等清除干净。清理时还要注意检查铁心硅钢片是否受损，若有缺口、弯片，应予以修整。铁心槽的清理与整形如图7－37所示。

将铁心槽、齿清理整形后，用压缩空气吹扫干净。

7.3.3　准备漆包线

将旧绕组全部拆除和清理干净后，下一步需要准备漆包线。具体方法是：从拆下的旧绕组中剪取一段未损坏的铜线，放到火上烧一下，将外圈的绝缘皮擦除，并将其拉直，然后用螺旋测微仪进行测量。在测量前，应该将螺旋测微仪的测量面擦拭干净，以免影响精度。然后，将准备好的铜线放到螺旋测微仪的测量面中间，转动套管，在两测量面接近铜线时，停止转动套管，改为旋动

(a)

(b)

图 7－37　铁心槽的清理与整形
（a）清除杂物；（b）缺口整形

棘轮，当棘轮发出“嗒嗒”声时，说明两测量面已与铜线表面接触，此时，可从刻尺上读出测量数据。

选择漆包线时，应尽可能选择与原漆包线线径相等或稍大一点的导线。测量新漆包线线径的方法和测量旧漆包线相同，即将新漆包线的绝缘漆用火烧一下，再用螺旋测微仪测量。

7.3.4　选择绕线模

线圈的大小对嵌线的质量与电动机性能关系很大，线圈绕得过小，则不好嵌线，不便于端部整形；线圈绕得过大，则浪费材料，增加成本，维修后的端部太长顶住外壳端盖，影响绝缘。而线圈的大小完全是由绕线模的尺寸决定的。因此，一定要认真设计绕线模的尺寸。由于国家对各系列电动机线模数均有统一的规定，因此，维修人员只需查阅有关资料，参照数据制作即可。

如果手头没有资料，可根据拆下来的旧线圈制作绕线模，但应注意旧线圈存在内圈匝与外圈匝的误差，最好选用内圈作为标准尺寸。制作的方法是：将线圈取在绕线模板上，用铅笔顺着线圈的内圈画出一个椭圆，然后，根据画出椭圆即可制成所需的绕线模，如图 7－38 所示。

在取得一定经验后，也可以取一根新漆包线，按绕组的组合形式，在铁心上绕一匝，便是绕线模的周长。

绕线模的结构如图 7－39 所示，绕线模的尺寸可在电工手册中查找。

常用的绕线模除了菱形模和腰圆形模外，还有活动模。活动模的模心中穿有两个长螺钉，可以独立在夹板的两个直孔中移动，以调节绕线模的周长，当位置调整好后将两个螺钉拧紧即可。可见，活动模绕制线圈比较方便，如图 7-40 所示。

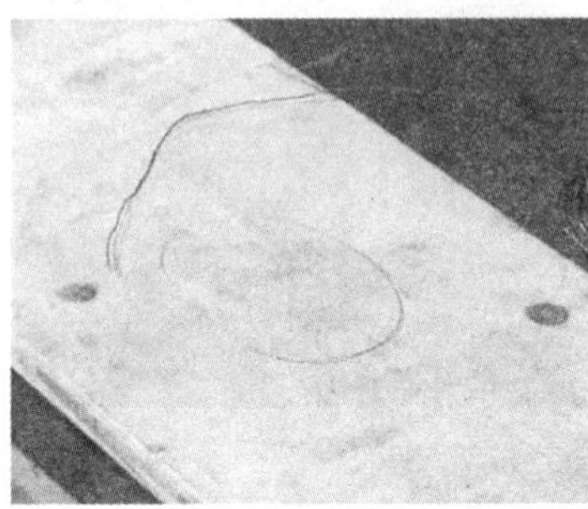

图 7-38 制作绕线模

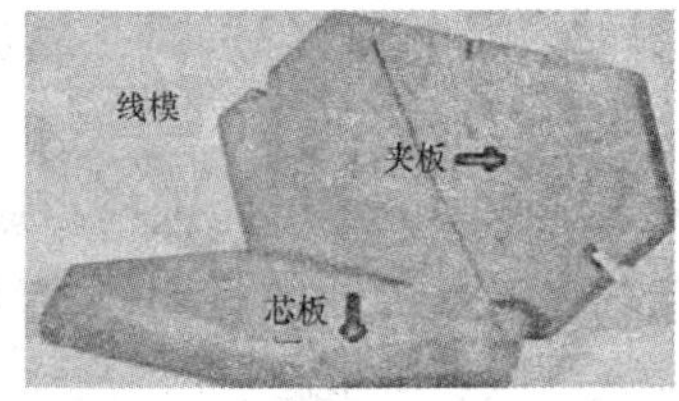

图 7-39 绕线模的结构

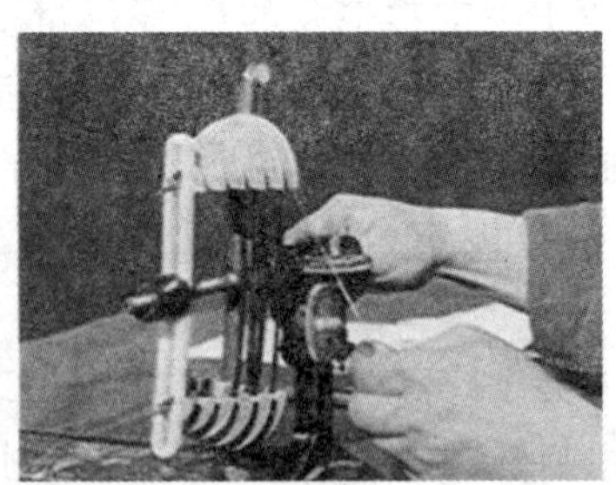

图 7-40 活动绕线模及应用

7.3.5 绕线工艺

(1) 认真检查漆包线型号、规格是否符合电动机的要求，同时检查漆包线的质量是否符合要求。

(2) 检查绕线机运转情况是否良好，线圈匝数计数器工作是否正常，如图 7-41 所示。

（3）准备好放线装置，将成盘的漆包线放在线转盘或线轴上往下放，不应直接从原线捆上往下放着使用，如图 7－42 所示。

图 7－41　检查绕线机

图 7－42　放线装置

（4）将导线拉出，通过紧线夹把导线拉到绕线模上，留出一定长度固定在绕线板上。

紧线夹用层压夹板中间垫上浸石蜡的毛毡构成，通过紧线夹上的螺母和螺栓，可调节夹紧力大小，要求夹紧力要适中，不可过大或过小，力的大小取决于导线线径和并绕根数，导线越粗，并绕根数越多，要求夹紧力越大。如果绕制小型线圈，导线较细，并绕根数又不太多，可用套管套在导线上，绕线时用手握住套管，靠套管与导线之间的摩擦力也可夹紧，这样操作方便。

导线的起头一般固定在绕线机的右手边，从右向左绕线，先绕小线圈，后绕中线圈和大线圈，如图 7－43 所示。每绕完一个线圈时，要把导线从跨线槽过渡到相邻左边的模心上，并且这个绕完的线圈从扎线槽处事先放好的绑绳把线圈两边捆好，以免松散，如图 7－44 所示。要求各线匝之间平整，匝数正确。

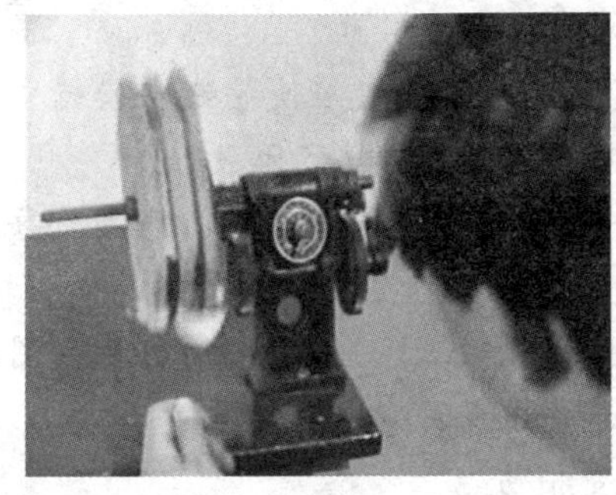
图 7－43　绕线方法

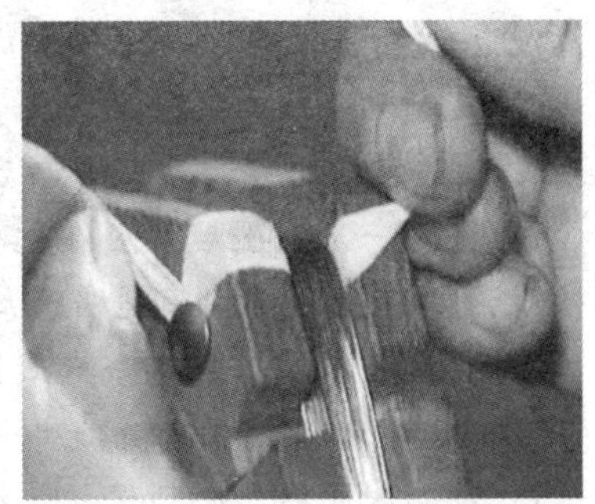
图 7－44　用绑绳捆线圈

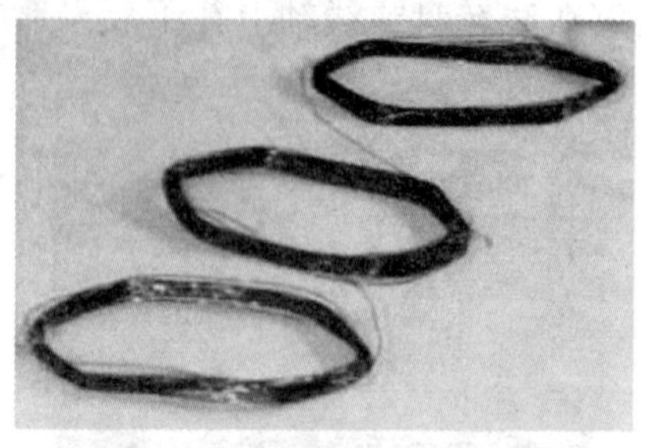

图7－45　连续绕制的线圈

（5）线圈可以极相组绕制，比较先进的工艺是把属于一相的所有线圈连续绕制，中间不剪断（如图7－45所示），把极相组中间的线稍微放长一点，这样就省去了接线这一道工序。

（6）绕制线圈时，导线必须排列整齐，导线绝缘不受损坏。绕制完毕，退出模具，将绕制好的线圈用绑绳扎好，并按照顺序摆放，以方便所用，如图7－46所示。

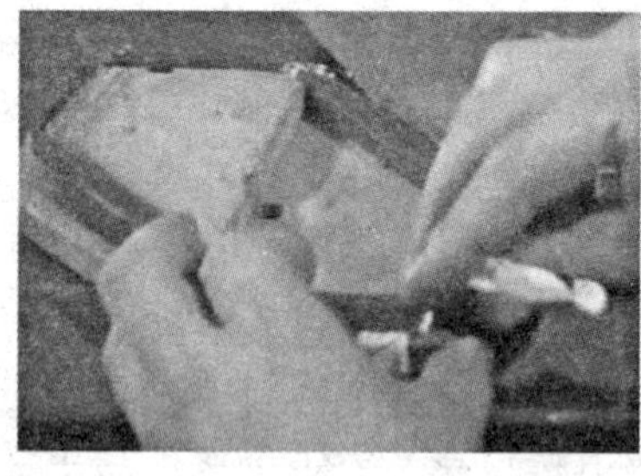

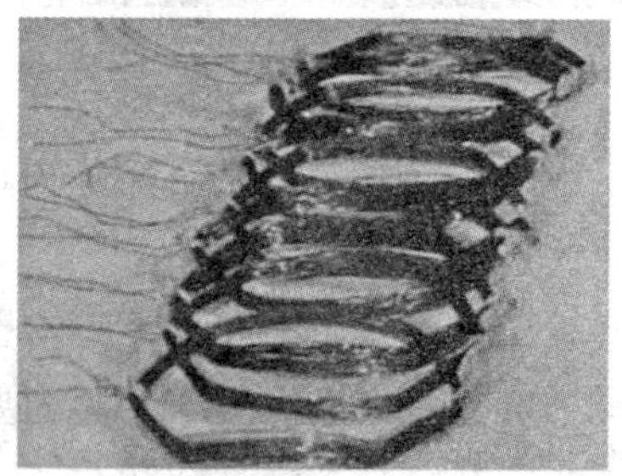

图7－46　用绑绳扎好线圈并按顺序摆放好

【技能提高】

绕制线圈的注意事项

在绕制线圈的过程中，应注意以下几点。

（1）导线漆皮应均匀光滑，无气泡、漆瘤、霉点和漆皮脱落现象。用游标尺或千分尺检查导线直径和绝缘漆皮厚度应符合要求。

（2）绕制时导线必须排列整齐，避免交叉混乱。一般应使导线在模槽中从左至右一匝一匝的排绕，绕完一层后再绕一层，直到绕够规定匝数。

（3）绕好一只线圈后，应在过桥线上套上黄蜡管，再绕下一只线圈。每个极相组之间的连接线应留有适当长度。

（4）导线长度不够绕完一只线圈，需要另接导线时，接头必须留在线圈端部，严禁把接头留在线圈的直线部分，以免造成嵌线困难。

（5）绕制线圈时，必须保护导线绝缘不受损伤。

（6）绕制好的线圈必须用绑扎带将两个直线部分扎紧，以防松散。

（7）绕完线圈后，应对每个极相组或相绕组进行直流电阻的测定和匝数检查。

测直流电阻时，大于10Ω的可用单臂电桥或万用表低阻挡，小于10Ω的用双臂电桥测量。一般要求各极相组之间的直流电阻相差不应超过±4%。

7.3.6 备齐绝缘件

电动机的绝缘件包括槽绝缘、层间绝缘、相间绝缘、槽口绝缘（槽楔）以及接线头的绝缘等，如图7-47所示。

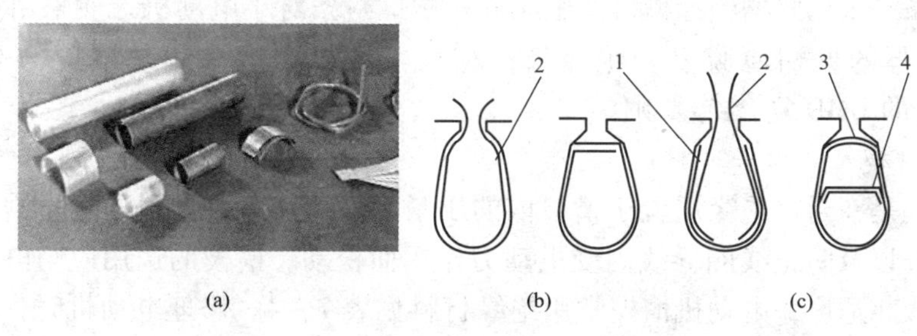

图7-47 电动机槽绝缘材料及结构形式

（a）电动机绝缘材料实物；（b）摺边式封口；（c）封式封口

1—槽绝缘；2—引槽纸；3—槽口封条；4—层间绝缘

1. 电动机绝缘等级

电动机各部分绝缘应根据要求的绝缘等级，用相应级别绝缘材料。同时根据设计所需尺寸，制成相应的绝缘件来满足电动机对绝缘件的要求。对于中小型电动机，目前普遍采用E、B两种绝缘，E级多用于J02系列老产品，而Y系列产品已经改用B级绝缘。所以，对于采用A级绝缘的电动机，在修理时，应改用B级绝缘，进行提高运行性能的重绕。

2. 槽绝缘

槽绝缘是线圈与铁心电隔离的主绝缘，同时还作为防止槽壁损伤的机械保护层。槽绝缘在嵌线之前插入槽内。在电压相同条件下，电动机槽绝缘不是常数，随着电动机容量的增加，考虑到线圈电流增大，电动力增大，引起线圈振动加剧，所以绝缘厚度也相应增加。对不同型号的电动机应严格按照该电动机的绝缘规范执行，不得随意更换。

3. 层间绝缘

层间绝缘是双层绕组槽内上、下层线圈的隔电绝缘，是电动机绝缘的重要部位，其选用的材料和厚度一般与槽绝缘相同。由于槽内层电压较高，容易造成层间线圈短路，因此其宽度应能可靠包住下层线圈边，其总长略大于线圈直线边总长。

4. 相间绝缘

相间绝缘也是端部绝缘。其绝缘结构要求与主绝缘相同，裁剪成半圆形，大小应能隔开整个极相组线圈的端部。裁剪时应适当放大，待整形时再将多余部分剪掉。

对大容量的电动机还要求端部同相线圈之间也加一层绝缘纸分开；若线圈节距较大，每只线圈端部还要求进行“包尖”处理。

5. 槽口封条

封条是采用封槽绝缘槽口的绝缘件。槽口封条对小电动机一般采用0.25～0.30mm厚的聚酯薄膜复合绝缘纸；对大电动机一般采用总厚度为0.35～1.00mm的DMD复合绝缘制作。

6. 槽楔

槽楔是在封口绝缘后置于槽口内的压紧元件，其主要作用是阻止槽内导体滑出槽外以及防止线圈导线因受电动力作用而松动。槽楔的选用应与电动机的绝缘等级相适应，电动机槽楔常用绝缘材料见表7－4。修理电动机时，槽楔的长度应略长于铁心的长度。

表7－4　电动机槽楔常用绝缘材料

<table>
<tr><th>材料名称</th><th>型号</th><th>耐热等级</th><th>槽楔推力
(N)</th></tr>
<tr><td>酚醛层压板条</td><td>3020，3021，3022，
3023，3025，3027</td><td>E</td><td>200</td></tr>
<tr><td>环氧酚醛玻璃布层压板条</td><td>3240</td><td rowspan="2">B</td><td>247</td></tr>
<tr><td>MDB复合槽楔</td><td></td><td>244</td></tr>
<tr><td>环氧酚醛玻璃布层压板条</td><td>3240</td><td rowspan="2">F</td><td>247</td></tr>
<tr><td>MDB复合槽楔</td><td></td><td>244</td></tr>
<tr><td>有机硅环氧层压玻璃布板条</td><td>3250</td><td rowspan="2">H</td><td rowspan="2">247</td></tr>
<tr><td>有机硅层压玻璃布板条</td><td>3251</td></tr>
</table>

7. 引槽纸

引槽纸一般可用0.15～0.20mm厚的聚酯薄膜纤维复合绝缘纸裁剪。其长度与槽绝缘纸长度相同，如图7－48所示。

8. 接线头绝缘

对E级绝缘一般选用涤纶或玻璃丝管；对B级绝缘则用醇酸玻璃丝管

套入。

7.3.7 嵌线

1. 嵌线前的准备工作

（1）准备好嵌线专用工具。手工嵌线工具包括划线板、压线板、划针、刮线刀、手术用弯头长柄剪刀、木锤或橡皮锤、钢丝钳、尖嘴钳等，如图7－49所示。有些专用工具，如划线板、压线板、划针、刮线刀等，若在市场上买不到，也可以自行制作。

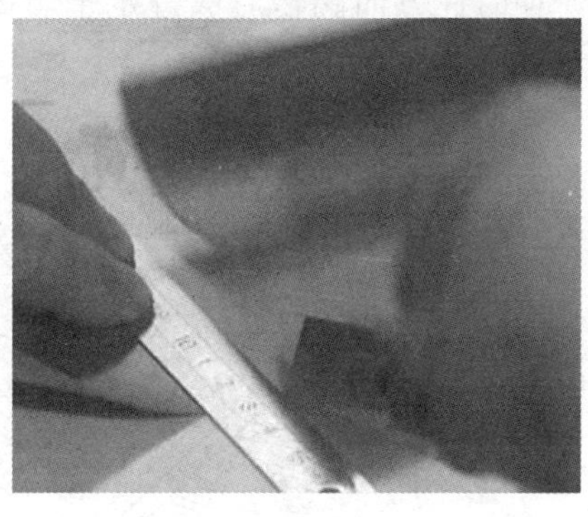

图7－48 绝缘纸裁剪

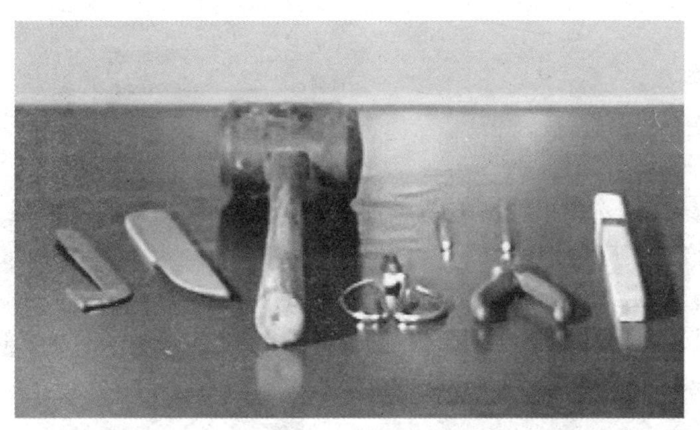

图7－49 嵌线专用工具

（2）熟悉技术资料。在做好上述准备工作以后，嵌线前还要对所待嵌绕组的技术资料及数据进行核查和熟悉。特别是对电动机极数、线圈节距、绕组排列、嵌线规律、并联支路数、引线方向等要心中有数，以利于嵌线工作的顺利进行，避免嵌错返工，造成工时和材料的损失。

2. 嵌线工艺

嵌线是一项细致工作，必须小心谨慎，并按工艺要求进行操作。

（1）嵌线规则。

1）每个线圈组都有两根引线，分别称为首端或尾端。

2）每相绕组的引出线必须从定子的出线孔一侧引出，为此所有线圈组的首、尾端也必须在这一侧引出。

3）习惯规定把定子机座有出线孔的一侧置于操作者右侧，待嵌线圈组放置在定子的右面，并使其引出线朝向定子膛，如图7－50所示。嵌线时，把线圈逐个逆时针方向翻转后放进定子膛内进行嵌线，从而保证引出线从出线孔侧引出。

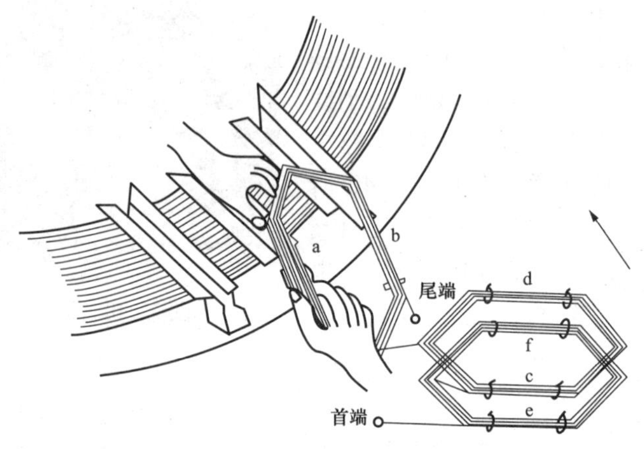

图 7-50 嵌线示意

（2）嵌线方法。单只线圈嵌线较简单，但对连续绕制的线圈组，嵌线时稍不注意就会嵌反，应特别注意。

嵌线时，以出线盒为基准来确定第一槽的位置，如图 7-51 所示，槽绝缘伸出铁心的长度，要根据电动机的容量而定。

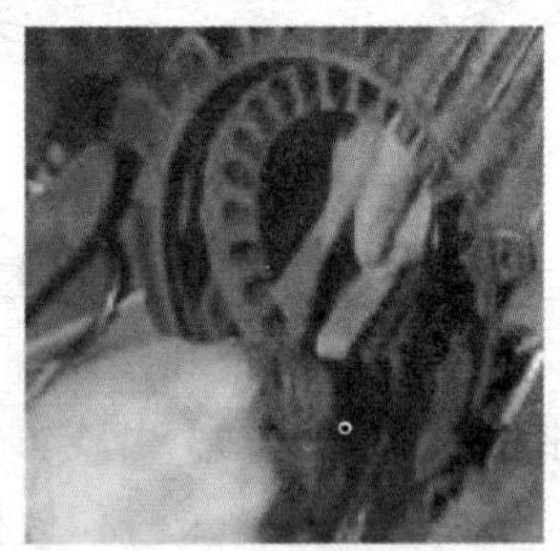

图 7-51 确定第一槽的位置并放入线圈

1）嵌线翻转线圈时，先用右手把要嵌的一个线圈捏扁，并用左手捏住线圈另一端反向扭转，然后将导线的左端从槽口右侧倾斜着嵌进槽里。

2）嵌入线圈时，最好能使全部导线都嵌入槽口的右端，两手捏住线圈逐渐向左移动，边移边压，来回拉动，把全部导线都嵌进槽里。

3）如果有一小部分导线剩在槽外，可用划线板逐根划入槽内。划入导线时，划线板必须从槽的一端直划到另一端，并注意用力要适当，不可损伤导线绝缘。切忌随意乱划或局部掀压，以免几根导线交叉地轧在槽口而无法嵌入。

4）用剪刀将高出定子槽口1～2mm的多余绝缘纸剪去，注意不要剪断导线。

5）用压线板将绝缘纸推倒在槽口内压平。

6）用准备好的槽楔从槽的一端插进槽里，压住导线和绝缘纸。

7）用同样的方法再将另一个线圈下到另一个槽中。

8）当满足一个节距的几个绕组的一个边下入槽内后，应将这几个绕组的另一个边吊起，称为吊把。

9）将全部绕组嵌入槽中后，再把吊把边嵌入。吊把边嵌入的方法和其绕组上边嵌入的方法相同。

嵌线过程的主要步骤如图7－52所示。

【知识点拨】

做好相间绝缘

相邻两组线圈属于不同相时，必须在这两组线圈的端部之间安放相间绝缘纸，进行隔相，如图7－53所示。隔相一般采用0.25mm厚的薄膜青壳纸。大功率电动机可用一层薄膜青壳纸和一层黄壳绝缘纸，中间再夹一层黄蜡布。隔相纸的形状和尺寸根据线圈端部的形状、大小而定。一般双层绕组隔相纸的形状为半圆形或半棱环形；单层绕组隔相纸的形状为半圆环形的3/4。

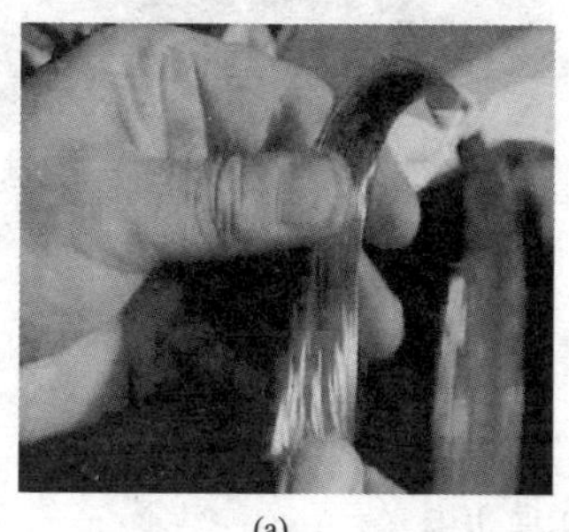
(a)

(b)

图7－52 嵌线过程的主要步骤（一）
（a）将线圈捏扁；（b）线圈送入槽中

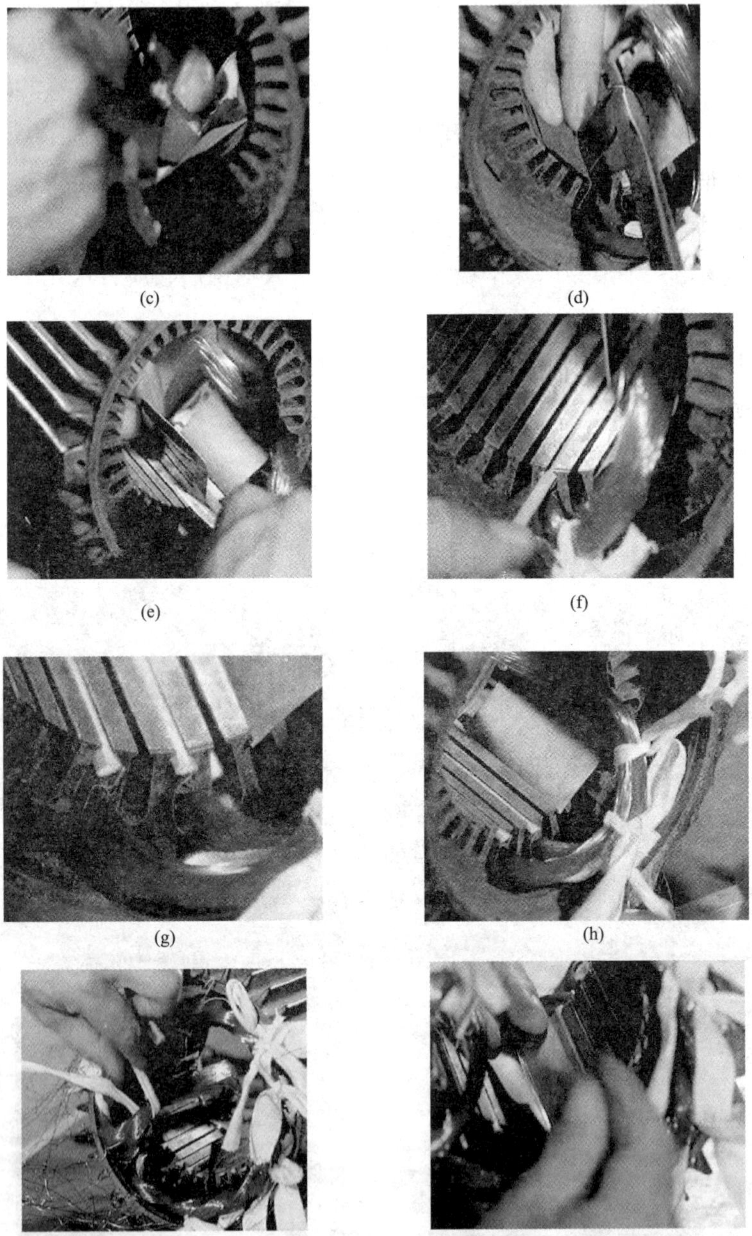

(c)

(d)

(e)

(f)

(g)

(h)

(i)

(j)

图 7-52 嵌线过程的主要步骤（二）

（c）用划线板逐根划入槽内；（d）用压线板按压导线；（e）剪去多余的绝缘纸；
（f）插入槽楔；（g）用同样方法嵌第二个线圈；（h）吊把；
（i）全部绕组嵌入槽中；（j）嵌入吊把上层边

(a)

(b)

图 7－53　相间绝缘
（a）加隔相纸；（b）剪齐隔相纸

3. 连接极相组和端部整形

全部线圈嵌完后，按照接线图将各个极相组连接好，如图 7－54 所示。之后，修剪相间绝缘，使其高出线圈 3～4cm；符合要求后，用木板垫在绕组端部，用手锤轻轻敲打绕组上的木板（如图 7－55 所示），使绕组两端形成喇叭口，其直径大小要合适。小型电动机在端部整形后，连同引出线用绑线和布带统一包扎好，如图 7－56 所示。

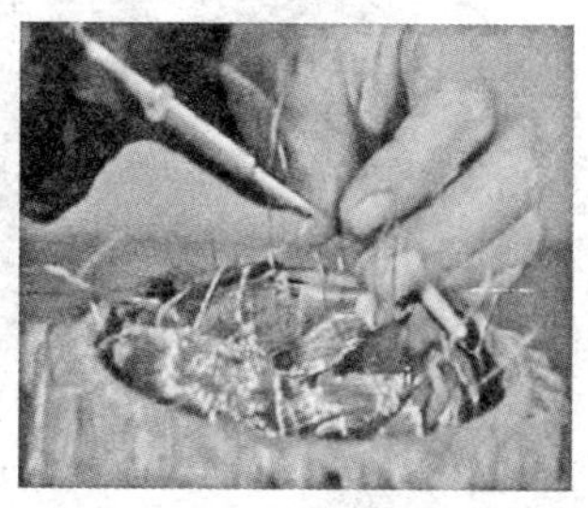
图 7－54　连接各个极相组

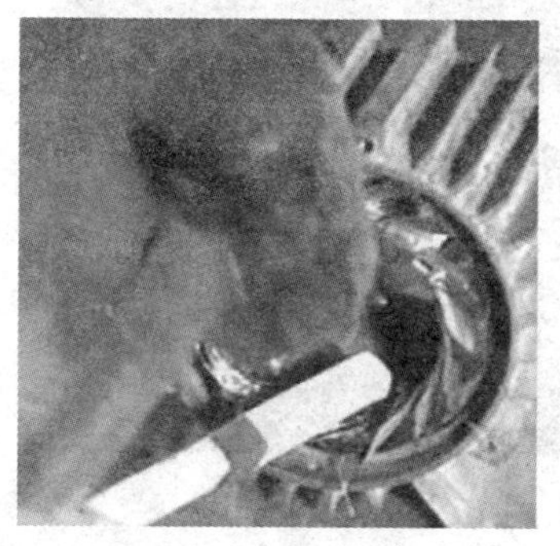
图 7－55　端部整形

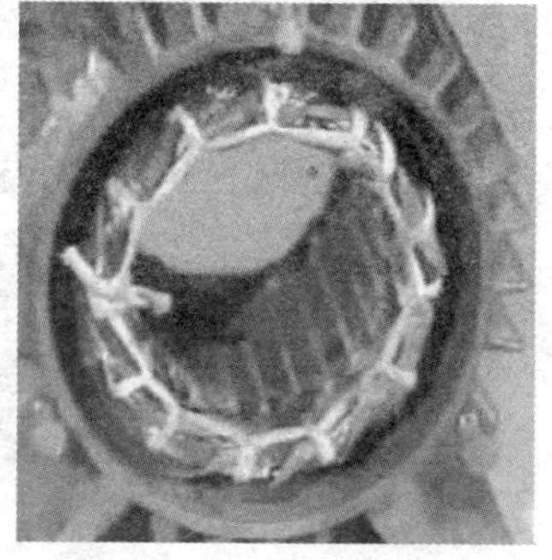
图 7－56　用绑线包扎好端部

【技能提高】

（1）线头焊接

接线前应整理好线圈接头，留足所需的引线长度，将多余部分剪去。将套管套在引线上，并用刮漆刀刮去线头上的绝缘漆，如图 7－57 所示。按绕组的连接方法进行线头的连接。

导线的接头必须进行焊接，才能保证电动机不因绕组接头损坏而影响整机工作。

焊接时，在连接头下边放一张纸，以防止焊锡掉入绕组中。将刮净并绞合好的线头上涂上焊剂，把挂有适量焊锡的电烙铁放在线头上面，在焊剂沸腾时，快速把焊锡涂在电烙铁或线头上，当焊锡浸透接头时，平移开电烙铁，若有锡刺，应用电烙铁烫去。线头焊好后，应趁热把套管套好，如图 7－58 所示。

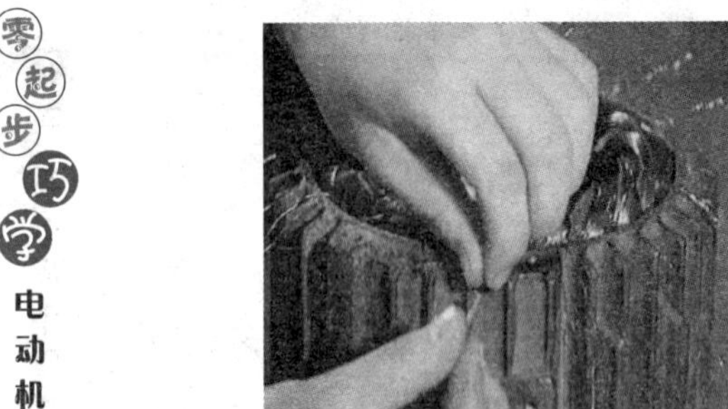
(a)

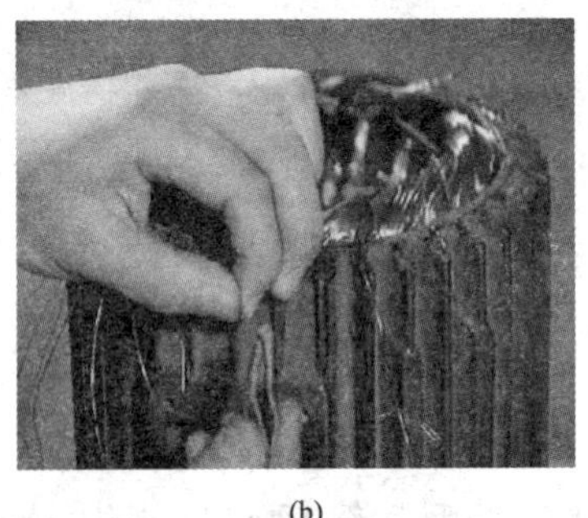
(b)

图 7－57 处理线头

(a) 套管套；(b) 刮去绝缘

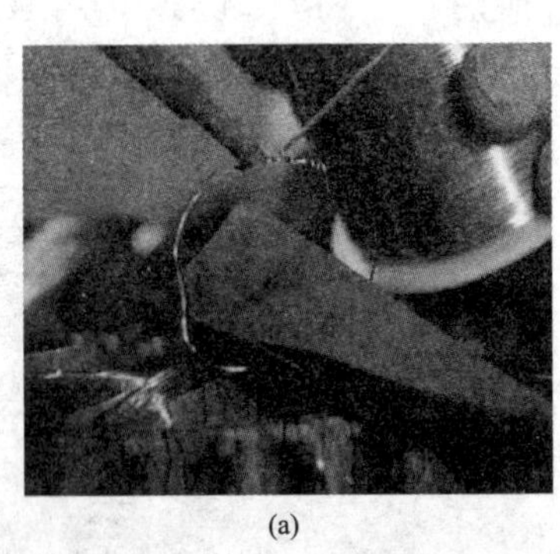
(a)

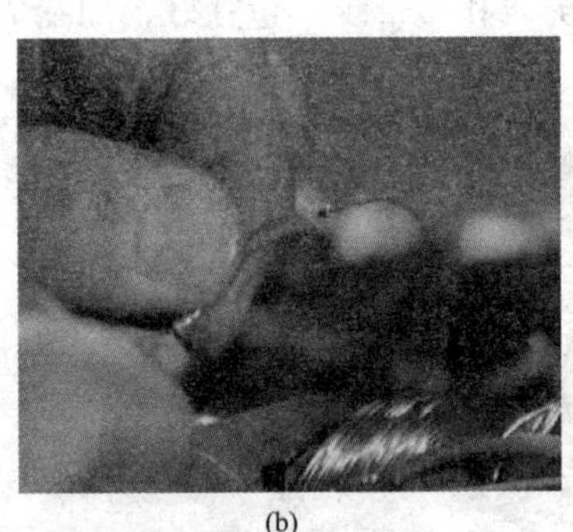
(b)

图 7－58 焊接线头并趁热套好套管

(a) 电烙铁焊接；(b) 趁热套好套管

对于漆包线比较粗的电动机，一般采用氧焊的方法。这种焊接方法最大的优点是焊接时不需要刮漆包线的绝缘皮。焊接时，要控制好火力，防止火苗烧坏绕组。

注意在焊接过程中要保护好绕组，切不可使熔锡掉入线圈内造成短路。

将所有连线焊好后，从电动机的出线孔将三相绕组的三个头和三个尾引出。

（2）绑扎外引线

焊接后，在检查好端部的相间绝缘后，用纱带把外引线和极相组之间的连接线等一并绑扎在线圈端部。穿扎时，应将顶端线匝带上几根，使绑扎带与绕组形成一个紧密的整体。用同样的方法，将端部全部绑扎，如图 7－59 所示。

图 7－59　绑扎线

7.3.8　质量检查和空负荷试验

1. 质量检查

在外观检查无问题之后，质量检查的第一步是查绕组有无嵌反。方法是：在三相绕组内通入 60～100V 三相交流电源，在定子铁心的内圆上放一只小钢珠（如图 7－60 所示），如果钢珠沿着内圆旋转，表明绕组没有嵌反或者接错；如果钢珠吸住不动，说明绕组可能嵌反或者接错。

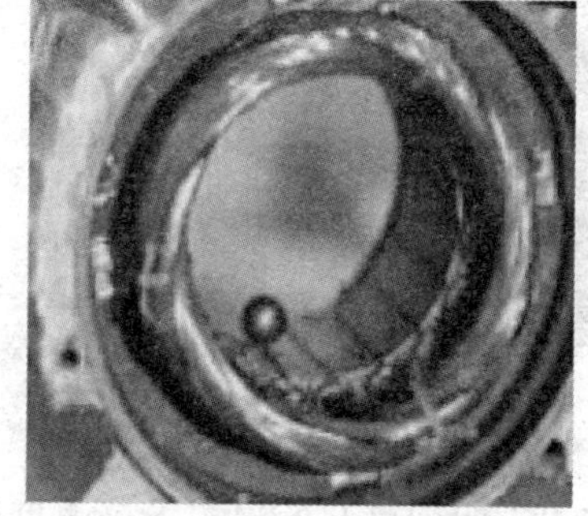

图 7－60　在定子铁心内圆上放一只小钢珠

如果绕组没有嵌反或者接错，下一步就应该检查其直流电阻是否符合要求，接下来检查绝缘电阻，最后进行耐压测试。

2. 空负荷试验

所谓空负荷试验，是指在电动机不带负荷时通电运转，以检测某些参数的试验。空负荷试验时间不应少于 1h，在试验时间里，要观察空负荷电流的大小（一般为额定电流的 0.6～0.9）及其随着时间的延续是否发生变化，试验期间温升是否正常（注意区分绕组发热和轴承温升），运转中是否有噪声和抖动。

空负荷运转中，要注意观察电动机转轴的旋转方向，如果电动机反转，一定是主绕组或副绕组中任意一个接反，只需把其中一个绕组的两头接线对调即可改变电动机的旋转方向。

在初测过程中，如果发现问题，可以很方便地把绕组拆开检修（因绕组未浸漆）。如果初测合格，即可进行最后的绝缘处理——浸漆。

7.3.9 浸漆与烘干

绕组浸漆的目的是增强电动机的电气绝缘强度，提高防潮和耐热性能，改善散热条件，加固绕组端部，防止沾染灰尘。

常用的绝缘漆有黑烘漆、1321 醇酸树脂漆（又名热硬漆）和 1032 三聚氰胺醇酸树脂漆等。

电动机浸漆工艺主要包括预烘、浸漆和烘焙 3 个步骤。

1. 预烘

无论是新绕组还是旧绕组，在浸漆前必须先进行预烘，以驱除绕组内的潮气和挥发物，并加热绕组使得更有利于绝缘漆的渗透。

图 7－61　预烘

在业余条件下，可从机壳中取出定子铁心与绕组，置于功率较大的灯泡下或烘箱中（如图 7－61 所示），保持 125～135℃的温度，预烘 4～6h，待测得对地绝缘电阻为 30～50MΩ 稳定不变时，预烘结束。

如有条件，最好是将电动机置于电烤箱中预烘。

2. 浸漆和烘焙

（1）第 1 次浸漆。采用 E 级和 B 级的定子绕组通常选用 1032 牌号三聚氰胺醇酸树脂漆，稀释溶剂是甲苯或二甲苯，规定二次浸漆。经预烘的定子绕组温度下降至 50～70℃ 时即可开始浸漆。若温度过高，溶剂挥发快，漆膜形成快，绕组内部不易浸透；温度太低，漆的黏度太大，流动性和渗透性都比较差，浸漆效果不好。对于漆的黏度最好按温度调整好，可以参考表 7－5，浸漆时间要大于 15min。以漆中的定子绕组不冒气泡为止，然后将电动机从浸漆槽中取出，垂直放在滴漆槽架上，沥干余漆，沥干时间应大于 30min。

表 7－5　　浸漆温度与黏度对照表

温度（℃）	黏度（Pa. s）	温度（℃）	黏度（Pa. s）	温度（℃）	黏度（Pa. s）
6	80～56	16	45～36	26	33～28
8	72～49	18	42～34	28	31～26
10	64～45	20	38～32	30	29～25
12	56～42	22	36～31	32	28～24
14	49～39	24	34～29	34	26～23

除了沉浸的浸漆方法，还可采用浇漆的方法，此种方法比较适合单台电动机浸漆处理，如图 7－62 所示。先将电动机放在滴漆架上，用漆先浇绕组的一端，经过 20～30min 滴漆后，再浇另一端，要浇得均匀，各处都要浇到，可重复几次。待余漆滴干后，用松节油将定子绕组外的其他部分的余漆擦干净，如图 7－63 所示。

图 7－62　浸漆

图 7－63　把余漆擦干净

（2）滴漆。把浸透绝缘漆的绕组悬空，挂着滴漆 30min 以上。待漆滴干后，用松节油把铁心擦干净。

（3）第 1 次干燥（烘焙）。烘焙是为了加速挥发漆中所有的溶剂和水分，使绕组表面形成坚固的漆膜。烘焙过程分为两个阶段。

第 1 阶段是低温烘焙，温度控制按绝缘漆等级和电动机的绝缘等级。E 级、B 级为（110±5）℃，时间为 2～4h，这样可使绕组内部气体排出，溶剂挥发比较慢，绕组表面不会很快形成漆膜。

第 2 阶段是高温烘焙，E 级和 B 级绝缘温度控制为（130±5）℃，烘焙时间为 4～5h，要求绝缘电阻大于 2MΩ。

值得说明的是，在小维修店，对中小型电动机，可用灯泡或自制的烘箱来完成烘焙这一工序。

（4）第 2 次浸漆、滴漆。方法同第 1 次。第 2 次浸漆时间控制在 3～5min，温度控制在50～70℃，漆的黏度可稠一些，以填充空气隙。

（5）第2次干燥（烘焙）。第2次低温烘焙时间控制在2～3h，温度同前一次。第2次高温烘焙时间控制在4～5h，温度同前一次，要求绕组绝缘电阻大于1.5～2MΩ后出箱。

在整个烘焙过程中，要求每隔1h用绝缘电阻表测量一次绕组的绝缘电阻，在最后2h，其绝缘电阻应该稳定在1.5～2MΩ，如图7－64所示。

(a)

(b)

图7－64　测量热态绝缘电阻

（a）测量相间绝缘；（b）测量相对地绝缘

将电动机全部装好，按初测步骤重新检测一次，若符合要求，即可投入使用。

【知识链接】

烘干的方法

烘干的目的是挥发漆中的水分与溶剂，使绕组表面形成坚固的漆膜。所以烘干时的温度不能上升太快，否则漆的外层迅速形成薄膜，而漆的内层却没干。只有温度逐渐上升，才能获得满意的效果。

烘干可采用烘房烘干、烘箱烘干、灯泡烘干和电流烘干等方法。

（1）烘房烘干法。大规模的电动机修理厂都有专用的烘房来烘干或干燥电动机绕组，烘房可以由两层耐火砖砌成，两层耐火砖之间填隔热保温材料，以减少热量损失。烘房内部靠墙处放置管状或板状电热元件。烘房与外面的小铁轨相连，浸漆后的电动机铁心放在专用的平板车上，可直接推入烘房进行烘干。烘房温度可自动调节。烘房应配备温度控制仪，并具有通风孔或通风装置以便排出潮气及溶剂气体。此外，一旦烘房内压力骤增，烘房门应能自动推开，以保安全。

（2）烘箱烘干法。烘箱用铁皮做内衬，外面围上隔热材料制成，内装电阻丝，发热管或灯泡等，上方安装有温度计用来监视温度，并开有出气孔，以便排除潮气和水分。采用这种方法烘干时要经常注意监视温度，温度一般不超过100℃，如温度太高可将发热元件功率调小，采用这种方法烘干时间较长，一般为24h左右。

（3）灯泡烘干法。对于容量较小的电动机，可将200～500W的白炽灯或红外线灯泡悬吊在定子铁心内膛，在下面将电动机垫起，上面盖些既通风又保温的东西（如石棉瓦片）。注意灯泡不能接触绕组，以免烤焦或烧坏绕组。烘干时不要离人，要经常监视或测量温度（可插入温度计）。温度的高低由灯泡的功率调节。

（4）电流烘干法。将低压交流电通入需要烘干的绕组中。对于大、中型电动机，因为其绕组阻抗小，大都是采用三相串联起来进行烘干，如图7－65（a）所示。对于小型电动机，由于绕组的阻抗较大，一般在烘干时改接成△。在两个连接点间通入单相220V交流电，电流的大小可用变阻器（或绕组的串并联）来调整，一般以0.5～0.7倍的额定电流为宜。每隔1h左右，将电源轮换加到不同的引线上进行烘干，如图7－65（b）所示。如果电动机的阻抗很大，也可以把三相绕组并联起来，接上单相220V交流电进行烘干，如图7－65（c）所示。

绕线式转子的异步电动机用电流法加热烘干时，应首先将转子滑环接上三相启动变阻器，使转子堵转，即转子不转动。然后在定子三相绕组中接入三相低压交流电源，电压为电动机额定电压的0.2～0.3倍，参照图7－65（a）的方法，把三相绕组串联起来，通入单相220V交流电流，电流控制在0.5～0.7倍的额定相电流。

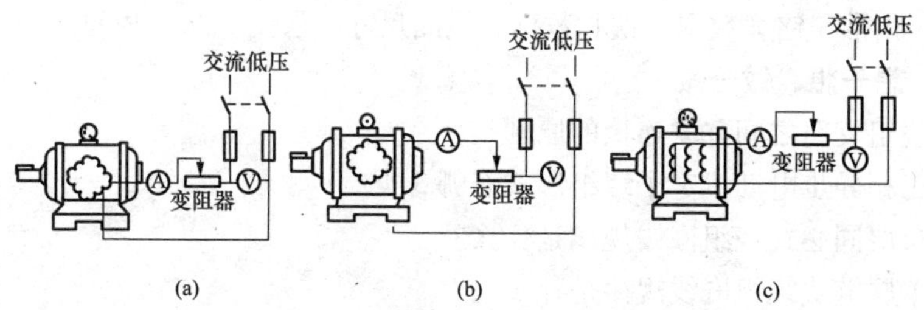

图7－65　用电流加热烘干电动机绕组
（a）大中型电动机绕组串联烘干法；（b）小型电动机绕组串联烘干法；
（c）小型电动机绕组并联烘干法

【技能提高】

电动机浸漆与烘焙的注意事项

(1) 浸漆前应进行全面的清洁处理。

(2) 浸漆前应将机壳上所有螺钉堵上，以免使总装发生困难。

(3) 浸漆前应检查漆的牌号和有效期。

(4) 必须重视浸漆和烘焙过程中工艺参数的控制，例如漆的黏度调整、温度控制范围、升降时间、浸渍次数和绝缘电阻等。

(5) 高温烘焙完成后，在热态时铲除定子内圆等部位的残留漆。槽楔部位的残留漆不应高出铁心内圆。

(6) 定子绕组经绝缘处理后，必须保证绝缘漆浸渍部分漆膜干燥、无皱皮、无脱层和带锯齿现象，绕组端部无损伤，绑扎带无损伤，槽楔完整无缺。

(7) 在烘焙过程中，若中途温度下降或绝缘电阻未达到稳定，则应该适当延长烘焙时间，待绝缘电阻达到要求后才能出箱。

(8) 浸漆和烘干应连续进行，中途不得停止，否则不能保证烘干质量。

思 考 题

一、名词解释

线圈的有效边　一匝线　并联支路数　极距　节距　电角度　机械角度　槽距角　相带　铭牌数据　铁心数据　线圈尺寸　层间绝缘　相间绝缘

二、想一想、做一做

1. 绕组支路之间并联连接的原则是什么？
2. 三相异步电动机定子绕组形式有哪3类？
3. 单层同心式绕组嵌线规律是什么？
4. 单层链式绕组嵌线规律是什么？
5. 单层交叉链式绕组嵌线规律是什么？
6. 双层叠绕组嵌线规律是什么？
7. 单双层混合绕组嵌线规律是什么？
8. 重绕电动机绕组时，需要记录的原始数据有哪些？
9. 简述拆除定子绕组的常用方法。

10. 复述电机绕组的绕线方法和步骤。
11. 嵌线规则有哪些?
12. 练习绕组嵌线和接线。
13. 练习测定电机的直流电阻和绝缘电阻。

第8章

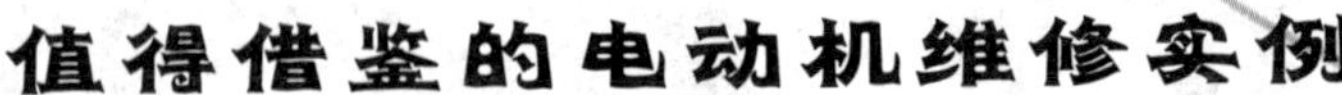

实例1　绕组断线造成转速下降

1. 故障现象

一台Y系列三相交流异步电动机，45kW，84A，380V，△连接，采用△-Y减压启动控制，曾经运行过一段时间，正常。这次启动仍正常，但运转约10min，电动机明显发热，转速降低，声音异常。

2. 故障原因分析

从故障现象来看，似乎是绕组的一相断线。因为如前所述，△连接电动机绕组一相断线，变成Y连接运行，功率下降，也会出现这种现象。但如果是绕组的一相断线，那么Y连接启动，不产生旋转磁场，电动机将不能启动。停机后，对三个绕组进行了具体测量，证明绕组完好。

为了准确地找出故障原因，对电动机进行了全面检查，直流电阻、绝缘电阻、电源电压均在正常范围内。带负荷运行（注意：已是故障运行，运行时间应严格控制在最短时间内），用钳形电流表测得三相电流为

$$I_U = 65\,A, I_V = 110\,A, I_W = 64\,A$$

三相电流极不平衡。进一步分析，这三相电流有一定规律，即 $I_U \approx I_W$，小于额定电流；$I_V \approx \sqrt{3} I_U = \sqrt{3} \times 65 = 112$（A），大于额定电流。

这一结果正好是三相绕组△连接电动机一相断线的情况。在图8-1所示电路中（图中开关Q为△连接运行状态），U1-U2绕组不工作，就会出现上述这种情况，并且可以判断，故障不在电源外电路，而在U2-W1这段电路内。又由于Y形连接启动良好，因此U1-U2绕组不会断线，故障肯定出在U2-W1这段连线之间。

断开外电源，用万用表电阻挡测量K1-K2各段电阻，如图8-1（b）所示，发现故障是转换开关Q的一相触头未接好。

至此，这一断线故障找到了，故障现象也就十分明显：电动机Y连接正常启动以后，转入△运行，由于一相触头未接触好，造成U相断相的不对称△运行，

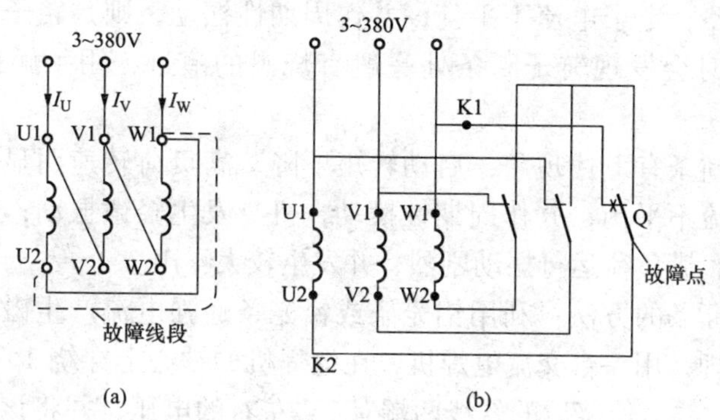

图 8-1　电动机断线故障分析

（a）电流分析；（b）断线故障查找

U1-U2 绕组不工作，Vl-V2 和 W1-W2 流过的电流（65A 左右），比正常时绕组的额定电流大得多，U 相线电流则为另两相电流的相量和（$\sqrt{3}$倍），达到110A，比额定电流大，因而电动机转速降低，且明显发热。

实例 2　笼型电动机转子断条，转速降低

1. 事故现象

有一台 JO 型 10kW 电动机拖动 15cm 左右的离心水泵抽水浇地。一日运行人员突然发现电动机转数下降，出水量减少。经检查，还发现电动机比平常振动剧烈，温度比正常时稍高，但不严重。为此，请电工予以检查处理。

2. 原因分析

按经验运行着的电动机突然发生温度增高、转数降低的原因如下：

（1）电动机单相运行；

（2）电源电压偏低；

（3）负荷过大。

但上述三种情况都不会使电动机振动加剧。因此，不是引起本事故的原因。电动机发生振动通常是由于转子所受转矩不平衡。电动机转子所受转矩不平衡的原因：一是绕组内部错接线，但该电动机是正常使用的电动机，不会存在接线错误，可以排除。二是定子绕组短路，而绕组短路不仅使电动机发生振动，还会发热冒烟，但该电动机只比正常温度稍高，而无冒烟现象。因此也可排除。三是定子绕组一相中的几路并联，支路中有断路或者是笼型转子断条，可以通过测量定子电流来确定。定子电流不平衡，但不作周期性摆动，是因为

定子绕组有断路；定子电流不平衡，并作周期性摆动，则是转子笼条断条。拆开电动机检查时会发现转子断条处一般有烧黑的痕迹，用手触摸转子温度比较高。

转子笼条断条有下述现象：启动转矩下降，满负荷转速明显降低，转子发热，电动机电流不平衡，并作周期性摆动，机身发生轻微振动；断条严重的不能带负荷启动，满负荷运行振动剧烈，并发生较大噪声。

检查转子断条的方法：利用铝笼条或铅笼条通强电流产生磁场，磁场能吸引铁粉这一原理，用一台交流电焊机，在电焊机的铁心上穿绕 1～2 匝截面积为 10～25mm^{2}的软线，使绕后的软线两端有 2V 左右的电压，并将该电压加在笼条两端，将铁粉散布在转子表面，可以发现未断条部分的转子铁心能吸引铁粉。若发现某一根转子笼条处铁粉很少甚至没有，就说明这里有断条故障。经过详细检查，发现故障是因转子笼条断条造成的。

铸铝转子鼠笼断条的原因是铸铝质量低（如有砂眼）。其次是使用不当，如过于频繁地正反转启动与过负荷。

3. 防止措施

（1）购买机电产品一定要选购国家定型厂家生产的定型产品，严防使用仿制、低劣、假冒的机电设备。

（2）为保电网和用户的安全供用电，选购机电产品时要保质量，使用维护要得当。

实例3 电动机修理后不能正常启动

1. 故障现象

某台电动机修理后出现不能正常启动现象。

2. 故障分析

经检查发现，这是一台Y/△启动电动机，其各绕组未发现有异常现象。根据经验，估计是绕组接线端子连接不正确（尤其是在电动机修理后）造成的。

3. 故障检修

电动机的接线盒内共有上、下两排共六个接线柱，它们交叉对应着电动机三个绕组的六个首末端接头，即 U1 与 V2、V1 与 W2、W1 与 U2 分别为一组，或者 U1 与 W2、V1 与 U2、W1 与 V2 分别为一组。接线时，先将接线盒中上排的三个接线柱 U1、V1、W1，通过接触器 K 的触头接线端子分别接电源对应的 U、V、W 三相，如图 8－2 所示。

然后用万用表的欧姆挡进行检测，寻找各自的正确连接点，具体方法如下所述。

（1）将万用表的一表笔接触 U1 端，用另一只表笔分别去接触下排的三个接线柱，此时应有一个接线柱与 U1 端相通，将该接线柱（即图 8－2 中设定的 V2）通过接触器 KA 触头接线端子接电源的 W 相。

（2）同样道理，再将万用表的一只表笔接触 V1 端，另一只表笔分别去接触下排剩下的两个接线柱，并将与 V1 端相通的接线柱（即图 8－2 中的 W2）通过 K△触头接线端子接电源的 W 相。

（3）下排剩下的一个接线柱（即图8－2 中的 U2）应该与上排的 W1 相通，它通过 K△触头的剩下端子接电源的 U 相就可了。

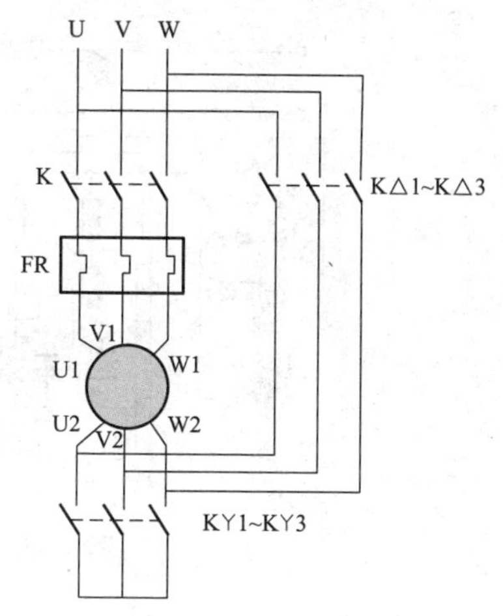

图 8－2　Y/△启动电动机连接线路

本例经采用上述方法，对电动机的六根引出线进行重新接线，确认无误后试机，电动机启动正常，问题得到解决。

必须指出，按照上述方法接线结束后，如果电动机启动时反转，则只要将电源进线处的某两相线互换一下，电动机就可恢复正转。

实例 4　电磁调速电动机不能调速

1. 故障现象

一台电磁调速电动机已运行三年，突然发生不能调速故障。开始时，曾陆续发生几次时而全速、时而可调速现象，随后便不能调速，电磁离合器随电动机运转而运转、停转而停转，好像电磁离合器内外转子被机械卡死一样。

2. 原因分析

（1）在电动机通电运转时，断开调速控制器开关 S，电磁离合器即停转，（如图 8－3 所示），证明电磁离合器内并未机械卡死。

（2）测量输出端子 3 与 4 的电压为直流 90V，说明晶闸管 V12 全导通。进而怀疑触发线路中三极管 V9 或晶闸管 V12 损坏，陆续断开 V9 发射极和 V12 的触发极，均未解决问题，证明 V12 正向击穿。换下 V12 后，用万用表测试，发现 V12 的触发极与阳极击穿。换上新的晶闸管，并接上电源，发现离合器仍不能调速。但断开 V12 触发极后，离合器即停转。说明新换的晶闸管无质量问题。断开 V9（型号 3AX24J）基极，离合器未停转。因此怀疑 V9 击穿，但用

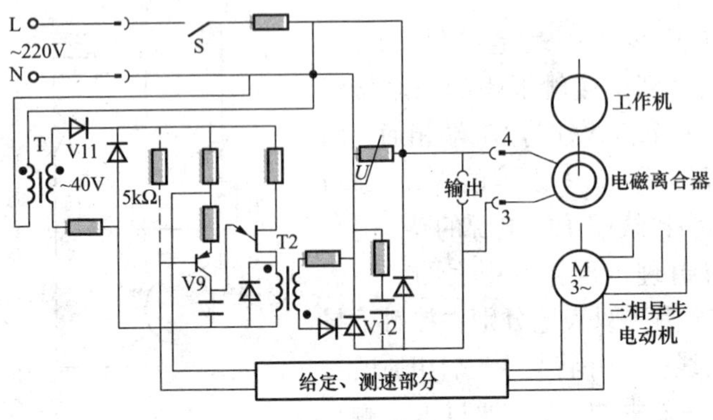

图 8－3　电磁调速控制原理图

3AX31C 型（耐压等级比 3AX24J 高）三极管换上后，还未解决故障。于是再用万用表检查削波电路的稳压管 V11 电压，测得电压为直流 9V，说明 V11 也是好的。再检查所有线路，都未发现问题。但根据分析，只有 V9 击穿或穿透电流过大，才会引起这种故障。于是用导线把 V9 的发射极与基极短接，电磁离合器的转速即降为零。说明 V9 并未损坏，估计是穿透电流大（因 3AX31C 和 3AX24J 均为锗管），形成发射极与集电极导通。

3. 防止措施

在 V9 的基极和稳压管 V11 的负极之间加接了一个 5kΩ 电阻（图 8－3 中的虚线所示），使 V9 的发射极与集电极间的穿透电流减小，解决了这个故障。

实例 5　电磁调速电动机励磁绕组故障

一台 JZT362－4 电磁调速电动机，其控制器为 JZT3 型，自安装使用以来，运行一直正常。某日开车时，控制器的熔丝熔断，几次换上新熔丝，依旧熔断，说明设备出现了严重故障。

1. 故障现象

JZT3 型控制器的原理如图 8－4 所示。当合上开关 S 接通电源以后，控制器的指示灯 H 亮。在开车时，异步电动机 M 启动正常，控制器也没有异常现象。当操作调速电位器 RP 投入励磁绕组以改变转速时，熔断器 FU 立即熔断。

2. 原因分析

根据上述现象分析，可能是控制器内部有问题，因此先对控制器进行检查：把二极管 V1 和晶闸管 V2 从线路板上焊下，用万用表分别进行检查，均正常。此后又检查了移相、脉冲等有关元件，各部分也都正常。然后将控制器的直流

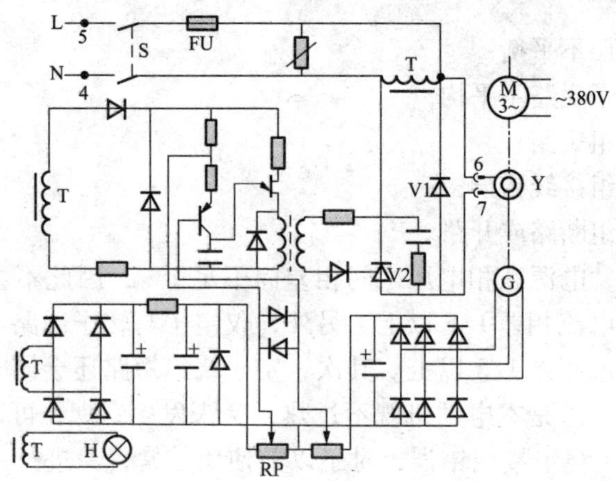

图 8－4　JZT3 型控制器的原理图

输出端子 6、7 与电磁离合器 Y 的励磁绕组断开，带上假负荷（220V、200W 的白炽灯）做试验，结果输出正常，调节平滑，白炽灯亮度随调节而变化，FU 不熔断，证明控制器没有问题。由此可以断定故障出在电磁离合器 Y 的励磁绕组上。经从端子 6、7 测试励磁绕组，发现励磁绕组匝间短路，所以当调节 RP 使 V2 导通时，便产生了短路电流，使 FU 熔断。

3. 防止措施

把电磁离合器 Y 的励磁绕组拆下来，注意不要碰坏测速发电机 G 的绕组，并妥善保管各零部件，然后按着励磁绕组的数据重新绕制，待浸漆烘干后按原位装在 Y 上，并用环氧树脂浇灌，使之固定，以防松动。按以上方法处理、安装后，运行正常。

在 JZT、JZT2 和 YCT 等系列调速电动机的使用中，如遇相似故障，也可参考修复。

实例 6　电动机空负荷电流不平衡引起剧烈振动

1. 事故现象

某厂电工对电动机进行检修保养，检修后通电试运转时，发现一台 TO2 型 17kW，4 极交流电动机的空负荷电流三相相差 1/5 以上，振动比正常运转时剧烈，但无“嗡嗡”声，也无过热冒烟现象，电源电压三相之间相差不足 1%。

2. 原因分析

空负荷电流不平衡，三相相差 1/5 以上，而影响电动机空负荷电流不平衡的原因是：

（1）电源电压不平衡；

（2）定子转子磁路不平均；

（3）定子绕组短路；

（4）定子绕组接线错误；

（5）定子绕组断路或开路。

经现场观察，电源三相电压之间相差尚不足1%，因此不会因电压不平衡引起三相空负荷电流相差1/5以上。另外，仅定子与转子磁路不平均，也不会使三相空负荷电流相差1/5以上。其次，定子绕组短路还会同时发生电动机过热或冒烟等现象，可是本电动机既不过热，又未发生冒烟，可以断定定子绕组无短路故障。关于绕组接线错误，对于以前使用正常，只进行一般维护保养而未进行定子绕组重绕，不存在定子绕组连线错误的问题。经过以上分析和筛选，完全排除了前四种原因。

经过分析定子绕组断路情况，当定子绕组为△连接时，若某处断路，定子绕组将成为Y连接，由基本电工理论可知，L1相电流大，V、W二相电流小且基本相当。此时，若定子绕组接线正确，定子绕组每相所有磁极位置是对称的，一相整个断电，转子所受其他两相的转矩仍然是平衡的，电动机不会产生剧烈振动。但本电动机振动比平常剧烈，而电动机振动剧烈是由转子所受转矩不平衡所致，因此可断定三相空负荷电流相差1/5以上不是由于定子绕组整相断路所致。在图8-5所示电路中，如果V、W相绕组在y处断路，三相负荷电流仍然是L1相大，V、W二相小，并且此时转子所受转矩不平衡，电动机较正常时振动剧烈。这是因为，在y处不发生断路时，双路绕组在定子内的位置是对称的；若y处发生断路，原来定子绕组分布状态遭到破坏，此时转子只受到一边的转矩，所以发生振动。从以上分析可以确定，这台电动机的故障是定子双路并联绕组中有一路断路，引起三相空负荷电流不平衡，并使电动机发生剧烈振动。

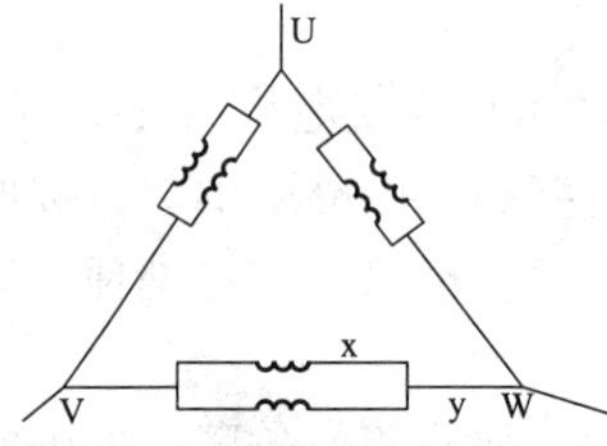

图8-5 定子绕组△连接图

3. 防止措施

电动机定子绕组断路大致有以下几种原因：

（1）制造时焊接不良，使电动机在使用中发生绕组接头松脱。

（2）机械损坏，如绕组受到碰撞或受其他外力拉断。

（3）电动机绕组短路没有及时发现，在长期运行中导线局部过热而熔断。

（4）并绕导线中有一根或几根导线断线，另几根导线由于电流密度增加，引起过度发热而最后烧断整个绕组。因此要避免类似故障的发生：

1）要提高电动机的制造和绕组重绕大修的质量，焊接时要杜绝虚焊，制作线圈时要防止线圈断股，嵌放绕圈时要十分注意绝缘的处理，防止绕组短路或断路。

2）电动机检修解体或组装，要防止机械损伤绕组。

3）一旦发现三相电流严重不平衡（超过10%），应立即停机检查找出原因，防止事故扩大。

实例7　共振造成电动机短路故障诊断

1. 事故现象

某泵站内共有四台立式混流泵，配440kW、6kV高压电动机。送电时，四台泵空负荷试车。当时发现4号泵电动机有异常振动，随着试车时间的延长，振动越来越厉害。为检查原因，将4号电动机装到3号电动机位置。再试车，发现无振动，确定4号电动机本身无毛病。然后，安装单位将4号电动机重新安装校正，随后空负荷试车。开车后3～4min，突然听到爆炸声，引起大面积停电。

2. 原因分析

事发后对4号泵电动机检查发现，接线盒内某一相瓷质接线柱炸碎，线头烧坏，其他两相也有被烧痕迹，电机接线盒罩有熔化现象。经分析，因电机振动厉害，引起线头松动、冒火，产生高温，使绝缘性能降低，时间长了形成短路。再因继电保护配合不当，泵站内的继电器未动作，而上一级区域变电站跳闸，从而造成大面积停电。

为查明电动机振动原因，用超声波进行测量，1～3号泵均正常，但4号泵建筑处的固有频率正好处于电动机转动所引起的振动频率范围之内，形成共振。对钢筋混凝土梁作超声波测量，发现4号泵电动机座的两根钢筋混凝土梁有蜂窝状缺陷，导致被损建筑物的固有频率与电动机转动频率相一致，造成共振。

3. 防止措施

对电动机座下面的钢梁进行加固，增加了约1.2t的钢筋混凝土和钢板。随后进行空负荷和带负荷试车，均正常。

实例8　电动机绕组匝间短路引起发热

1. 故障现象

有一台三相交流异步电动机，启动正常，但运转半小时左右，电动机外壳明显发热，无其他特别表现。

2. 原因分析

引起电动机过热的原因很多，如绕组、铁心、轴承等故障。这里是整体过热，不可能是轴承的故障；另外，已经运行了半小时，并基本正常，不可能是缺相运行、绕组一相反接、绕组接错等。可能性最大的，一是电源电压过高或过低，或不平衡；二是绕组匝间短路或接地；三是铁心短路；四是过负荷。针对这几种可能，具体检查如下：

（1）测量三相电压，均为375V左右，正常。

（2）测量三相电流，均接近额定值，不过负荷，但有近10%的不平衡。

（3）测量绕组对地及绕组间的绝缘电阻，均在50MΩ以上，绝缘良好。

通过以上测量说明，故障的最大可能是匝间短路和铁心短路故障。从三相电流不平衡来看，匝间短路的可能性更大。检查绕组匝间短路比较简单的方法是测量直流电阻，测得结果如下：

U1－U2相，1.728Ω

V1－V2相，1.542Ω

W1－W2相，1.719Ω

其中，U相和W相电阻相近，V相电阻偏低。其最大偏差为

$$\frac{R_{max}-R_{min}}{R_{av}}\times 100\%$$

式中 R_{av}——三相平均绕组直流电阻，为

$$R_{av}=\frac{1.728+1.542+1.179}{3}$$

$$=1.663\ (\Omega)$$

其最大误差为

$$\frac{1.728-1.542}{1.663}\times 100\%=11.2\%$$

误差超过10%，说明V相绕组存在匝间短路。经测量三相空负荷电流均在14%以下，说明铁心良好无故障。因此，可得出结论：绕组存在匝间短路是电动机明显过热的原因。如不及时修理，电动机可能烧毁。

实例9 电动机过热被烧毁

1. 事故现象

有两台电动机因过热被烧毁，其过程如下。

第一台电动机烧毁的经过：通风机电动机以前运行一直正常，由于使用日久按规定进行保养。重新运行时，热继电器约 1h 动作一次（根据生产用气所需，通风机为间断性工作）。为此，电工检查电源、连接部位、各控制元件，结果均属正常，用钳形电流表测量，发现电动机运转时工作电流有时略高于额定电流。进一步检查发现，电动机传动带过紧，手摸电动机带轮部分，温度明显高于其他部位。

电工建议调整电动机位置，适当放松传动带，但操作人员以传动带松了出力不足会影响炉温为由，不予采纳。在此情况下，电工只好根据工作实际提高了热继电器的整定电流，调整后热继电器的工作时间虽略有延长，但不久电动机就因轴承损坏而烧毁，同时烧毁损坏的还有 C 相熔断器熔丝和热继电器。

第二台电动机烧毁的经过：上述故障排除后，第二台电动机投入运行。运行中，热继电器仍有动作现象，并随着工作时间的增多，动作次数也随之增加。电工检查三相电源电压均正常，接触器二次控制线路连接完好，三只螺旋式熔断器无熔断现象。钳工检查通风机机械负荷部分，无卡住及传动带过紧现象。在查不出热继电器的动作原因、故障点未排除的情况下，采用热继电器动作时操作人员手动复位进行工作。如此循环几个班次后电动机烧毁。

事故后经检查发现，输入电源低压断路器 C 相触头紧固螺钉松动，并被产生的高温粘连在一起，触头底部胶木烧焦炭化，整个触头发黑产生氧化层。

2. 原因分析

（1）第一台电动机烧毁原因：在电动机的传动部件中，轴承的工作环境最为恶劣，轴承在负荷力作用下各零件将发生一定变形，对于传动带传动的机械，满负荷时作用在轴承上的传动带拉力很大，传动带过紧不仅可以将轴拉弯，而且会加剧轴承的损坏。由于轴承损坏卡死，造成电动机堵转，使电动机电流急剧增大，热继电器来不及动作便使 C 相熔断器的熔丝熔断，致使电动机缺相运行而烧毁。

（2）第二台电动机烧毁原因：线路连接中的接头经常受到频繁启动电流、短路电流的冲击，从而导致其接触电阻变大。接触电阻越大，导体的温度随之也越高。当温升超过接头的允许范围时，原来紧固状态的接头便产生松动及永久性机械变形，致使接头的接触电阻更加增大，并产生氧化层。氧化层就像一个电阻串联在线路中，当导线中电流为零时，电阻上的电压降也为零。电动机启动后，由于电阻也通过电流，因而在电阻上产生电压降。随着工作时间的延长，电阻进一步增大，温度急剧上升；当电阻很大时，电压几乎全部降落在这个电阻上，这时实际只有两相电源供电，电动机仍为缺相运行，最终导致电动机烧坏。

3. 防止措施

(1) 安装和修理工作中，要严格按国家有关规定进行，导体连接部位的接触电阻一定要达到规范要求。

(2) 建立经常性的维护保养制度，定期检查。平时运行时应经常观察，及时排除接触不良故障。

(3) 工作时保护装置频繁动作的故障，除检查控制屏外还应检查电源输入部分。

实例10 农用电动离心泵不能启动

1. 故障现象

在供电正常的情况下，通电后离心泵的电动机不能启动，无法进行抽水。

2. 故障分析

导致电动离心泵的电动机不能启动的原因主要有：

(1) 启动电容失效或容量改变；

(2) 电动机的转子被卡死。

3. 故障检修

先用手拨动电动机散热风扇，看转动是否灵活。如果转不动，说明转子被卡死。但本例转子转动灵活，可排除转子卡死的可能性。通电以后拨动风扇电机可运转，由此说明故障是由于启动电容失效或容量减小引起的，重换新的启动电容后，故障排除。

【技能提高】

直流电动机常见故障及检修方法见表8－1。

表8－1　直流电动机常见故障及检修方法

故障现象	可能原因	检修方法
电动机不能启动	(1) 电源电压过低； (2) 直流电源容量过小； (3) 熔断器熔断或其他保护电器动作； (4) 控制器或控制电路故障； (5) 电动机接线板的接线错误；	(1) 应提高电源电压至额定值或待电压恢复正常后再启动； (2) 启动时电压明显下降，应更换合适的直流电源； (3) 应查明原因后，给以处理； (4) 应修复控制器或控制电路； (5) 应对照接线图重新接线；

续表

故障现象	可 能 原 因	检 修 方 法
电动机不能启动	（6）电动机负荷过重； （7）启动电阻过大； （8）电刷位置偏移，不在中心线上； （9）电刷与换向器接触不良； （10）电路两点接地； （11）励磁绕组中部分线圈极性接错； （12）复励电动机串励线圈接反； （13）励磁绕组或电枢绕组匝间短路； （14）磁极螺栓过松或气隙过小； （15）轴承过紧或损坏	（6）应减轻负荷后再启动，或更换较大容量的电动机； （7）应减小启动电阻，或改接控制电路将多余的启动电阻切除； （8）应调整电刷位置； （9）若电刷不平滑，应重新研磨电刷，若刷握弹簧过松弛，应调整或更换弹簧，若换向器表面不清洁，应清理换向器表面，整理换向器云母槽等； （10）用兆欧表或校验灯查出并消除接地点； （11）应查出并予以改正； （12）应改正串励线圈的接线； （13）应查出短路点，修复或重绕； （14）应停车后拧紧磁极螺栓或调整气隙； （15）应修理或更换
电动机转速异常	（1）电源电压过高、过低或不稳定； （2）励磁绕组短路； （3）励磁绕组断路； （4）电枢绕组短路； （5）并励绕组个别极性接错； （6）复励电动机串励绕组接反； （7）复励电动机串励极性接错； （8）电枢电路（包括电刷）接触不良； （9）气隙过大或过小； （10）刷架偏离中心线； （11）负荷过大； （12）串励电动机轻负荷或空负荷下运行； （13）控制电路故障或参数调整不当	（1）应调整电源电压至额定值； （2）转速变快，应修复或重绕； （3）并励或他励电动机转速会剧升，应停机后拆开重新连接； （4）应迅速停机检修电枢绕组； （5）转速变快，应查出极性接错处，并予以改正； （6）应调换串励引出线； （7）启动电流较大，转速变快，应重新接线； （8）转速下降，应检查各连接点（包括电刷）的接触情况，消除接触不良； （9）应重新调整气隙或检查定子磁极螺栓是否松脱； （10）转速不稳，应重新调整，使刷架设在中心线上； （11）转速下降，应减轻负荷至额定值； （12）应调整负荷，使负荷不小于20%； （13）应检修控制电路或重新调整参数

续表

故障现象	可 能 原 因	检 修 方 法
电枢过热	（1）电动机端电压过低； （2）长期过负荷运行； （3）启动过于频繁； （4）换向器或电枢绕组短路； （5）电枢绕组个别线圈接反； （6）叠绕组电枢中均压线接错； （7）换向极引出线接反； （8）气隙相差过大； （9）定、转子相擦	（1）应查明原因，使电压恢复至额定值； （2）应减轻负荷至额定值； （3）应减少启动次数或增大起停间隔时间； （4）应查出短路点，修复或重绕； （5）应查出接反线圈，并调整接头； （6）应拆开重新连接； （7）应调换引出线头； （8）应查明原因，调整气隙； （9）应查明原因，并给以修复
电动机温升过高	（1）定子绕组部分短路； （2）不按铭牌规定运行； （3）风道阻塞； （4）斜叶风扇转向与电枢旋转方向不配合； （5）外壳积油污过多； （6）周围环境温度过高； （7）晶闸管整流装置输出电压波形畸变； （8）电枢过热	（1）应查出短路故障，给以修复或重绕； （2）应按铭牌规定运行，“短时”、“断续”的不要长期运行； （3）应清理风道； （4）应使它们的旋转方向相配合； （5）应清除外壳油污，改善散热条件； （6）应通风散热，降低环境温度； （7）应查明原因，使电压波形正常； （8）按照本表中“电枢过热”的检修方法处理
轴承过热	（1）轴承磨损严重或破裂； （2）轴承室的润滑脂过多或过少； （3）润滑脂质量差或存放时间过长而变质； （4）轴承型号不符合要求； （5）传动带过紧； （6）轴承中有异物； （7）轴承与轴承挡或轴承与端盖轴承室配合过松； （8）挡油圈有毛刺与轴承盖相擦； （9）轴承未与轴肩贴合； （10）联轴器安装不当	（1）应更换新轴承； （2）应使轴承室的润滑脂所占容积为整个轴承室容积的1/3～1/2，不宜过多或过少； （3）应更换质量合格的润滑脂； （4）应更换合适的轴承； （5）在不影响转速的前提下，调松传动带或改变电动机与所带设备的间距； （6）应清洗轴承或更换润滑脂； （7）应将轴承挡滚花镀铬，在端盖轴承挡加紧固圈； （8）应拆开去除毛刺，重新安装； （9）应拆开轴承盖，用套筒或铁棒抵住轴承内圈，用锤子敲进； （10）应重新安装或调整，使两轴线保持在同一条直线上

续表

故障现象	可 能 原 因	检 修 方 法
电动机振动	（1）转轴弯曲使气隙不均匀； （2）地脚螺栓松动； （3）安装地基不平或强度不足； （4）车削换向器或更换电枢绕组后，平衡未调好； （5）平衡块松脱或移位； （6）与拖动设备配套时联轴器未校正； （7）轴承过热	（1）应更换转轴，调整气隙，并做平衡试验； （2）应加弹簧垫圈后拧紧地脚螺栓； （3）应平整或加强地基后重新安装； （4）应重新调整平衡； （5）应重新调整平衡； （6）应重新配套，使两轴线在同一条直线上； （7）可参照本表中“轴承过热”的检修方法
电动机漏电	（1）电动机受潮或有雨水进入电动机内； （2）电刷架、绕组上灰尘或油污过多； （3）引出线绝缘损坏； （4）接线板绝缘损坏； （5）长期过热或受到腐蚀性气体的侵蚀而使绝缘老化； （6）外壳没有可靠接地或接零	（1）应进行烘干处理； （2）应定期清除灰尘和油污； （3）应进行包扎等绝缘处理； （4）应更换接线板； （5）应拆除绕组更换绝缘； （6）应采取可靠的接地或接零保护
电刷下火花过大	（1）电刷磨损严重； （2）电刷与换向器表面接触不良； （3）电刷压力过大或过小，不均匀； （4）电刷牌号或质量不符合要求； （5）新旧电刷混用； （6）电刷偏离中心线；	（1）应更换同型号电刷； （2）重新研磨电刷后，将其在半负荷下运行一段时间，使吻合面积在80%以上； （3）应适当调整电刷压力，使电刷压力保持在15~25kPa，也可凭手感进行调整，使电刷在刷盒中能灵活滑动，但不能配合过松，一般应留有不大于0.15mm的间隙； （4）应更换质量合适的原用牌号电刷； （5）应统一更换新电刷，防止出现电流分布不均匀的现象； （6）用感应法将电刷调到中心线附近；

续表

故障现象	可能原因	检修方法
电刷下火花过大	(7) 电刷架上各刷臂间距不相等，或同一电刷臂上的各刷握不在一条直线上； (8) 刷握离换向器表面距离过大或过小； (9) 刷握松动或损坏； (10) 电刷与刷握配合得过松或过紧，不能自由滑动； (11) 刷杆歪斜； (12) 换向器表面不清洁； (13) 换向器表面凸凹不平； (14) 换向器偏心； (15) 换向器间云母凸出或片间云母未拉净； (16) 换向器片间短路； (17) 换向器极性接错； (18) 换向极垫片不合适； (19) 换向绕组匝数不合适； (20) 换向极线圈短路； (21) 换向极引出线接反，这时电动机在负荷时转速稍慢并有火花； (22) 电枢绕组脱焊或断线，这时换向器云母槽中有严重灼伤或烧黑现象； (23) 电枢绕组短路，这时换向器刷握下产生严重火花，甚至环火； (24) 电枢绕组部分接反； (25) 励磁绕组短路或接地； (26) 电动机负荷过重或有冲击性负荷； (27) 电源电压过高； (28) 电动机地基不牢振动严重；	(7) 应调整各电刷臂或电刷位置； (8) 调整其间距为 2~3mm； (9) 紧固刷握螺栓，并使刷握和换向器表面平行若刷握损坏，应更换； (10) 过紧可用砂纸将电刷磨去一些，过松要调换新电刷； (11) 可选用云母槽作参照物，调整刷架与换向器的平行度； (12) 应清除油污和电刷粉，用细砂纸研磨，保持换向器表面光洁； (13) 应重新精车换向器； (14) 可用千分表测量，若内外表面偏心度超过 0.05mm，应重新精车换向器； (15) 应下刻云母片并精车换向器或用手拉刀刻去剩余云母； (16) 用工具刮掉片间短路的金属屑末、电刷粉末，并用云母粉或小块云母加上胶水填充并干燥处理； (17) 电动机在负荷时，用指南针检查换向极极性，顺着电枢旋转方向看，换向极和主极极性相反，即为 N-S-S-N； (18) 应拆开后重新调整； (19) 相差过多时，需拆除或补绕，相差较小时，可调整换向极气隙； (20) 应修复或重绕； (21) 应调换和刷杆相连的两引出线头； (22) 应拆开电动机，用测量换向片间压降法来检查电枢绕组断线或脱焊点； (23) 可用短路侦察器检查，或用毫伏表测换向片间电压，查出短路处后，予以修复或重绕； (24) 可用电压降法检查并更换接反绕组； (25) 测量励磁绕组的直流电阻和绝缘电阻以判断是否短路或接地（如有短路或接地，应查出故障点并予以修复或重绕）； (26) 应减少冲击负荷，保持额定负荷下运行；

续表

故障现象	可 能 原 因	检 修 方 法
电刷下火花过大	（29）环境湿度过低或有害气体影响； （30）电动机受潮或有雨水侵入； （31）换向极绕组与补偿绕组连线相碰而短路	（27）调整电源电压至额定值； （28）应平整地基，重新安装或更换安装地点； （29）应通风干燥，消除有害气体； （30）应进行干燥处理； （31）应查出并消除短路故障

思 考 题

1. 正常运行的电动机突然出现温度增高，转速降低的故障，其故障原因有哪些？如何进行检修？

2. 某三相异步电动机出现空载电流不平衡的故障，其故障原因有哪些？如何进行检修？

3. 直流电动机出现电枢过热的故障，其故障原因有哪些？如何进行检修？

第9章 电动工具与单相串励电动机

电动工具是以电动机或电磁铁为动力，通过传动机构驱动工作头的一种手持式或携带式的机械化工具。使用电动工具比手工工具可提高劳动生产率数倍到数十倍，对减轻劳动强度、改善工作条件和提高加工质量等，有着明显的效果。

电动工具品种繁多。一般来说，电动工具都是由机壳、电动机、传动机构、手把、电源开关以及抗干扰元件、电源连接组件、工作头等7大部件组成。

电动机是电动工具的动力源，是电动工具中最核心的器件。对于手持式或携带式电动工具来说，一般都使用是串励电动机。单相串励电动机可交直流两用，所以又叫通用电动机，它在交流电源下使用具有体积小、转速高、过载能力强、启动转矩大、调速方便等优点，是其他异步电动机无法相比的，因而大量应用于电钻、电锤、电剪刀、电动切割机、电锯、电刨、吸尘器、电动缝纫机、电吹风等电动工具和电器中。

小功率串励电动机都采用二极凸极式铁心，励磁绕组用高强度漆包线绕成，外包绝缘纱带，套在铁心凸极上。

9.1 单相串励电动机基础

9.1.1 串励电动机的结构及原理

定子励磁绕组和电枢（转子）绕组为串联，既可通直流电又可通交流电，具有换向器换向的电动机，称为串励电动机。

1. 串励电动机的结构

串励电动机主要由定子、电枢、换向器、电刷、轴承、前后罩等组成，如图9－1所示。

（1）定子。定子由定子铁心和套在极靴上的励磁绕组组成，其作用是产生励磁磁通、导磁及支撑前后罩。

定子铁心由0.5mm厚的硅钢片叠装组成。励磁绕组由绝缘铜线绕制成集中绕组嵌入定子铁心，如图9－2所示。

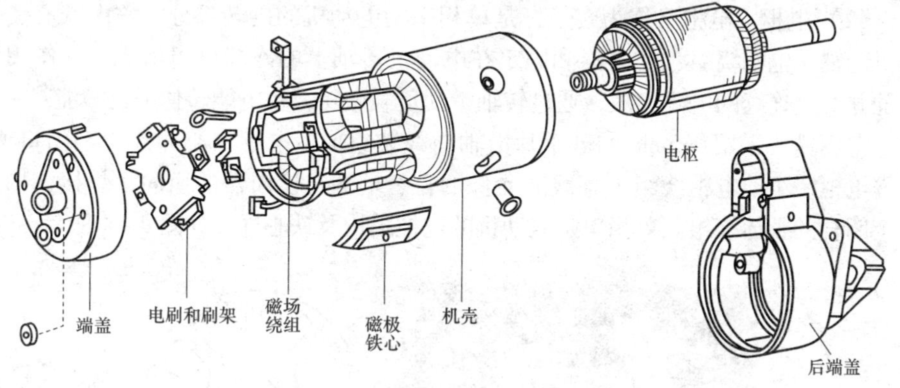

图 9－1　串励电动机的结构

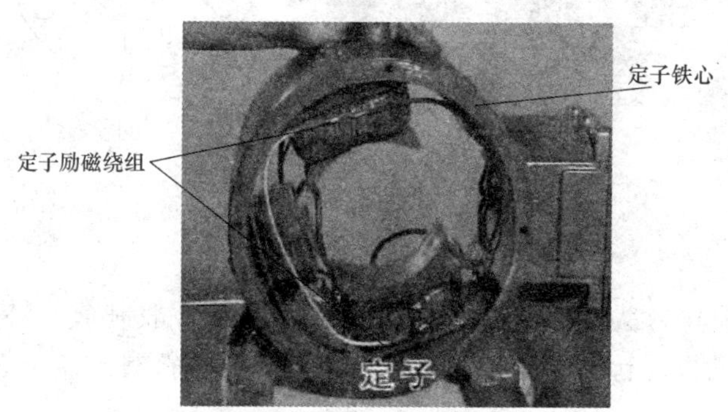

图 9－2　励磁绕组

几百瓦以上的串励电动机还装有换向绕组和补偿绕组。一般来说，单相串励电动机功率小于 200W 时制成两极，200W 以上时制成 4 极。

定子励磁绕组由两个线圈组成，它们极性相反，即一个为 N 极，另一个为 S 极，两个线圈通过换向器电刷和电枢内部的电枢绕组相连，如图 9－3 所示。

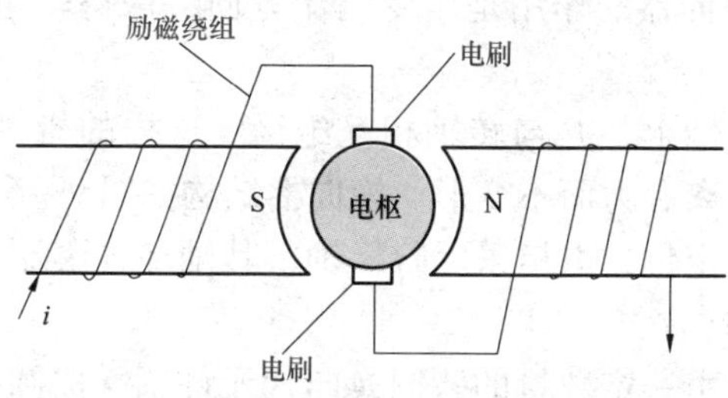

图 9－3　定子励磁绕组与电枢绕组的连接

（2）电枢。电枢又称为转子，是单相串励电动机的旋转部分，它由铁心、电动机转轴、电枢绕组、换向器和固定在电动机转轴上的冷却风扇组成。其作用是保证并产生连续的电磁力矩，通过转轴带动负载做功，将电能转化为机械能。

电枢铁心采用0.5mm的硅钢片沿轴向叠装组成。电枢铁心冲片为半闭口槽，内嵌电枢绕组。电枢绕组内各线圈元件的首、末端与换向器的换向片焊接，构成一个闭合的整体绕组。单相串励电动机的电枢结构及铁心冲片如图9－4所示。

(a)

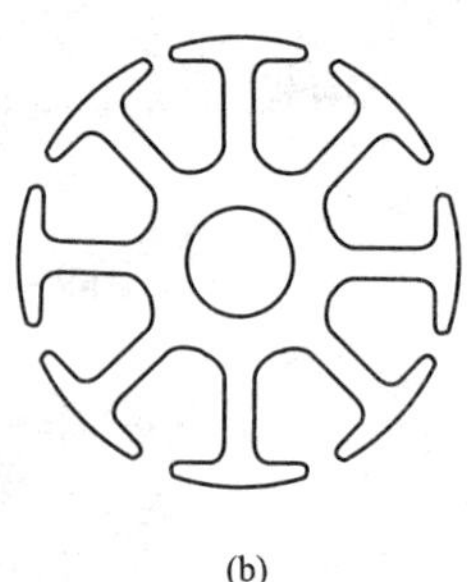

(b)

图9－4　电枢结构及铁心冲片

（a）电枢结构；（b）铁心冲片

在电动工具中，为了简化工艺，电枢铁心的槽一般制成与转轴相平行，有时为了减弱电动机运行时的噪声，也可将铁心叠压成斜槽式，如图9－5所示。

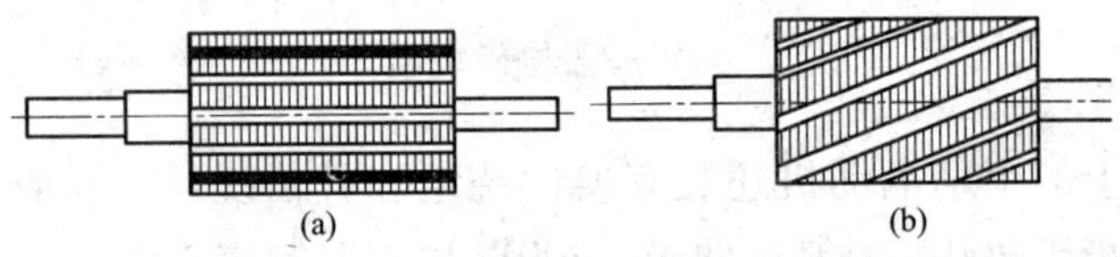

(a)　(b)

图9－5　平行槽和斜槽

（a）平行槽；（b）斜槽

（3）换向器。换向器的作用是改变电流方向，保持转子力矩始终朝同一方向运转。

换向器固定在转轴上，并与转轴相互绝缘。这样的机械结构，可以使电动机在高速运转时承受离心力而不变形。换向器结构如图9－6所示。

为了便于安装和定位，电枢采用阶梯轴，其轴往往滚制5～7齿的小模数齿轮，并经高频热处理。

电枢上的换向器由一定数量的紫铜换向片元件围叠成圆柱体（如图9－7所示），换向片之间用云母片相隔绝缘，经绝缘物套入座套内，再用V形环及螺圈将换向片的燕尾槽压住，然后装入电动机的电枢轴上。

(a)

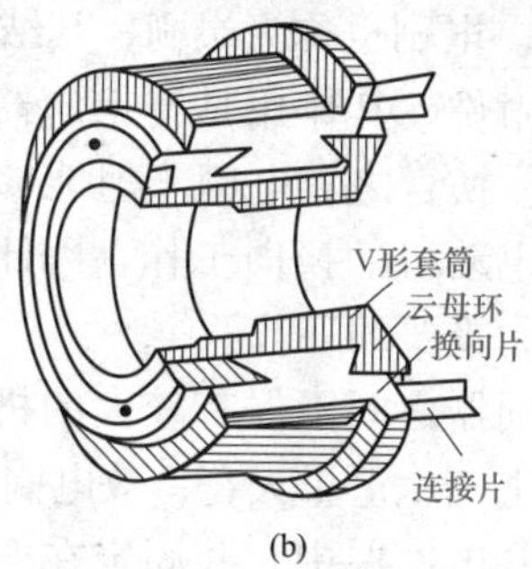

(b)

图 9－6　换向器的结构

（a）实物图；（b）剖面结构图

换向器有可卸型与压塑型两种。电动工具所用的单相串励电动机一般采用的是压塑型。压塑型换向器又分为半塑型和全塑型两种。半塑型的换向片间采用云母片绝缘，全塑型的换向片间已改为耐弧塑料绝缘。全塑换向器的特点如下：

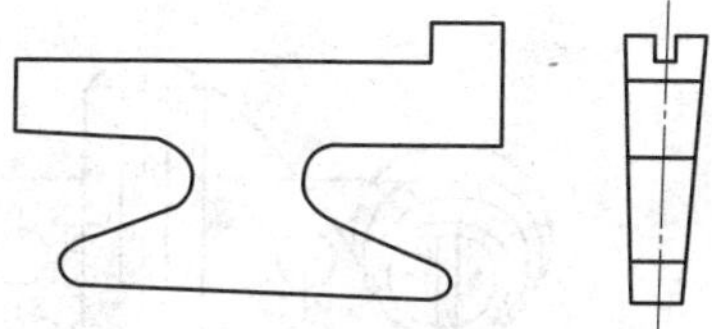

图 9－7　换向片元件

1）换向器的绝缘结构简化，省去许多紧固件。

2）换向片配合紧密，整体性好，电气绝缘性能高，故障少。

3）由于不可拆卸，一旦内部发生故障，必须更换整个电枢。

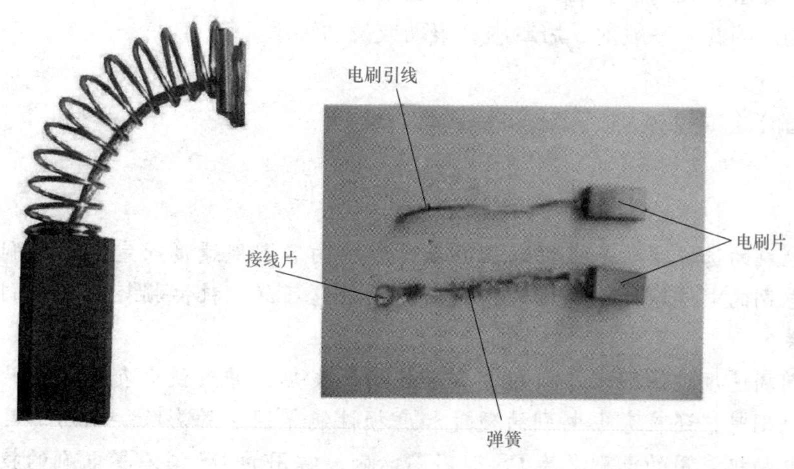

图 9－8　电刷的结构

(4) 电刷。电刷也称为炭刷，其结构如图9-8所示。电刷是单相串励电动机的一个重要附件，其作用是与换向器接触，改变电流方向，保持力矩始终朝同一方向运转。换言之，电刷不但能够使电枢与外电路连通，而且还与换向器配合共同完成电动机的换向工作。因此，电刷与换向器组成了单相串励电动机中薄弱而又极为重要的环节。

电刷与换向器之间不但有较大的机械磨损和机械振动，而且在配合不当时还会在换向器上产生严重火花，故电刷是单相串励电动机良好运行的保证。

电刷安装在电刷握中，并固定在电刷架上。电刷架一般是用胶木粉压制底板，它由刷握和盘式弹簧组成，见图9-8。

单相串励电动机的刷握按其结构形式可分为管式和盒式两大类，如图9-9所示。目前，国内单相串励电动机的刷握大部分都采用盒式结构。

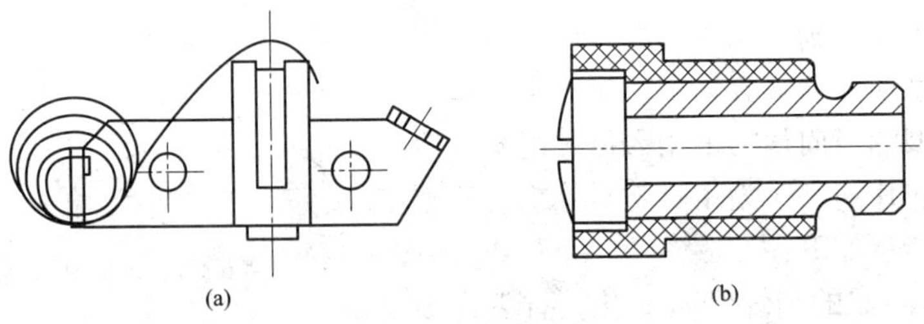

图9-9 刷握的结构

(a) 盒式；(b) 管式

(5) 轴承、前后罩。前、后罩起支撑电枢，将定、转子连接固定成一体的作用。要求转轴和前、后罩要有足够的强度，以防电枢与罩产生共振现象，引起振动。因此，一般前、后罩内有滚动或滑动轴承。

【知识链接】

电刷的选择

电刷的选择主要是根据电刷的温升和换向器圆周速度而定，而电刷的温升则与电刷的电流密度、电刷与换向器的接触电压降、机械损耗以及电刷的导热性有关。

圆周速度过高则容易引起电刷和换向器发热，并致使火花增大。此外，在选择电刷时，还应考虑电刷的硬度和磨损性能等因素的影响。电动工具中单相串励电动机采用的电刷多为DS型石墨电刷，常用的DS型石墨电刷的技术性能及工作条件见表9-1。

表 9－1　　电动工具中常用石墨电刷的技术参数

型　　号		DS－4	DS－8	DS－52	DS－72
电阻系数（分接触法）（Ω·m）		6～16	31～50	12～52	10～16
压入法硬度（Nmm^2）		30～90	220～240	120～240	50～100
一对电刷的接触电压降（V）		1.6～2.4	1.9～2.9	2.0～3.2	2.4～3.4
摩擦系数		≤0.2	≤0.25	≤0.23	≤0.25
50h 磨损（mm）		≤0.25	≤0.15	≤0.15	≤0.2
工作条件	额定电流密度（A/cm^2）	12	10	12	12
	允许圆周速度（r/min）	40	40	50	70
	电刷压力（$N \cdot cm^2$）	1.5～2.0	2.0～4.0	2.0～2.5	1.5～2.0

2. 串励电动机的原理

单相串励电动机的电枢（转子）绕组通过换向器及电刷与励磁绕组（定子）串联起来，接到单相交流电源上，如图 9－10 所示。当电源为正半周时，上端进线为正，主磁通方向，为从上至下，根据左手定则可以决定转子为逆时针方向旋转［见图 9－10（a）］。当电源为负半周时，下端为正，由于主磁通与电枢电流同时改变方向，根据左手定则，转子转向不变，仍为逆时针方向旋转。

由于换向器的换流作用，串励电动机不论工作在交流电的正半波、负半波或是恒定直流电，其电磁转矩方向是一致的。这正是串励电动机可以交、直流两用的原因，故又称为交直流两用电动机或称通用电动机。

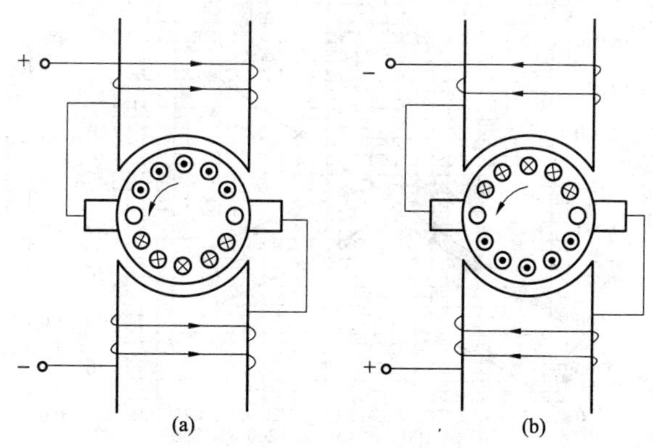

图 9－10　串励电动机的原理

（a）正半周；（b）负半周

以上原理适用于直流、交流、交直流两用型的串励电动机，三者原理相同，参数设计不同。

【指点迷津】

如何改变串励电动机的转向

改变串励电动机的转向可采用以下三种方式。

(1) 改变定子线圈接线方式，电刷线与电源线对调。

(2) 一对电刷线对调。

(3) 改变转子线绕线方式。

[注意] 对调电源线进线无效果。

9.1.2 串励电动机的应用

1. 串励电动机的机械特性

手持式电动工具一般都使用串励电动机。因为串励电动机体积小、功率大，具备软特性。

串励电动机的机械特性较软，随着机械负载的增加，其转速迅速下降，如图 9-11 所示。即转速越高，力矩越小；转速越小，力矩越大。

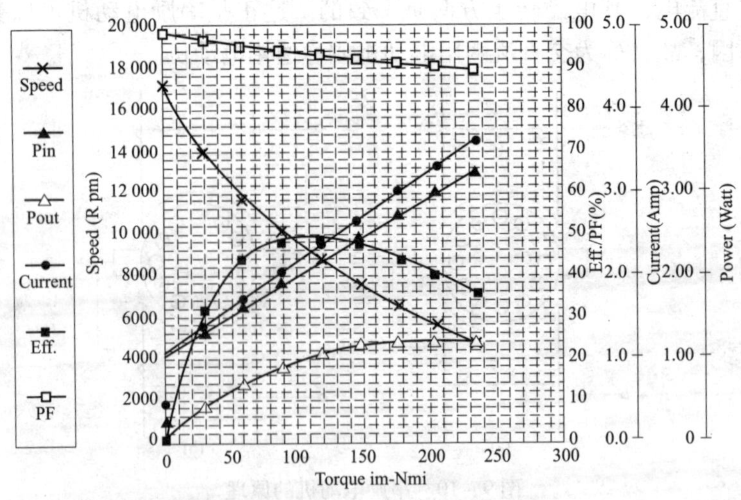

图 9-11　串励电动机的机械特性

串励电动机的软特性正好符合电动工具钻孔时的要求，即钻大孔的时候，力矩要大一些，转速要慢一点；钻小孔的时候，力矩要小一些，转速要快一点。因为这样可以保证切削时的线速度相对合理。不然线速度太高，会烧毁钻头；线速度太低，会降低钻孔效率。

2. 串励电动机的特点

（1）电压适应性强。不论是交流电还是直流电，不论是60Hz还是50Hz，不论直流12、24V还是交流110、220、240V，均可设计成适应任一外接电源的电动机。总之，串励电动机在交直流两种电源下运行的性能基本接近，而且电压波动适应范围大。

（2）转速高，调速范围广，其转速与电源频率无关。串励电动机的转速范围为3000～40 000r/min，在同一电动机上采用多个抽头可得到较宽的调速范围。电动工具正需要这种高转速、宽调速范围的电动机（感应电动机达不到高转速，其转速不大于3000r/min）。例如吸尘器，需要高转速在容器内外形成负压，以产生吸力。

图9－12　电刷运行中产生的换向火花

（3）启动转矩高。当负载力矩增大时，串励电动机能调整自身的转速和电流，以增大自身的力矩。一般来说，高速时的启动转矩可达到3～4倍满载转矩，而低速时的转矩较低。

（4）结构复杂。运行中电刷要产生换向火花，会对无线电产生干扰，如图9－12所示。又由于存在滑动摩擦部件，故比较容易发生故障。

【知识链接】

换向火花的形成原因

串励电动机的换向周期特短，一般在10^{-4}s级。在这么短的时间内，要释放电动机换向组件所具有的能量，必然会引起火花。换向火花主要有机械性火花、电磁性火花和化学火花。

（1）机械性火花。

1）转子平衡不好或装配不好，造成转子振动。

2）换向器偏心、圆度差、光洁度不好。

3）弹簧压力不合适。

4）电刷与换向器接触不良。

5）电刷与刷盒配合不良。

6）电刷材料不合适。

（2）电磁性火花。

1）换向火花（换向线圈的电流突变，电磁能释放）。

2）电位差火花（换向器片间电压过高）。

（3）化学火花。换向器表面氧化层（主要是氧化亚铜和碳素薄膜）在运转中被不断地磨损和加厚。

3. 串励电动机的功率及损耗

电动机的输入功率 = 输出功率 + 损耗功率

损耗功率 = 定子铜损 + 转子铜损 + 1.15（定子铁损 + 转子铁损）+ 风磨损 + 2.4I（电刷压降损耗）

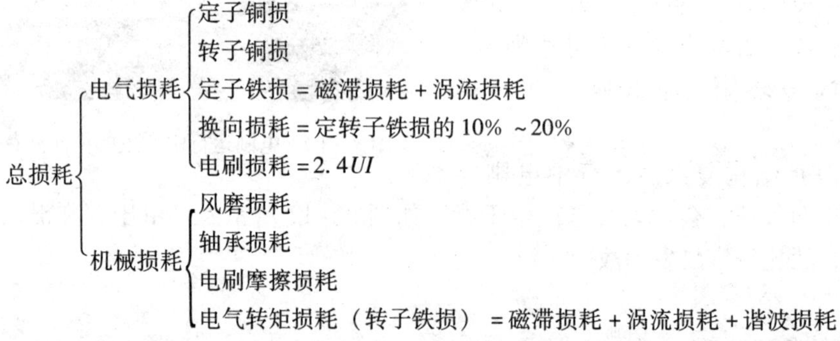

可见，如果使用了不良的钢片，电动机的铁损会很大。这样会导致整个机器的输出功率下降。输出功率的下降，会导致机器使用性能和效率的下降。

9.2 电动工具中的单相串励电动机修理

9.2.1 检修程序与常见故障分析

电动工具用单相串励电动机最常见的故障是不能启动、转速不正常、运转时有异常声音、机壳发热、换向器火花大、金属机壳带电等。这些故障的检修程序如图9－13所示，其常见故障原因及检修方法见表9－2。在故障检修时，特别值得注意的是不能空载启动电动机，否则会使电动机“飞车”，危及人身安全。

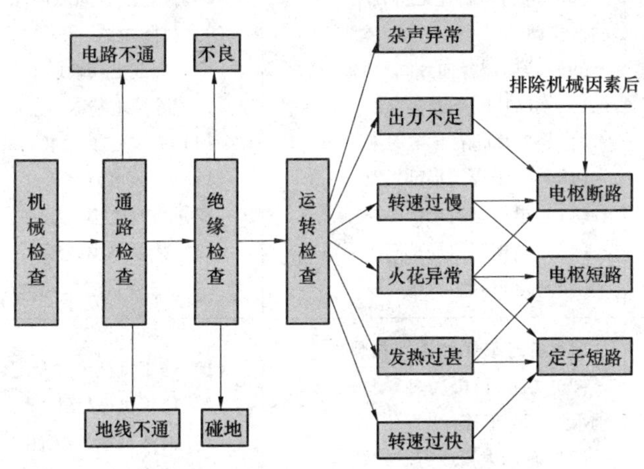

图9－13　电动工具用电动机的检修程序

表9－2　电动工具用电动机常见故障及检修方法

故障现象	故障原因	检修方法
不能启动	（1）电缆线折断 （2）开关损坏 （3）开关接线松脱 （4）内部接线松脱或断开 （5）电刷和换向器未接触 （6）定子线圈断路 （7）电枢绕组断路	（1）更换电缆线 （2）更换开关 （3）紧固开关接线 （4）紧固或调换内接线 （5）调整电刷与刷盒位置 （6）检修定子 （7）检修电枢
转速太快	（1）定子绕组局部短路 （2）电刷偏离几何中性线	（1）检修定子 （2）调整电刷和刷盒位置
电刷火花大或换向器上出现环火	（1）电刷不在中性线 （2）电刷太短 （3）电刷弹簧压力不足 （4）电刷、换向器接触不良 （5）换向器表面太粗糙 （6）换向器磨损过大且凹凸不平	（1）调整电刷位置 （2）更换电刷 （3）更换弹簧 （4）去除污物、修磨电刷 （5）修磨换向器 （6）更换或修磨换向器

续表

故障现象	故障原因	检修方法
电刷火花大或换向器上出现环火	(7) 换向器中云母片凸出，换向不良 (8) 电刷和刷盒之间配合太松或刷盒松动 (9) 换向器换向片间短路 1) 换向片间绝缘击穿 2) 换向片间有导电粉末 (10) 定子绕组局部短路 (11) 电枢绕组局部短路 (12) 电枢绕组局部断路 (13) 电枢绕组反接	(7) 修整云母片 (8) 修正配合间隙尺寸，紧固刷盒 (9) 排除短路 1) 修理或更换换向器 2) 清除导电粉末 (10) 修复定子绕组 (11) 修复电枢绕组 (12) 修复电枢绕组 (13) 接换电枢绕组
转速太慢	(1) 定于转子相擦（扫膛） (2) 机壳和机盖轴承同轴度差，轴承运转不正常 (3) 轴承太紧或有脏物 (4) 电枢局部短路	(1) 修正机械尺寸及配合 (2) 修正机械尺寸 (3) 清洗轴承，添加润滑油 (4) 检修电枢
电动机运行声音异常	(1) 轴承磨损或内有杂物 (2) 定子和电枢相擦 (3) 风扇变形或损坏 (4) 风扇松动 (5) 风扇和挡风板距离不正确 (6) 电刷弹簧压力太大 (7) 电刷内有杂质或太硬 (8) 换向器表面凹凸不平 (9) 云母片凸出换向器 (10) 电动机振动很大 (11) 定子局部短路 (12) 电枢局部短路	(1) 更换或清洗轴承 (2) 修正机械尺寸 (3) 更换风扇 (4) 紧固风扇 (5) 调整风扇和挡风板的距离 (6) 减小弹簧压力 (7) 更换电刷 (8) 修整换向器 (9) 修整云母槽 (10) 电枢重校动平衡 (11) 修复定子 (12) 修复电枢
电动机接通电源后熔断丝烧毁	(1) 电缆线短路 (2) 内接线松脱短路 (3) 开关绝缘损坏短路 (4) 定子线圈局部短路 (5) 电枢绕组局部短路 (6) 换向片间短路 (7) 电枢卡死	(1) 调整电缆线 (2) 紧固内接线 (3) 更换开关线 (4) 修复定子 (5) 修复电枢 (6) 更换换向器，修复电枢 (7) 检查电动机的装配

续表

故障现象	故障原因	检修方法
电动机过热	（1）轴承太紧 （2）轴承内有杂质 （3）电枢轴弯曲 （4）风量很小 （5）定子线圈受潮 （6）定子线圈局部短路 （7）转子线圈受潮 （8）转子线圈局部短路 （9）转子线圈局部断路 （10）电枢绕组反接	（1）修正轴承室尺寸 （2）清洗轴承、添加润滑脂 （3）校正电枢轴 （4）检查风扇和挡风板 （5）烘干定子线圈 （6）修复定子线圈 （7）烘干电枢线圈 （8）修复电枢绕组 （9）修复电枢绕组 （10）改正电枢绕组的接线
机壳带电	（1）定子绝缘击穿、金属机壳带电 （2）电枢的基本绝缘和附加绝缘击穿 （3）换向器对轴绝缘击穿 （4）电刷盘簧或接线碰金属机壳 （5）内接线松脱，碰金属机壳	（1）修复定子 （2）修复电枢 （3）更换换向器，修复电枢 （4）调整盘簧或紧固内接线 （5）紧固内接线

9.2.2 定子绕组重绕

定子励磁绕组的故障有断路、短路、通地和接反。因单相串励电动机定子线圈表面涂有瓷漆，非常坚硬，难以拆修，所以一旦发现线圈有故障，一般只能重新绕制更换新线圈。

定子上的励磁绕组为集中式结构，一般是先在绕线模上绕好后，直接嵌放在定子铁心上，并加以固定。

下面以重新绕制电钻定子励磁绕组为例来介绍其修理方法和技巧。

1. 绕制定子励磁绕组

将定子绕组取出后，用两块木板夹住，然后用台虎钳压平，拆去纱带等绝缘物，量出绕组模的尺寸，以便制作绕线模；同时要数清线圈的匝数，量出导线线径，其过程如图 9－14 所示。

在获取绕组原始数据后，根据其尺寸制作好绕线模，再重绕新绕组。对绕制好的新绕组，要进行绝缘处理（包括整形），如图 9－15 所示。最后将新绕组固定在定子上，如图 9－16 所示。

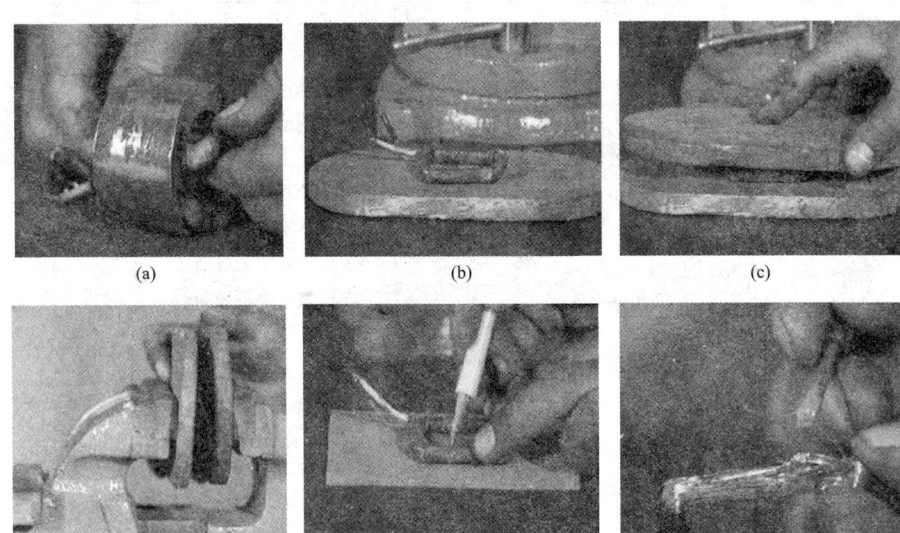

(a) (b) (c) (d) (e) (f)

图 9－14 获取绕组原始数据的方法

（a）拆下线圈；（b）放在木板上；（c）用两块木板夹住；（d）用台虎钳压平；（e）确定绕组模尺寸；（f）数匝数

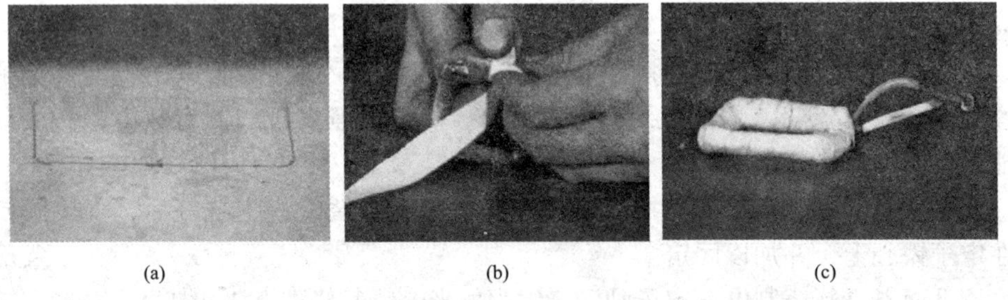

(a) (b) (c)

图 9－15 绕制绕组并进行绝缘处理

（a）绕线模尺寸；（b）新绕组绝缘处理；（c）已处理好绝缘的新绕组

2. 定子励磁绕组接线

单相串励电动机是采用集中式励磁绕组，磁极线圈之间是按照“头接头，尾接尾”的显极接法进行连接。如图 9－17（a）所示，定子励磁绕组的正确接法应为两磁极线圈内流过电流后产生的磁极应相反，即一个 N 极，一个 S 极。如果将图 9－17（a）中下面磁极线圈的两个线端对换一下，就得到图 9－17（b）

图 9－16　将新绕组固定在定子上

所示错误接线，这时，由于下面一个磁极线圈接反，使两个磁极都成了 S 极，电动机将不能正常工作。

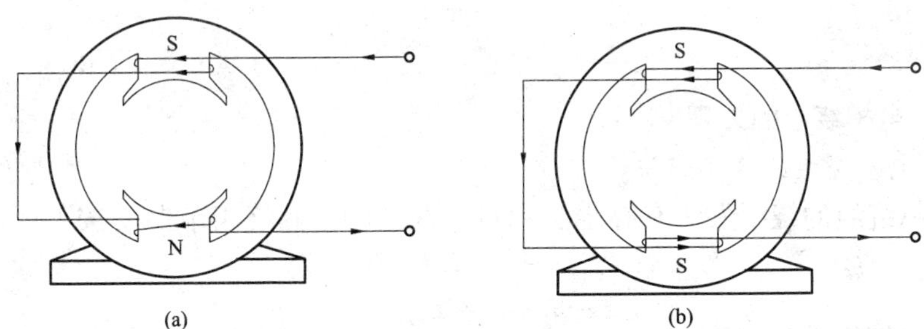

图 9－17　单相串励电动机励磁绕组的接法
（a）正确接线；（b）错误接线

接线时，应注意两极绕组的极性相反，一般采用头接头、尾接尾的方法，如图 9－18 所示。

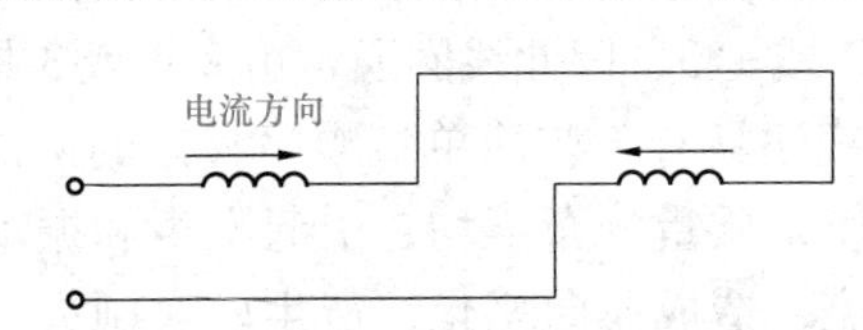

图 9－18　两个电流方向相反绕组的连接

【技能提高】

判断绕组接线正确与否的方法

判断绕组连接是否正确，可假定线圈中通有直流电，根据右手螺旋法则判断，两极极性应相反，否则说明接线错误。如线圈因包扎后难以判断头尾，可采用铁钉检验法进行判断，如图9－19所示，如铁钉能立起来，说明磁极正确。也可以先不管两极的极性，先把励磁线圈都串联起来，接通电源之后，如果电动机不能启动，可将两个励磁线圈的引线互相调换。

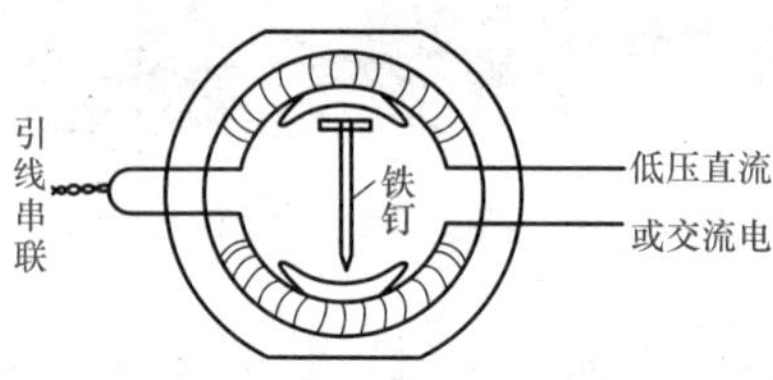

图9－19 用铁钉检查接线是否正确

9.2.3 电枢绕组的处理

1. 电枢绕组的绕制方法

电枢绕组的绕制方法有叠绕法和对绕法两种。其绕组节距 y 按下面的公式计算。

对电枢铁心单槽数 $$y=\frac{Z_2-1}{2p}$$

对电枢铁心双槽数 $$y=\frac{Z_2}{2p}$$

式中 Z_2——电枢（转子）槽数；

p——电动机磁极对数。

线圈并绕根数是为整流子上铜片数与电枢铁心槽数之比，常见电枢铁心槽数与铜片数之比为1:2或1:3，因此线圈通常由2根或3根导线并绕而成。

（1）叠绕法。叠绕法具有工艺简单、顺序易记的优点，但也存在每只线圈平均匝长可能不同，使得质量分布不均，引起噪声和振动与绕组并联支路阻抗不同，使电路产生环流，造成换向恶化，产生较大刷火。因此叠绕法一般只用于小规格电枢绕组。

例如有一台2极单相串励电动机，电枢铁心槽数 $Z_2=9$，整流子铜片数

$K=18$，可按叠绕法绕制电枢绕组。

具体方法如下：

1）计算绕组节距和线圈并绕根数。因为整流子铜片数 K 与电枢铁心槽数 Z_2 之比为 2，所以线圈为 2 根导线并绕。又因为电枢槽数为奇数，根据公式计算出节距为

$$y=\frac{Z_2-1}{2p}=\frac{9-1}{2}=4$$

即 1－5 槽。

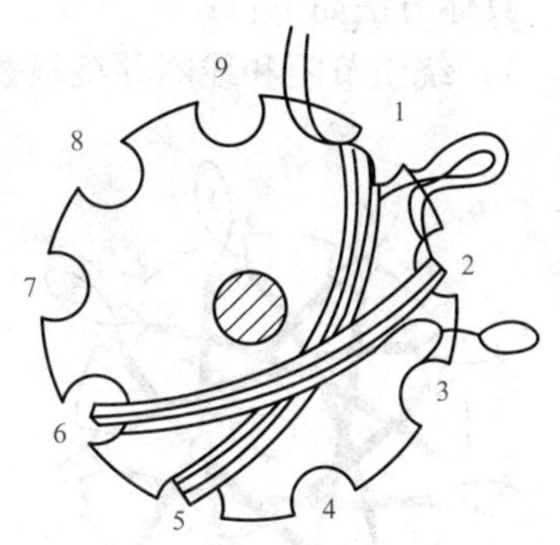

图 9－20　电枢绕组叠绕法

2）绕制电枢绕组。先在第 1 号槽到第 5 号槽中绕制 2 个绕组元件，再在第 2 号槽到第 6 号槽绕制另外 2 个绕组元件。以此类推。直至第 9 号槽到第 4 号槽绕制最后 2 个绕组元件，如图 9－20 所示。

次序为 1－5，2－6，3－7，4－8，5－9，6－1，7－2，8－3，9－4。

【知识链接】

常见的 2 极电枢绕组的叠绕顺序

电钻通常采用叠式绕组结构，常见 2 极电枢绕组的叠绕顺序见表 9－3。

表 9－3　常见 2 极电枢绕组的叠绕顺序

铁心槽数	节距	叠绕顺序
11	1－6	1－6、2－7、3－8、4－9、5－10、6－11、7－1、8－2、9－3、10－4、11－5
12	1－6	1－6、2－7、3－8、4－9、5－10、6－11、7－12、8－1、9－2、10－3、11－4、12－5
13	1－7	1－7、2－8、3－9、4－10、5－11、6－12、7－13、8－1、9－2、10－3、11－4、12－3、13－6

（2）对绕法。对绕式绕组与单叠式绕组类似。绕制方法简单，不要绕线模，可以在电枢铁心上直接绕线；电气及机械的平衡性较好，振动噪声较小。

例如，有一台 2 极单相串励电动机，电枢铁心槽数 $Z_2=9$，整流子铜片数 $K=9$，则可按对绕法绕制电枢绕组。

具体方法如下：

1）绕组节距和线圈并绕根数计算

$$y=\frac{Z_2-1}{2p}=\frac{9-1}{2}=4$$

即 1－5 槽。

图 9－21　电枢绕组对绕法

2）绕制对绕式电枢绕组。首先确定电枢铁心的 1 号槽，然后按顺时针方向确定 2～9 槽。根据节距为 4，首先在 1－5 槽之间绕第 1 号线圈，然后在 5－9 槽间绕制 5 号线圈，以后依次在 9－4、4－8、8－3、3－7、7－2、2－6、6－1 槽间绕出第 9、4、8、3、7、2、6 号线圈，如图 9－21 所示。

【知识链接】

常见 2 极电枢绕组的对绕顺序

常见 2 极电枢绕组的对绕顺序见表 9－4。

表 9－4　常见 2 极电枢绕组的对绕顺序

铁心槽数	节距	对　绕　顺　序
7	1－4	1－4、4－7、7－3、3－6、6－2、2－5、5－1
8	1－4	1－4、4－7、7－2、2－5、5－8、8－3、3－6、6－1
11	1－6	1－6、6－11、11－5、5－10、10－4、4－9、9－3、3－8、8－2、2－7、7－1

2. 电枢绕组常见故障的处理

电枢绕组常见的故障有通地、短路、断路、接错 4 类。同时，由于电枢绕组是通过换向器将单个线圈元件连接成一个整体绕组的，换向器本身发生的通地、短路故障就必然会反映到绕组上来。

（1）电枢绕组通地故障的处理。单相串励电动机电枢绕组或换向器出现通地故障后，如继续运转，除使壳体带电危及操作者安全外，电动机转速会比正常时慢很多。电枢将产生振动，并出现异常的大火花，短时内绕组就会产生高热，继续运转则很快会将绕组烧毁。

电枢绕组的通地故障一般均发生在铁心两端的槽口、绝缘被毛刺或金属杂物损伤的槽中，以及易受潮气、污物侵害的换向器等薄弱的地方。对通地故障可用试验灯进行检查，如图9－22所示，将电源的一根线直接接到转轴上，另一根线串接一个灯泡后接触换向片。若灯泡不亮，说明绕组或换向器与转轴之间未形成通路，无通地故障；若灯泡发亮，则说明绕组或换向器与转轴已接通，存在通地故障。

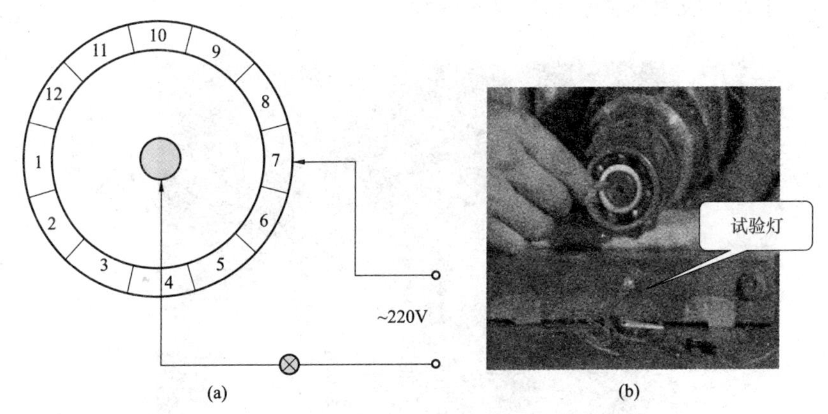

图9－22 用试验灯检查通地故障

（a）原理图；（b）实物接线图

通地故障的维修要视具体情况而定，若通地故障是在槽口、端部等绕组的外部位置，一般都是可以修好的。维修时，可用理线板将线圈与铁心相碰处小心撬开，在绝缘破损处插入新的绝缘材料即可。若通地故障发生在槽内，并且绝缘击穿通地的线圈元件只有一个，可以采取图9－23所示的废弃法进行维修。先将通地线圈的线端从换向片上焊下来，线端要分开并用绝缘带包好，使线端之间及与换向片间不再接触，线圈完全脱离电路；焊下线

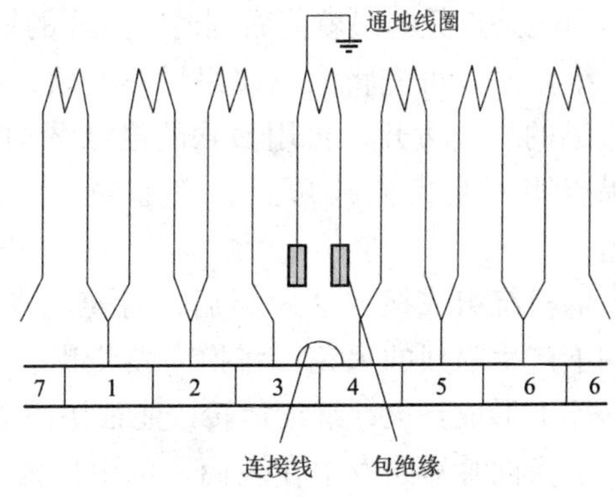

图9－23 一个线圈通地故障的处理

端的两片换向片，再用连接线焊好。这样，就把通地线圈废弃不用了。

（2）电枢绕组短路故障的处理。电枢绕组根据其短路位置的不同，可分为以下3种情况。

1）一个线圈内自身的线匝短路，称为线圈短路；

2）同一线圈组内的线圈与线圈短路，称线圈相互短路；

3）一个线圈组的线圈与另一线圈组的线圈短路，称线圈组相互短路。

电枢绕组或换向器的短路故障，可用万用表进行检查。用万用表的电阻挡检查每个线圈元件本身是否短路时，可依次测量相邻换向片间的电阻。检查每槽有3个线圈元件的绕组时，必须每三对相邻换向片（即3个线圈）的电阻完全相等，才证明没有短路，如图9－24所示。

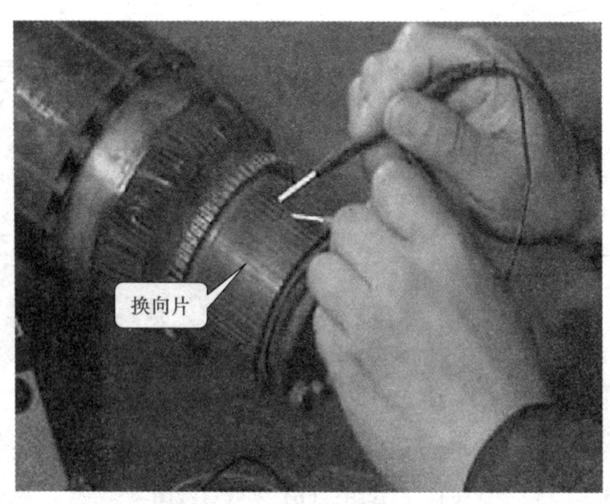

图9－24　万用表检查换向片电阻值

电枢绕组若仅因端部碰伤造成几匝短路，或在铁心槽外由烧伤造成轻微短路，而短路点凭肉眼就能看到时，这样的短路故障一般均可以修复。

维修时，可先将电枢绕组烘热变软，用光滑的竹片将因绝缘漆层损坏而相互碰触的导线拨开，再用薄软的绝缘绸加以隔垫，然后刷上绝缘漆烘干即可。如果查明不是换向片短路，而是绕组短路，那么最好的维修方法就是换新绕组。

电枢绕组或换向器短路后，将使电动机转速降低、力矩减小、电流增大，电刷下产生强烈的火花，将换向器烧黑。运转时，短时间内便发热冒烟，甚至换向器上形成环火，继续运转，能很快使电枢绕组烧毁。

若换向片短路发生在表面，可用拉槽工具刮去片间的短路金属沫，再用云母粉加上胶水填补空洞，使其硬化干燥，如图9－25所示。

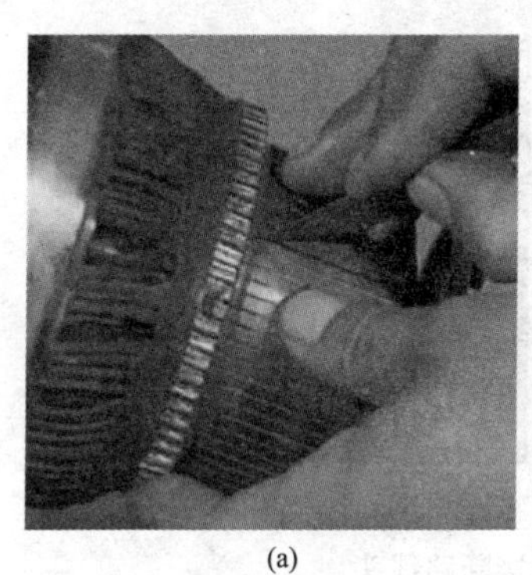
(a)

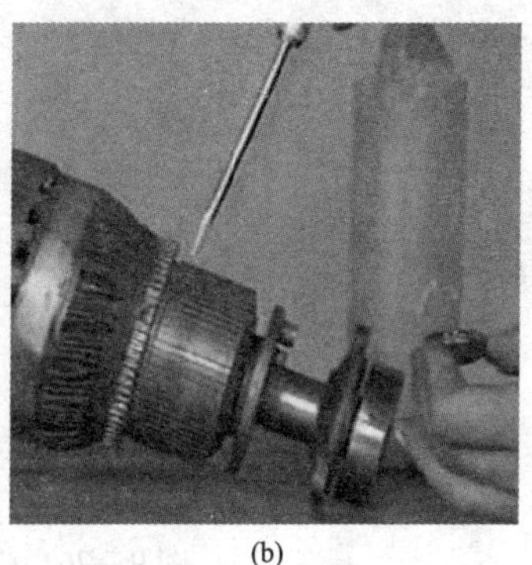
(b)

图 9－25　换向片短路的处理

（a）刮去短路金属沫；（b）云母粉加胶水填补空洞

（3）电枢绕组断路故障的处理。断路是电枢绕组最常见的故障，线圈线端至换向片的焊接处是较容易发生断路的地方。原因是焊接不良或线端在除去绝缘漆膜时受损伤，以及焊接时线端绷得过紧，缠上绑扎带浸漆后线端受力过大而损伤，当电动机运转时，上述这些情况就可能造成线端在焊接处烧断。此外，由于过载或其他原因，使换向器与电刷之间产生大火花，换向器过热将焊锡熔化，也会造成线端脱焊形成断路，或因发生短路、通地故障而将导线烧断，形成绕组内部断路。

电枢绕组断路故障可用万用表进行检查。将万用表置于欧姆挡，可从任意换向片开始，测量相邻两换向片间的电阻，如果测完所有相邻换向片间的电阻都基本相等，则说明绕组没有断路；若测得某相邻两换向片间的电阻，比其他相邻换向片间电阻大若干倍时，则证明这两个换向片上的线圈断路了，同时表明绕组的其他部分再没有断路。不过仍应继续检测，因为有时焊接线端虽然已与换向片断开，但两根线端却仍然接在一起，产生绕组本身没有断路的现象。

找到断路位置后，将绕组外面绑扎的蜡线部分拆除，再仔细找出断路的确切位置。如果是脱焊，只需重新焊接即可，如图 9－26 所示。若线端断处在电枢端部，则须再拆除一部分捆扎蜡线，在断头处焊接一根导线，并套上绝缘套管，然后重新捆扎蜡线；如果断路处在电枢铁心槽内，可在断路的那只线圈所连接的两换向片上跨接一根短路铜线，或将换向片直接短路。经这样处理后，电动机性能不会大变，仍可继续使用。当电枢绕组中出现 2～3 个线圈断路时，就必须换新的电枢绕组。

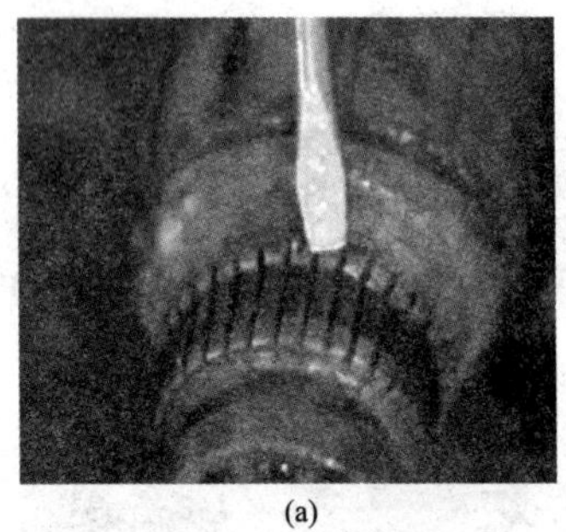
(a)

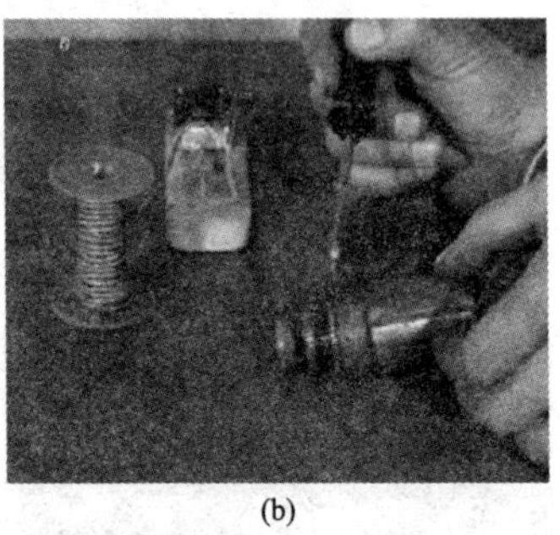
(b)

图 9－26　焊接断路线头
（a）断路线头位置；（b）焊接线头

【指点迷津】

电钻修复后，应测量绕组对地的绝缘，总的绝缘电阻不应低于 1.0MΩ。

思　考　题

1. 串励电动机由哪些部分组成，各个组成部分有何作用？
2. 串励电动机有何机械特性？
3. 串励电动机有何特点？
4. 电动工具用单相串励电动机最常见的故障有哪些？
5. 单相串励电动机的定子励磁绕组如何接线？
6. 单相串励电动机电枢绕组的绕制方法有哪些？它们各有什么特点？
7. 单相串励电动机电枢绕组通地故障如何处理？

参　考　文　献

[1] 杨清德．图解电工技能．北京：电子工业出版社，2007.

[2] 杨清德，胡萍．电工节能培训与应试指导．北京：电子工业出版社，2008.

[3] 杨清德．看图学电工．北京：电子工业出版社，2008.

[4] 杨清德．看图学电工仪表．北京：电子工业出版社，2008.

[5] 杨清德．轻轻松松学电工　基础篇．北京：人民邮电出版社，2008.

[6] 杨清德．轻轻松松学电工　器件篇．北京：人民邮电出版社，2008.

[7] 杨清德．轻轻松松学电工　技能篇．北京：人民邮电出版社，2008.

[8] 杨清德．轻轻松松学电工　应用篇．北京：人民邮电出版社，2008.

[9] 盛占石，尤德同．电动机检修．北京：化学工业出版社，2008.